주말엔
여섯 평 ✕ 농막으로
갑니다

자신만의 취향이 깃든 자연 속 공간을 만드는 법,
5도2촌(五都二村)의 풍성한 삶에 관한 꼼꼼한 기록

주말엔 여섯 평 × 농막으로 갑니다

조금 별난 변호사의
농막사용설명서

장한별

SIDEWAYS

서문

'농막'이라는 단어를 알고 있는 당신, 그리고 표지를 보고 '농막'이란 단어가 궁금해서 첫 장을 편 당신께.

바깥과 단절된 도시의 아파트 속에서만 살아가는 게 답답하지 않으신가요? 등산, 캠핑, 차박 말고 자연 속에서 편히 쉴 수 있는 나만의 공간을 갖기 위해 꼭 큰돈을 들여 '세컨하우스'를 지을 필요는 없습니다. 1,000㎡ 이내의 밭을 사서 그 위에 여섯 평 오두막을 올려놓으면 농사 놀이를 하며 마음껏 놀 수 있는 어른들의 놀이터가 만들어지니까요.

하루 종일 호미를 잡고 흙장난을 하거나 호스로 물을 뿌려대도 누가 뭐라고 하지 않습니다. 벌레를 잡아서 닭들에게 모이로 주고, 자르고 싶은 나뭇가지가 있으면 전지가위로 싹둑 잘라도 됩니다. 여긴 그러라고 있는 공간이니까요. 소꿉놀이 삼아 음식도 해 먹으면 집에서 먹는 것보다 훨씬 맛있어요. 지칠 때까지 놀다가 해가 지고 나면 사는 집으로 돌아오면 됩니다.

주말 세컨하우스를 갖고 싶고, 언젠가는 도시를 떠나 자연인이 되기를 꿈꾸는 당신에게 농막을 권해 봅니다. 그 이유는 이 책을 보시면 알 수 있습니다. 텃밭을 일구고 유실수를 심는 재미와 화장실이 딸린 방 한 칸의 공간에서 홀로 보내는 시간이 몸과 마음을 치유해 주는 효과를 꼭 알려주고 싶네요. 저도 겨우 3년 차에 불과하지만, 가장 최근에 비슷한 고민을 했던 제 경험과 지식들이 당신에게 도움이 되길 기대합니다.

혹독한 겨울이 지나가고 또 봄이 오네요.
다음에 만날 때는 당신의 밭에서 뵙겠습니다.

2023년 2월, 공주의 농막에서
장한별 올림

뒤쪽 언덕에서 바라본 밭의 풍경

밭 입구로 들어올 때 보이는
여섯 평 농막의 모습

모기가 없는 철에는 개방감과 환기를 위해
농막 폴딩도어와 문을 활짝 열어두죠.

자작나무 합판으로 된 벽체에 포인트가 되어 주는, '봄의 소리'라는 이름의 면 커튼

간단한 조리를 하기에 충분한 주방 공간입니다.
냉장고는 아내와 함께 페인트로 칠했죠.

평상과 폴딩도어로 이어지는 농막은 안팎의 경계가 흐릿합니다.

신발을 벗고 안으로 들어서면 나오는 여섯 평 농막의 공간

처마가 없어서 외부 고리와 기둥을 이용해 만들어 본 차광막 그늘

한여름에 이렇게만 쉬고 있어도 나쁘지 않지만,
결국 에어컨을 들였습니다.

참외와 애플수박을 심을
격자 울타리 틀밭

모래목욕을 마쳐서 기분이 좋은 2년생 백봉오골계 암탉

백봉오골계들로부터 닭장 임대료 대신 받는 무정란들

벽돌 틀밭, 그리고 조적과 목공으로 만든 백봉오골계 닭장

무성하게 자란 공심채를 수확하는 중입니다. 잎을 따내고 남은 줄기는 닭들에게 줍니다.

틀밭 덕분에 작업방석을 깔고 앉아서 편하게 밭일을 합니다.

수확의 기쁨을 누리게 해준 지난여름의 참외들

잡초들을 깔끔하게 몰아낸 직후의 초여름 텃밭

직박구리들과 나눠 먹었던 복분자 나무딸기

우거진 풀숲에 가려져서 미처 따내지 못해 거대해진 애호박과 함께

1부   나는 왜
농막을
선택했는가

1장

내 취향을
담은
집 꾸미기의
끝

플랫폼이란 무엇일까요? 기차역의 승하차 대기 장소, 스마트폰에 깔린 운영체제와 SNS 서비스까지 모두를 플랫폼이라고 합니다. 그런데 인류 최초의 플랫폼은 마을이고, 에드워드 글레이저가 『도시의 승리』(2021)에서 말했듯, 최고의 플랫폼은 도시입니다.[1] 효율적으로 밀집된 도시의 고층 건물과 사회 기반 시설들이 때때로 혼잡하지만 편리한 생활을 가능하게 하며, 다양한 일자리, 상품과 서비스를 제공하죠.

세계화와 정보기술의 시대에 사람들은 계속 수도권과 같은 메가시티로 모여들고 있습니다. 2022년 대한민국의 도시지역 거주인구 비율은 81.4%로 83.1%의 미국보다는 낮지만, 전 세계의 평균 도시화율 57%를 훨씬 상회합니다.[2] 2020년부터 수도권에 거주하는 인구의 비중이 50.2%로 나머지 지역 전체보다 많아졌고,[3] 2021년 기준으로 수도권은 전 세계 6위의 거대한 메가시티입니다.[4] 이렇게 한국인 대부분은 시골과 도시 중 도시를, 특히 수도권에서의 삶을 선택해 왔습니다.

저도 이 도도한 흐름의 잔물결을 타고 초등학교 시절 전남 보성군에서 광주광역시로 이사했고, 대학 진학 후부터 약 15년 동안 수도권 곳곳에서 살았습니다. 덕분에 대학기숙사 → 하숙집 → 반지하 자취방 → 잠자는 방(쉐어하우스) → 지자체 운영 학숙 → 원룸 → 오피스텔 → 친척 집 → 다세대주택(빌라)까지, 고시원과 옥탑방을 뺀 대도시의 거의 모든 주거 공간을 경험했지요.

룸메이트와 함께 살거나, 좁은 방 한 칸에 모든 개인 살림을 넣어두고 살 때는 '공간의 의미'를 발견할 여력이 없었습니다. 집에서 잠자는 시간 외에는 PC나 노트북으로 영상을 보거나 독서와 게임을 하며 시간을 보냈습니다. 오프라인 세계에서 점유하는 공간이 좁고 제한

되다 보니 비용이 덜 드는 온라인 세계에 몰입할 때가 많았습니다. 집은 몇천 원으로 커피숍, 만화 카페, PC방의 좌석을 초단기로 빌려 쓰다가 잠을 잘 때나 돌아가는 곳이었죠.

　길어야 2년 남짓 머물렀던 그 공간들에 애착을 가진 적은 없었습니다. 제가 머무르는 공간에 관심과 애정을 가지고 가꾸면 더 행복해질 수 있다는 사실을 그때도 모르지는 않았습니다. 하지만 그곳들은 제 소유가 아닌 잠시 거쳐 가는 곳이었으니 여건이 안 되었지요.

가장 좋아하는 장소가 집이 되길 바라며

　그러다가 2013년 결혼 후 저는 일산신도시의 아파트에서 신혼살림을 시작했습니다. 1994년에 준공해서 20년 가까이 된, 복도식의 작은 아파트였지요. 낡은 집이었지만 처음으로 제 취향대로 꾸민 공간에서 사는 편안함을 알게 되었습니다. 수시로 말썽을 부리는 보일러 배관, 낡은 수도관에서 나오는 녹물, 겨울이면 알루미늄 단창 사이로 찬 바람이 들어와 영하로 떨어지는 발코니 같은 자잘한 불편함이 있었지만요.

　제가 다니던 직장이 2014년 말 세종시로 이전하면서 신축 아파트를 분양받았고, 2019년에 입주했습니다. 흔한 3베이 구조의 30평 판상형 아파트였지만, "집이란 자신을 위한 전시장이자 자신의 삶이 담긴 곳"[5]이라는 표현에 깊이 공감했던 저는 입주를 기다리며 앞으로 살아갈 공간을 어떻게 꾸밀지 2년 넘게 고민하고 공부했습니다. 『좋아하는 곳에 살고 있나요?』를 쓴 최고요 작가님 말씀처럼 저도 "내가 가장

현재 살고 있는 세종시 아파트의 거실

좋아하는 장소가 집이길"[6] 원했으니까요. 저와 아내가 살 공간에 취향을 녹여 정성스럽게 가꾸는 일이 쉽고 빠르게 행복해지는 방법이라 믿었습니다.

지난 15년의 한을 풀겠다는 마음이었을까요. 그때부터 저의 입주할 집 꾸미기가 시작되었습니다. 저는 시공된 자재를 뜯어내는 인테리어 공사 대신 조명과 가구 배치로만 집을 단장하기로 했습니다. 비용과 환경을 고려해서요. 집의 얼굴인 현관에는 중문 대신에 담양 오죽(烏竹)에 은은하게 염색한 한산모시 조각보를 붙여 일본 가게의 노렌처럼 전이 공간의 특징을 살렸습니다. 거실의 창가 쪽엔 소파와 TV 대신 1960년대 덴마크에서 만든 티크목 확장형 원형 식탁을 두었죠.

다른 소비를 아껴서 새집에 놓을 빈티지 가구나 골동품들도 미리 수집했습니다. 사이드보드, 이지체어, 네스팅테이블과 같은 북유럽 미드센추리 빈티지 가구가 소나무 반닫이, 한지함, 오동나무함 등의 조선 목가구와 생각보다 잘 어울리더군요. 장인의 숙련된 솜씨와 정성이 담긴 물건들이라 그랬겠지요. 당진의 폐가에서 나온 한옥 띠살문과 규산소다를 이용해 트임기법으로 만든 도예가의 항아리를 거실의 오브제로 들였습니다. 하나씩 모은 소장품들의 자리를 찾아주고 나서 그 사이의 빈 공간에 몬스테라와 테이블야자 같은 관엽식물들을 놓았습니다.

이렇게 저와 아내는 자신의 취향을 가다듬고 상대방의 공간 취향을 발견하며 놀이처럼 74㎡ 전용공간의 홈스타일링에 탐닉했습니다. 아내의 방은 낮에는 라운지로, 밤에는 음악을 감상하기 좋은 홈바로 꾸몄습니다. 가장 작은 문간방에는 1인용 데이베드와 책상, 느릅나

옹색한 주방은 비워놓는 공간으로

무 책 선반을 놓아 서재 겸 게스트룸으로 삼았고, 다소 옹색한 크기의
주방 공간은 바닥에 골풀 돗자리를 깔고 제주 사오기 고재로 만든 다
탁을 놓아서 차 마시는 공간으로 비워뒀습니다. 부부 침실의 발코니는
밋밋한 타일을 가리기 위해 강자갈을 깔고 그 위에 작은 화분들을 놓
으니 실내지만 작은 마당 같은 느낌이 나더군요.
　　조명도 빼놓을 수 없었습니다. '인테리어의 완성은 조명'이란
격언에 따라 기능적인 공간인 주방과 욕실을 뺀 나머지 공간의 기본 형
광등 조명들을 떼어버리고 Secto 4200, PH 3$\frac{1}{2}$-3, 플라워팟 VP9, Fun
2DM과 같은 간접조명들로 바꿨습니다. 빛과 그림자로 깊이감의 강약
을 만들었더니 같은 공간도 더 넓게 느껴졌습니다. 처음에는 집이 너

무 어둡다 싶었지만, 눈이 훨씬 편안하고요. 개인적으로는 이 변화에서 오는 만족감이 굉장했습니다. 집을 꾸밀 예산이 한정되어 있다면, 우선 거실과 방의 천장 조명들을 간접조명으로 바꿔보시길 권합니다.

이렇게 저는 부부 침실 외에는 한국의 전형적인 4인 가족 기준 아파트 평면의 가구 배치와 좀 다르게 집을 꾸몄습니다. 왜냐하면 저희는 식도락과 '홈술'을 즐기는 2인 가구니까요. 도화지 같은 빈 공간에 시각적·촉각적으로 기분이 좋은 물건들, 어떤 각도에서든 나름의 장점을 찾을 수 있는 소박하면서도 만듦새가 좋은 물건들을 고르고 놓을 자리를 결정하는 과정은 즐거웠습니다. 그것들은 집의 얼굴이 되어서 저희 부부의 취향과 정서를 은근하게 표현해 줍니다.

탐색과 선택의 과정을 통해 자신도 몰랐던 취향을 발견해 가면서, 공간디자이너 혹은 큐레이터(전시기획자)가 된 기분을 누렸던 좋은 경험이었죠. 사람·물건·공간이 어우러진 좋아하는 것들로 둘러싸인 편안한 공간을 꾸미고자 했기에, 지금도 외출하고 왔을 때 가방을 던져놓거나 의자 등받이에 겉옷을 걸어놓고 싶은 마음을 꾹 누르며 단정함을 유지하려고 노력하고 있습니다.

직장에서 바쁜 하루를 마치고 돌아갈 곳이 제가 가장 좋아하는 공간이 되니 삶의 만족도가 또 올라가더군요. 저는 집을 꾸밀수록 "생활의 아름다움을 실천하는 일은 사치가 아니다. 살아가는 즐거움은 자신의 선택이 충족감과 연결될 때 커진다."[7]라고 하신 윤광준 작가님의 말씀에 깊이 공감하게 되었습니다. 집 안이 깔끔하고 편안해지니 손님을 초대하는 일도 늘었습니다. 옷을 사고 외모를 꾸미는 건 기본적으로 자기만족이지만, 제 삶의 취향에 맞게 가꾼 공간은 다른 사람들과도 함께 누릴 수 있었으니까요.

그곳에서 자연과 계절의 리듬을 찾을 수는 없었기에

그런데 이러한 행복과 만족감도 어느새 한계에 봉착했습니다. 이사 후 1년이 지나니 집 안의 공간에 별다른 변화를 주기 어려웠습니다. 옵션이라지만 사실상 필수가 된 발코니 확장의 결과로 외기에 노출된 세대 내부의 전용공간이 없으니 제가 사는 곳은 정물화처럼 일년 내내 그대로입니다. 단지 내 산책로 등 조경 공간은 다른 주민들과 공유하는지라 제가 꾸밀 수 있는 곳이 아니었고요.

제 이동 반경이 너무 실내로 국한되는 것도 안타까웠습니다. 현관문에서 지하 주차장까지 엘리베이터로 수직 이동 후 차로 출퇴근하다 보면 날씨와 계절의 변화를 모른 채로 한 달이 금세 가버립니다. 비가 와도 우산을 꺼낼 일이 잘 없지요. 저만 그런 것도 아닌 게, 한국인들은 하루 24시간 중 평균적으로 21시간 이상을 실내에서 보낸다고 하니까요.[8]

저는 집 안에 자연의 생명력이 더 깃들게끔 노력해 보았습니다. 빛이 잘 들지 않고 건조한 실내에서도 잘 버티고 덩굴을 뻗는 아이비와 칼랑코에 같은 다육식물 화분을 들였습니다. 연두색 새잎이 나고 꽃이 피는 모습들은 집 안의 풍경을 조금씩 바꿔나가며 일상의 즐거움을 주더군요. 두 자 광폭 수조에서는 열대어인 바나나 시클리드와 코리도라스를 키우기 시작했죠. 습도 관리도 되고, 집에 들어왔을 때 제 발걸음의 진동을 느끼고 먹이를 달라고 수조 벽을 두드리며 저를 반기

42

는 모습 덕분에 삭막한 느낌이 줄었습니다.

하지만 제가 들일 수 있는 자연은 거기까지였습니다. 창밖 풍경을 살펴봐도 상가 건물과 아파트 단지로 가득한 신도시 도심 풍경은 가게 간판들만 바뀔 뿐 가로수는 발육 부진이고, 계룡산과 금강은 너무 멀고 흐려 보였으니까요. 인스타그램이나 핀터레스트에서 봤던 사진들을 참고해서 홈스타일을 바꿔볼 생각도 해보았습니다. 그런데 저는 지금의 배치와 스타일에 질리지도 않았고, 불편하지도 않다는 것을 깨닫고 마음을 접었습니다. 설령 제가 더 넓은 아파트로 이사 가더라도 물건을 늘어놓고 꾸밀 공간이 많아질 뿐 1~2년이 지나면 지금처럼 아쉬움이 해결되지 못할 것 같았고요.

제 취향에 맞는 좋은 디자인의 가구와 물건들에 자리를 찾아주고, 단정한 상태를 계속 유지하면 되는 줄 알았는데 왜 그랬을까요? 제가 사는 아파트엔 매일 변하는 날씨, 뜨고 지는 해가 알려주는 시간의 리듬, 피부에 닿는 바깥 공기와 계절의 변화를 느낄 수 있는 야외 공간이 없었습니다. 시간에 따라 변화하는 대상은 화분에 심은 식물이나 반려동물뿐이지요. 내력벽이 공간을 분절하고 있는 상황에서 가구 배치를 바꿔보는 것도 몇 번 해보면 한계가 있습니다. 홈스타일링이나 인테리어 공사로는 바꿀 수 없는 문제입니다.

물론 한국의 아파트는 장마·폭염이 연달아 오는 여름철과 혹한의 겨울철로 상징되는 대륙성 기후에서도 쾌적한 실내 생활을 보장해 줍니다. 유지관리 부담도 매우 적은 기능적인 주거 공간이지요. 아파트 생활의 편리함과 비교할 때 자연과 수시로 만나는 전용 야외 공간이 없다는 단점은 사소한 불편이라고 생각할 수 있습니다. 평면 타

입별로 똑같이 구획된 주거 공간을 선택한 것은 저니까요.

　　하지만 저는 살아가는 공간을 제 취향을 담아 가꿔서 애착이 가는 공간으로 만들고 싶었습니다. 그리고 그렇게 만든 공간에서 시간의 흐름에 따라 같이 변화하는 모습을 기억하며 추억을 쌓고 싶었습니다. 이 아쉬운 마음이 채워지지 않다 보니 이런 바람이 터무니없는 욕심은 아닌지 주위를 둘러보게 되었습니다. 외부와 단절된 주거 공간에 사는 다른 사람들은 야외 공간에 대한 갈증이 없는지, 있다면 어떻게 해소하는지 알아보기 시작했지요.

2장

나만의
야외
공간이라는
사치재

건축가 르 코르뷔지에는 "집은 살기 위한 기계다."라는 말을 남겼습니다. 한국식 아파트 단지는 높은 인구밀도라는 제약하에 이 말을 구현한 현대 도시 문명의 결정체입니다. 보통 저소득가구를 위한 주거 공간으로 인식되는 구미 국가와 달리 한국에서는 전체 주택 중 아파트가 63.5%를 차지하고, 신도시인 세종특별자치시의 경우는 86.5%에 달합니다.[9]

저도 신축 아파트에서 살아 보니, 정말 편리합니다. 세대당 1.46면의 지하 주차장, 쓰레기 자동 집하 시설, 단열이 잘되는 2중·3중 로이(Low-E)유리 시스템 창호, 분당 최고 120m로 오르내리는 고속 엘리베이터, 미세먼지가 심한 날도 창문을 열지 않고 환기시킬 수 있는 전열 교환 공조기, 스마트폰 앱으로 환기·냉난방과 조명을 원격 조작할 수 있는 IoT 설비가 갖춰져 있기 때문이죠.

게다가 통념과 달리 대도시의 아파트에 살면서 대중교통수단을 이용하는 도시민들의 1인당 에너지 소비와 탄소 배출량이 승용차로 출퇴근하는 시골 단독주택 거주자보다 낮다는 연구들도 있습니다.[10][11] 지붕과 바닥을 공유하니 단열과 냉난방에서 유리하고, 승용차에 비해 탄소 배출이 훨씬 적은 전철이나 버스 같은 대중교통의 수송 분담률은 대도시로 갈수록 높아지니까요. 그래서 도시 자체는 에너지를 많이 소비하지만, 거주자 1인당 환경에 미치는 부담은 대도시로 갈수록 줄어듭니다. 이 또한 집적의 이익 중 하나입니다.

그러나 도시에 사는 대가로 거주지 인근에서 1인당 누릴 수 있는 도심 속 자연 공간은 시골에 비해 훨씬 희소해질 수밖에 없습니다. 희소하니 자연 공간을 확보한 주거지의 인기도 높아집니다. 더 많은 공사비를 들여서 엘리베이터로 집까지 바로 이어지는 지하의 부설주차장을 만들고 단지 내 지상 공간에 입주자들이 이용할 수 있는 공원을 갖추면, 지상 공간이 주차장으로 가득한 구축 아파트 단지들보다 선호되고 높은 가격으로 거래됩니다. 집 안에서 산이나 강, 공원을 조망만 할 수 있어도 마찬가지입니다.

　도시에는 아직도 필로티 공간을 전부 주차장으로 사용하는 다세대주택들이 많습니다. 또 지상 주차장 옆에 옹색하게 배치된 화단과 조경수들 외엔 단지 내의 어린이 놀이터와 파고라 정도가 공용 야외 공간의 전부인 구축 아파트 단지들도 여전히 다수입니다. 인류학자인 정헌목 교수님의 지적[12]처럼 국내 도시의 주거지역 내에 근린공원과 같은 공공녹지 사정이 열악하다 보니 한국의 도시민들이 일상에서 녹지를 경험할 수 있는 기회는 제한적입니다. 공용의 녹지 공간을 누리기도 힘든 과밀한 도시에서 자연을 누릴 수 있는 개별 세대의 전용공간을 마련해 달라는 요청은 사치스러운 투정으로 들리기도 합니다.

도심에서 자연을 만날 수 있는 주거 공간이 가능할까요?

　그러다 보니 지상에 조경 공간이 잘 조성된 신축 아파트 단지의 한 세대를 사적으로 구매하는 방식이 자리를 잡았습니다. 최상층 펜트하우스나 개별 테라스가 있는 특화평면 세대들이 같은 면적의 일반평면 세대보다 높은 가격으로 분양되고 있는데도 인기를 끌고 있는 경향을 보면 전용의 야외 공간을 가진 공동주택에 대한 수요는 존재하는 것으로 보입니다.

다만 국내 도시지역 신축 아파트 단지에서 3.3㎡의 전용공간을 소유하기 위한 대가가 최소한 1천만 원 이상인 상황에서 대다수 소비자들이 세대별 전용면적의 일부를 포기하고, 추위와 더위, 비바람에 노출된 전용 야외 공간을 갖기 선호한다고 판단하기는 어렵습니다. 근로시간이 길고 경쟁도 치열한 대한민국에서 바쁜 일상을 보낸 도시의 주민들 대부분이 원하는 바가 휴일에 집 관리에 신경 쓰지 않고 편안히 쉬는 것이니 이에 대한 불만도 크지 않습니다.

저도 날씨가 궂거나 해서 바깥나들이를 하지 않는 휴일에는 로봇청소기를 돌리고, 끼니를 차려 먹고 설거지, 빨래를 하는 것 외에 별다른 집안일을 하지 않는데도 시간이 어쩌면 그리 빨리 지나가는지 매번 아쉽습니다. 전쟁 같은 육아로 바쁜 부모들이라면 어떻게든 지금보다 집안일을 줄이고 싶지, 집 안에서 할 일이 없어 심심해하는 경우를 상상하기 어렵습니다. 더구나 아파트와 같은 주거 형태는 외부와 단절된 공간이기에 단독주택이 제공할 수 없는 사생활의 자유와 보안상의 장점도 누릴 수 있습니다. 그래서일까요? 최신식 아파트에 거주하고자 하는 선호는 명백하지만, 최근에 분양 중인 아파트들도 일반 세대의 전용면적 중 일부 공간을 외기에 노출된 야외 공간으로 제공하지 않고 있습니다.

하지만 땅값이 비싸고 건축 규제가 복잡한 대도시에 위치한 고층 건물이더라도 집에서 자연과 수시로 만날 수 있는 주거 공간을 만든 외국의 사례들이 있습니다.[13] 스테파노 보에리(Stefano Boeri) 건축사무소는 밀라노에 있는 두 동의 고층 공동주택을 '수직 숲(2014)'으로 설계하면서 900그루가 넘는 나무와 수천 개의 식물을 각 면마다 다르게

스테파노 보에리 건축사무소의 수직숲 빌딩
'보스코 베르티칼레(Bosco Verticale)'

배치했고, 건축설계회사 'WOHA'는 싱가포르에 4개 층마다 공중정원을 만들어서 녹지율 132%에 자연 환기와 냉방을 최대한 활용한 35층의 뉴튼 스위트 빌딩(2007)[14]을 선보였습니다. 또 모쉐 사프디(Moshe Safdie) 건축사무소는 대부분의 세대에 개인 발코니와 공중정원을 제공하는 38층의 스카이 해비타트(싱가포르, 2015)[15], 개별 테라스가 있는 16층 건물들을 직각으로 교차하여 쌓아 올린 친황다오 해비타트(중국, 2017)[16]를 통해 도심 속의 고층 공동주택 주거 공간에서도 개별 세대들이 자연을 수시로 만날 수 있게 설계한 건축디자인을 보여줍니다.

우리나라에도 아파트 단지와 유사한 편리함을 누리면서도 세대의 전용 야외 공간을 가질 수 있는 주거 공간들이 있습니다. 이런 공간은 소위 '타운하우스'나 '테라스하우스'와 같은 명칭으로 불립니다. 법적으로는 블록형 단독주택[17], 단지형 연립주택 또는 단지형 다세대주택으로 분류되며[18], 주로 교외에 위치한다는 점에서 앞에 언급한 해외의 도심 아파트 단지 사례와 다릅니다.

제가 찾아본 결과로는 부산 수영구에 위치한 한 아파트 단지[19]가 전용면적 $91m^2$ 이상인 세대에 한하여 세대별 개방 발코니를 제공하고 있을 뿐, 수도권 도심의 아파트 단지 중 입주민 모두에게 전용 야외 공간을 제공하는 곳은 찾지 못했습니다. 서울특별시는 2021년에 건축공간연구원의 연구 결과[20]를 참고하여 신축하는 공동주택에 폭 2.5m 이상의 돌출된 개방형 발코니 공간 확보를 촉진하도록 「서울특별시 건축물 심의 기준」 개정을 검토한 것으로 알려졌으나,[21] 아직 개정되지 않은 것으로 보입니다.

이런 상황에서 사람들은 전용 야외 공간을 갖지 못하는 대신 집 안에 작은 인공 자연을 들이는 것으로 아쉬움을 달래고 있습니다. 저는 '플랜테리어(planterior: plant+interior)'라는 신조어에서 닫힌 실내 공간에서도 어떻게든 자연을 느끼고 싶은 공동주택 거주자들의 열망을 느낍니다. 그분들은 실내에서도 죽지 않고 자라는 식물의 품종들과 잘 기르는 방법을 공부해 집에서 햇볕이 가장 잘 드는 공간을 식물에 내어주고 정성껏 가꿉니다. 보통 건조하고 직사광선과 통풍이 부족한 척박한 환경에서도 잘 버티면서 크기도 작은 다육식물들을 선택하곤

하죠.

　국내 가전회사가 2021년에 실내용 식물 재배 생활가전제품을 출시한 이유도 이런 배경에서 바라볼 수 있습니다. 이 제품은 공동주택 위주의 국내 주거환경에서 식물이 발아해서 자라는 과정을 바라보는 '실내 정원'이자, 직접 수확해서 샐러드 재료나 키친허브로 활용하는 '실내 채소텃밭'에 대한 시장 수요를 간파한 시도였습니다. 이 시도가 성공하여 거의 존재하지 않았던 가정용 식물재배기 시장은 이후 급속도로 성장하고 있습니다.[22]

　종래의 수족관 외에 실내에 흙과 식물로 습지 환경을 꾸미고 양서류나 파충류 동물 등을 넣어 작은 자연을 만드는 '테라리엄(terrarium)'이 인기를 얻는 이유도 마찬가지입니다. 세대 전용의 야외 공간을 누릴 수 있는 아파트는 아직 '사치재'이지만, 사람들은 이처럼 실내에서도 자연을 만나고자 여러 방법으로 노력하고 있습니다.

인간의 뇌는 자연 공간을 체험할 때 정서적 위로를 받습니다

　미국의 환경심리학자 로저 울리히(Roger Ulrich)는 1984년 병실 창으로 자연 풍경이 내다보일 때 환자들이 평균적으로 24시간 더 빨리 퇴원했고 진통제 사용량도 적었다는 연구 결과를 발표했습니다.[23] 이를 시초로 공간·색채·조명·소리 같은 환경이 인간의 뇌에 많은 영향을 미친다는 사실이 밝혀졌습니다.[24] 최근에는 인간의 뇌를 연구하는 신경과학과 건축학이 만나 공간과 건축이 인간의 사고와 행동에 어떠

한 인지적 영향을 미치는지를 연구하는 신경건축학(neuroarchitecture) 도 생겨났습니다.[25]

신경건축학 연구들은 기능성자기공명영상(fMRI)과 뇌전도검사기(EEG) 등을 활용해 도심 속에서 수시로 접촉할 수 있는 자연 공간이 인간의 인지와 정서에 도움을 준다는 것을 보여주었습니다. 예컨대 보스턴 아동병원의 환자들이 병원 안뜰을 산책하며 큰 나무, 새와 다람쥐들을 만난 덕분에 치료 효과가 좋아진 연구 결과,[26] 자연환경을 외부에서 눈으로 바라보는 것보다 직접 만지고, 소리를 듣고, 향기를 맡으며 체험하는 것이 건강에 유익하다는 2017년의 논문[27] 등이 그런 사례입니다.

외기와 단절된 관리하기 쉬운 집에서 살다 보니 우리는 날씨가 좋은 날 집 밖으로 나가면 테라스가 있는 카페에서는 테라스 테이블을 선택하고, 폴딩도어 또는 들어열개 창이 있는 식당과 술집의 창가 자리를 먼저 차지하곤 합니다. 이런 자리들은 항상 인기가 높지요.

요즘 유통 대기업들도 전통적인 백화점 건물의 구조에서 탈피해 방문객들이 마치 야외에 있는 것처럼 느끼도록 충고를 더욱 높이고 있습니다. 천장에 빛을 잘 투과하는 유리 등을 씌워 빛우물 공간(atrium)을 내고, 보행 동선을 단조롭지 않게 설계한 대형 복합쇼핑몰 건설에 수천억 원을 투자하고 있죠. 이런 설계에는 공동주택 안에서 누릴 수 없는 개방된 공간, 충고가 높은 공간에서 머물고 싶어 하는 사람들의 본능적인 선호를 탐지한 건축신경학의 분석들이 들어가지 않았을까요?

복합쇼핑몰은 온라인 쇼핑몰과 가격으로는 경쟁하지 않고, 개인들이 여가 시간에 비일상적인 공간을 경험하고 머무르면서 소비도 하도록 만들려는 오프라인 상업시설의 전략을 보여줍니다. 이런 공간은 마치 야외 공간에 있는 것 같은 느낌이 들면서도 눈비와 바람, 미세먼지의 영향을 받지 않으며 쾌적한 온도와 습도를 유지하기 때문에 혹서나 혹한, 장마와 태풍도 있는 국내 기후의 특성에 따른 야외 공간의 불편함도 해결할 수 있습니다.

그렇다면 세대 전용의 야외 공간이라는 사치재를 누리지 못하면서, 실내에 작은 자연의 공간을 인공적으로 들이는 경험 또는 상업시설들이 제공하는 유사-야외 공간 경험으로는 만족하지 못하는 사람들은 어떤 선택을 할까요?

3장

도시민의 야외 공간 단기 체류: 등산, 캠핑, 차박

우리는 도심지의 희소한 자원인 토지를 가장 효율적으로 이용하기 위해 주거 공간을 지극히 기능적이고 외부와 단절된 공간으로 만들었습니다. 이렇게 탄생한 아파트는 수억 원 이상을 치르고 길게는 30년 이상 대출금을 상환해야 하는, 가계의 가장 큰 자산입니다. 미래의 소득까지 끌어와서 마련한 공간을 자신이 가장 좋아하는 곳으로 꾸며두고도 오래 머무르지 못하고, 외부에서 여가 시간을 보내야 하는 건 아이러니입니다.

물론 도시라는 플랫폼이 제공하는 편익들과 전유하는 외부 공간까지 가질 수 있는 도시 내 단독주택 생활을 선택하면 이 문제는 바로 해결됩니다. 하지만 도시의 높은 땅값, 건폐율·용적률 등의 건축 규제로 인한 좁은 건축면적, 건축사에게 지불할 설계비용, 최근에는 평당 700만 원으로도 부족하다는 시공비용과 건축주 노릇에 대한 부담, 도로나 이웃집에서 집 마당이 내려다보이는 사생활 침해, 수선 유지와 보안 문제, 아파트에 비해 상대적으로 낮은 보유 주택의 기대수익률 등 이 선택에 따라오는 여러 단점들을 감수해야 합니다.

한국농촌경제연구원의 「농업·농촌에 대한 2021년 국민의식 조사 결과」에서는 도시민의 34.4%가 "은퇴 후 혹은 여건이 되면 귀농·귀촌할 생각이 있다."라고 응답했지만,[28] 아예 도시를 벗어난 주거를 선택한다면 난도는 더욱 올라갑니다. 본인은 장거리 통근의 부담을 감수하기로 각오했더라도, (배우자가 주부, 재택근무가 가능한 직장인이나 프리랜서가 아니라면) 배우자의 통근 부담, 자녀의 학교 배정과 통학 방법, 학원 등·하원 불편, 문화생활 접근성 저하 등의 문제를 동거하는 가족들이 함께 감당해야 하지요.

그래서 대부분의 도시민들은 이웃집에서 들려오는 층간·벽간 소음이나, 계단이나 배관을 타고 올라오는 담배 연기로 인한 불편함과 갈등을 토로하면서도 단독주택으로 이주하는 결정을 쉽게 내리지 못합니다.

등산과 캠핑이 이처럼 사랑받는 이유

이렇게 주어진 여건이 녹록지 않다면 소극적으로 내 집 안에 야외 공간을 만들려고 하지 말고, 자기 몸을 움직여서 집 밖으로 나가 자연을 만나면 됩니다.

이미 이렇게 행동하고 있는 사람들이 많습니다. 한국갤럽의 조사에 따르면 한국인들의 취미 중 등산(하이킹·트래킹 포함)이 부동의 1위이고, 다른 설문조사에 따르면 매월 한 번 이상 등산을 즐기는 국민이 전체 성인의 62%에 해당하는 2,600만 명이라고 할 정도로 등산은 국민 취미입니다.[29]

다음으로 떠오른 것은 캠핑이었습니다. 한국관광공사의 캠핑 이용객 실태조사 결과에 따르면 2020년의 캠핑 인구는 약 700만 명이고,[30] 캠핑 인구 중 숙박업소가 아닌 차량 안에서 숙박하는 '차박'을 즐기는 캠핑 인구도 전체 캠퍼의 10% 이상으로 추정된다고 합니다.[31]

저도 등산과 캠핑을 즐기셨던 아버지 덕분에 조기교육을 받았습니다. 산마루에 앉아 땀을 식히며 먹었던 도시락과 산에서 취사가 가능하던 시절에 코펠에 끓여 먹었던 냄비 밥과 찌개는 어쩜 그리 맛있었던지요. 20리터 약수통을 들고 수시로 오르내렸던 무등산에서 참 다양한 사람들을 만났습니다.

어릴 때는 캠핑이라는 용어도 몰랐지만, 여름에 가족들과 피서로 강가나 바닷가를 찾아 채집한 조개와 낚시로 잡은 물고기를 요리해 먹고서 비좁은 텐트에 모로 누워 모기에 뜯기며 잠을 청하곤 했었지요. 바퀴 양쪽에 패니어를 매달고 달리다가 저녁이 되면 적당한 곳에서 등산용 텐트를 펴고 잠을 청했던 자전거 캠핑의 추억도 있습니다.

등산과 캠핑 경험자로서 이 취미들이 주로 선호되는 가장 큰 원인은 도시에 거주하는 대다수 한국인에게 자기만의 야외 공간이 없고, 평균적으로 누리는 공원 녹지 공간이 부족하기 때문이라고 생각합니다. 우리나라는 인구밀도가 531명/km^2(2020년)[32]으로 OECD 국가 중 부동의 1위를 자랑합니다. 그런데 공원녹지법상 도시공원의 확보 기준은 거주하는 주민 1인당 6m^2에 불과하며,[33] 조성된 도시공원의 면적도 묘지공원까지 포함해서 국민 1인당 11m^2(2020년 기준)[34], 서울특별시민 1인당 12.25m^2[35]에 그치고 있습니다. OECD 국가 중 우리나라 다음으로 인구밀도가 높은 네덜란드(402명/km^2) 암스테르담시의 1인당 19.5m^2[36]나, 영국 런던시의 공원 녹지 조성 기준인 '런던 시내 시민 1,000명당 400m 내에 2ha 이상의 지역공원(1인당 20m^2)'[37]에 비하면 절반 수준에 불과합니다.*

게다가 산불로 인한 산림 훼손을 막기 위해 법률들[38]은 국립·도립공원과 도시공원 등 대부분의 공원과 산림에서 휴식을 위한 텐트나 그늘막 설치를 불허하고, 일부 허용된 구역 외에서의 야영·취사와 불 피우는 행위를 금지하며 위반 시 과태료를 부과하고 있습니다. 즉, 공원과 산에서는 준비해 간 도시락이나 매점에서 파는 음식만 먹고 쉬다가 내려와야 합니다.

　그러다 보니 등산과 캠핑으로도 자연 속의 공간을 마음껏 누리는 건 쉽지 않습니다. 도시의 빛 공해나 소음이 없는 고요한 곳에서 음식을 해 먹거나, 모닥불을 피워 소위 '불멍'을 하거나, 불편하지만 달콤한 잠을 자고 싶은 사람들은 치열한 클릭 경쟁을 뚫고 국립공원 야영장을 예약하거나 사설 캠핑장을 찾고 있습니다.

도시민들의 포기할 수 없는 열망

　자연과 만날 수 있는 자신만의 야외 공간은 한 가지가 더 있습니다. 바로 자기 소유의 차량입니다. 국토가 넓고 도로를 이용한 국경 이동이 원활한 북미나 서유럽에서는 수십 년 전부터 차량에 견인하는 트레일러(카라반)나 생활 설비를 갖춘 차량인 모터 홈을 타고 장기간 여행하면서 이동과 숙박을 한꺼번에 해결하는 문화가 있었습니다.

　국내에도 이런 문화가 도입되고, 자동차관리법상 규제들도 완화되면서 2010년 521대에 불과했던 캠핑용 트레일러가 2020년에는

---

* 게다가 53만 명이 거주하고 139개 4,665㎡의 공원이 있어 1인당 공원 면적이 8.75㎡로 최소 기준을 충족하는 서울시 강남구도 산지라 접근이 불편한 대모산·인능산 도시자연공원을 제외하면 1인당 공원 면적이 4.15㎡에 불과하고, 도곡공원(매봉산), 청담공원과 같은 산지형 공원이 많습니다. 그러니 강남구 직장인들이 연간 이용권을 구매하여 조선 시대 왕릉인 선정릉을 공원처럼 이용할 정도입니다. 도시 내에 평지 근린공원이 부족하고, 그나마 있는 공원들이 산에 있다 보니 등산이나 트래킹이 아니면 자연을 접하기 어렵습니다.

세종특별자치시 반곡동의 한 노외주차장 풍경

17,979대로 급증했습니다.[39] 같은 해에 연예인들의 캠핑카나 트레일러 야영을 소재로 하는 〈나는 차였어〉라는 TV 프로그램이 제작되어 방송되었을 정도로 캠핑카 문화는 우리 곁에 훌쩍 다가왔습니다.

세종시에 사는 제 직장 동료 중에도 캠핑용 차량을 구매했거나 구매를 고려 중인 이들이 여럿입니다. 다만 잘 갖춰진 도로망에도 불구하고, 산지가 많은 국토 지형과 좁은 주차구획 크기, 대부분의 아파트 단지 지하 주차장 높이가 2.3m인 점, 트레일러 전용 주차장의 부족으로 인한 주차 갈등과 같은 어려움이 있습니다.[40] 그래서인지 캠핑을 가는 날 이외에는 내내 주차만 해두는 모터 홈이나 트레일러를 구매하지 않고, 평소에는 일상적인 용도로 사용하는 자가용 차량을 타고 야외로 떠나서 차 안에서 쉬거나 뒷좌석을 접고 평탄화해서 숙박하는 '차박'을 선택하는 이들이 늘고 있습니다.

　　설치와 철수의 번거로움을 줄이기 위해 자동차 지붕 위에 수백만 원에 달하는 루프탑 텐트를 설치한 SUV 차량들을 도로에서 심심치 않게 볼 수 있을 정도입니다. 제 형님네도 차에 하드탑 방식의 루프탑 텐트를 설치하셨길래 접이식 사다리를 타고 올라가 보니 퀸 사이즈 침대보다 넓은 공간에 바닥의 매트리스 두께도 탄탄해서 다락방에서 쉬는 것처럼 쾌적했습니다.

　　정리해 보자면, 아웃도어 활동 중에서도 등산, 캠핑, 차박은 도시민들이 자연 속에서 자신만의 공간을 누리고자 갈망하기 때문에 꾸준한 수요가 있는 취미라고 생각합니다. 사람에 따라 서너 시간의 바깥나들이면 충분한 사람도 있지만, 야외 공간에서 식사와 숙박까지 하기를 원하는 사람들도 있습니다. 이들은 쾌적함의 수준과 주차 공간, 가용예산 등에 따라 텐트, 차박, 루프탑 텐트, 캠핑 트레일러나 모터 홈 등을 선택하고 있습니다.

　　전국 각지를 자유롭게 다닐 수 있는데도, 자신의 마음에 드는 공간에서 계속 머무르는 것을 선호하는 이들도 존재합니다. 그런 이들은 마음에 드는 캠핑장이나 자연휴양림의 사이트를 월이나 반기, 혹은 연 단위로 빌린 다음 텐트를 쳐놓거나, 아예 사이트와 트레일러를 함께 장기간 빌리는 소위 '장박'을 선택합니다. 관리 부담 없이 언제든지 와서 쉬다 갈 수 있는 자신만의 야외 공간을 가진 셈이죠. 공용 공간인 캠핑장의 한계에서 벗어나고자 빈 땅을 사서 수도와 화장실 등을 마련해 놓고 전용 캠핑 공간으로 사용하려는 이들도 있습니다. 타인들로 인해 방해받지 않는 자신만의 야외 공간을 갖고 싶기 때문입니다.

물론 자신의 취향대로 오롯하게 꾸밀 수 있는 야외 공간을 가지고자 한다면 '세컨하우스(second house: 주말주택)'가 선택지가 될 것입니다. 하지만 내 집 마련도 쉽지 않은 상황에서 교외에 세컨하우스를 갖는 일은 금전적으로 만만치 않습니다.

저는 한국의 등산, 캠핑, 차박 열풍이 집에서는 야외 공간을 누릴 수가 없으니 일시적으로라도 야외에 머무르고 싶어 하는 열망 때문에 큰 인기를 끌고 있다고 봅니다. 또 아웃도어 활동의 저변이 확대되면서 '장박지(長泊地)'나 '개인 캠핑부지'가 세컨하우스를 갖고자 하는 열망의 대체재일 수 있다고 생각합니다.

다음 장에서, 제 추억을 되짚어 보며 제가 그렇게 추측하는 근거를 말씀드리겠습니다. 휴일이면 편리한 도시를 떠나 자연 속에서 쉬고 싶어 하는 사람들의 내면에는 무슨 생각이 있을까요?

4장

나는 왜
가끔
자연인이
부러울까?

2012년부터 MBN에서 주 1회 방송 중인 〈나는 자연인이다〉는 외딴 오지에서 먹거리를 채취하거나 재배하며 홀로 살아가는 사람들을 소개하는 TV 프로그램입니다. 오랫동안 많은 사람에게 꾸준한 인기를 얻고 있고, 저도 참 좋아합니다.

여기서는 호젓한 산골에서 별다른 욕심도 없이 삼시 세끼 챙겨 먹고, 생활에 필수적인 노동으로 하루를 보내는 자연인 출연자들이 등장합니다. 그 소박한 모습을 보면 제가 안고 있던 일이나 인간관계 등에 대한 스트레스가 사소하고 부질없는 것처럼 느껴져 마음이 가벼워집니다. 그래서 주로 휴일을 마무리하는 일요일 저녁에 시청하지요. 40대 중반인 저처럼 중·장년층들이 즐겨 본다고 합니다.

도시는 사람들을 불러 모아 상호작용이 활발하게 일어날 수 있는 환경을 만들고 유지시켜 줍니다. 하지만 사람들이 지나치게 밀집하니 피로함이 늘어납니다. 길거리의 일회용 쓰레기들, 갑작스러운 소음, 도로변에 무단 주차된 차량과 현관문에 붙은 원치 않는 광고 전단지들…. 혼잡한 대도시에서는 집 밖을 나오면 나 또한 만원 전철이나 버스의 승객 중 한 사람이며, 식당이나 상점의 대기열에 줄을 서는 사람 중 한 명이 됩니다.

의도와 무관하게 내 존재 자체가 혼잡을 유발하게 되고, 우리는 무해한 타인에 대해서도 짜증스러움을 느끼게 됩니다. 24시간 쉬지 않는 도시 안에서는 밤에도 빛과 소음을 피할 수 없습니다. 그래서 쉼이 필요할 때면 기밀성이 높은 시스템 창호와 암막 커튼·블라인드로 외부와 철저하게 단절된 공간을 만들 수밖에 없습니다.

나만의 공간을 가꾸는 일에서 찾는 행복

저는 도시라는 인류 최고의 플랫폼의 유용성을 인정하고 은퇴하기 전까지 계속 도시에 거주하고 싶습니다. 하지만 도시 안에 살며 아낀 시간과 에너지가 어디로 갔나 살펴보니 막상 제 건강과 마음의 평화를 위해 쓰이는 일은 드물더군요. 저는 때때로 필요하지 않은 물건들을 지나치게 많이 구매합니다. 또 온라인게임에 지나치게 탐닉하거나, 소셜미디어에서 취향이나 매력을 어떻게든 자랑하고 싶어 안달이 난 저 자신을 발견했습니다.

저는 40년 이상 살아오면서 오프라인에서의 인간관계는 충분하게 구축했습니다. 온라인 공간에 머무르는 시간이 과하니 절제할 필요가 있다는 점도 깨달았습니다. 앞으로는 외로움을 핑계로 세상에 소음을 더하는 행동들을 줄이고, 몸과 마음을 잘 관리해서 일상의 균형을 유지하는 단단한 개인이 되고 싶었습니다.

그래서 저는 앞으로는 제 시간을 자연과 직접 만나는 일에 할애할 필요가 있다고 생각했습니다. 그때 떠오른 것이 지난 수천 년 동안 우리네 조상들 대부분이 생존하기 위해 선택해 온, 가장 보편적이고 소박한 삶의 방식인 '농사'였습니다. 간단한 농기구를 든 맨몸뚱이의 개인으로서 작물을 '재배'하고, 나무에서 과실을 수확하는 '채집'과 가축들을 키워 부산물을 얻는 '목축'을 직접 해보면서 화면으로만 봤던 자연인들을 닮고 싶었습니다.

물론, 혼잡한 도시에 산다고 모두가 자연 속의 전원생활을 꿈꾸는 것은 아닙니다. 어떤 사람에겐 도시 속 공원 같은 관리된 자연을 가까이하는 것만으로도 충분할 수 있죠. 게다가 본격적으로 자연과 함께하기 위해선 우선 시간과 체력의 여유가 충분하다는 행운을 누리고 있어야 합니다. 일상생활 외에 공부, 사업이나 직장 생활을 성공적으로 하기 위해 요구되는 추가적인 노력이나 자녀 양육, 배우자나 노부모의 간병처럼 전념해야 하는 역할들이 있다면 쉽지 않습니다. 다행히 저는 이런 제약들이 없었습니다.

　　도시 안에는 전문가가 보수를 받고 아름다운 자연을 취사선택해서 구현한 조경 공간들이 있으며, 그 공간들을 유지·관리하는 데는 노동력과 비용이 듭니다. 남들처럼 그 공간들을 잠깐씩 점유하며 이용하면 되는데, 직접 그러한 공간들을 구상해 보고 실제로 꾸며보는 일들을 노동이 아니라 삶의 의미를 주는 즐거움이라 생각하는 사람들도 있습니다. 누가 알아주거나 가외의 소득이 생기기는커녕 계속 돈을 써야 해서 배우자의 핀잔을 듣기 일쑤인데도, 휴일은 물론 출근 전 새벽이나 퇴근 후 해가 지기 전까지 어떻게든 시간을 만들어서 부리나케 차를 몰고 전원의 자기 밭으로 향하는 사람들이죠.

　　마크 트웨인의 『톰 소여의 모험』에서 폴리 이모가 톰에게 벌로 지시한 담장 페인트칠은 '일거리'였습니다. 하지만 톰의 동네 친구들은 이 '재미난 놀이'에 참여하고 싶어서 자신의 소중한 물건들을 바치고, 줄을 서서 페인트 붓을 잡아봅니다. 새집을 꾸미는 일을 해보고 알았는데, 저도 톰의 동네 친구들처럼 공간을 가꾸는 일이 재미난 놀이로 느껴지는 사람이더군요. 자연 속에 저만의 공간을 소유하고, 시간을 들여 가꾸고 재배와 채집, 목축을 놀이 삼아 즐기는 건 제 마음이 원하는 일이었습니다.

전남 보성 외갓집의 추억

그리고 저에게는 이상적인 전원생활의 추억도 있습니다. 제가 평생 경험했던 가장 흥미롭고 즐거웠던 집이 고향인 전남 보성군 조성면에 있는 외갓집이었습니다. 부모님이 맞벌이를 하시다 보니 초등학교 시절 저는 오전 수업이 끝난 후 집에 와서 밥을 먹고 나면 따로 할 게 없었지요. 어린 저는 집에만 있기 심심했습니다. 그래서 동생들과 함께 30분 정도 걸어 대곡리 한실마을에 있는 외갓집에서 놀곤 했습니다.

1959년에 외할아버지께서 건축주가 되어 직접 지으신 일자형 5칸 겹집 남향 한옥 기와집에는 대청마루와 툇마루, 광, 무쇠 가마솥 두 개가 놓여 있는 재래식 아궁이가 있었습니다. 본채에서 바라봤을 때 동쪽에는 세 칸짜리 별채가 있었는데요, 돌을 쌓고 그 틈에 지푸라기를 섞어 이겨낸 황토 반죽을 깔고 층층이 올려 벽을 쌓은 후 슬레이트 지붕을 올린 건물이었죠.

별채에는 농사용 소를 기르는 외양간과 농기구와 수확물 등을 보관하는 창고, 그리고 측간이라고 불렸던 화장실이 있었습니다. 큰 다라이에 널빤지를 두 개 올린 재래식 화장실이었어요. 창고 벽에는 대나무 살을 엮어 만든 닭장이 붙어 있었습니다. 닭장 문이 좁고 낮은 데다 닭똥 냄새가 고약해서 달걀을 꺼내는 건 체구가 작은 제 일거리였죠.

외갓집 장닭은 제가 유치원을 졸업할 때까지 저를 무시했습니다. 어른들이 안 계시면 상습적인 달걀 도둑을 쪼려고 제게 달려들었습니다. 그래서 전 칼날 같은 며느리발톱에 우람한 풍채를 자랑하는 장닭이 어디 있는지 항상 주시해야 했지요. 장닭을 쫓아버릴 정도로 자란 다음에는 농수로에서 쪽대로 잡아 온 왜몰개, 버들치 같은 물고기들이나 메뚜기, 방아깨비, 여치와 같은 곤충들을 아궁이의 잔불로 구워 먹거나 닭들에게 별식으로 던져줬습니다. 메뚜기 튀김을 도시락 반찬으로 싸 오는 친구가 있던 시절이니까요. 대청마루 벽에 족제비 박제가 걸려 있었는데, 알고 보니 외할아버지께서 닭장 틈새로 침입한 녀석을 잡았다는 걸 보여주는 전리품이더군요.

고양이들은 집 안팎을 마음대로 오가면서도 밤마다 서까래를 가린 천장 위로 기어다니며 잔치를 벌이던 쥐들 때문에 대접받고 살았고, 가끔 자기가 잡은 쥐를 툇마루 아래에 놓고 갔죠. 항상 두어 마리 이상이었던 누렁개들은 툇마루 아래서 살았습니다. 어미 개가 출산한 직후에는 저희 남매들이 외갓집에 제일 자주 갔었죠. 아직 눈도 못 뜨고 꼬물거리는 강아지들을 보고 싶어 툇마루 아래로 기어들어 가려다가 혼나기도 했습니다. 엄마 젖을 떼고 한창 귀여울 때쯤 시장에서 팔려 나갔던 그 강아지들….

외갓집 처마 아래엔 종종 제비들이 집을 지었습니다. 외조부모님은 불편하셨을 텐데도 툇마루 안쪽에 집을 지은 제비들을 쫓아내지 않았습니다. 도리어 새똥이 떨어지지 않도록 받침대를 대주셨죠. 덕분에 저는 솜털도 제대로 나지 않은 새끼 제비들이 삐악거리며 부리를 자기 머리 크기만큼 벌리고, 부모 제비가 잡아다 준 벌레들을 받아먹는 것부터, 나는 법을 배우고 가을에 둥지를 떠나는 모습까지 지켜볼 수 있었습니다. 제비들이 떠난 빈집은 이듬해 봄까지 천천히 허물어져 가곤 했습니다.

외갓집에는 배, 대추, 앵두, 자두, 살구, 석류, 단감, 홍시감, 밤, 보리수, 산수유, 무화과나무까지 온갖 유실수들이 있어 마음대로 따 먹을 수 있었습니다. 대문을 열고 싸리 울타리로 둘린 텃밭 사잇길을 지나 나오는 동백나무 오른쪽에는 외삼촌이 지은 원두막이, 그 안쪽에 는 보드라운 솔이끼가 촘촘하게 자란 초록색 옹달샘이 있었습니다. 여 름이면 옹달샘에 수박을 띄워두곤 했어요. 거기에선 생이와 가재들이 살았는데, 실에 매단 닭 뼈를 구멍 앞에 놓고서 가재가 나오면 조금씩 닭 뼈를 앞으로 당기며 유인했던 제 사냥터이기도 했습니다. 나중엔 오리들의 물놀이터가 되면서 냄새가 고약한 흙탕물이 되어버렸죠.

부지런한 농부셨던 외할아버지 때문에 강아지처럼 마냥 놀지 는 못했습니다. 메주콩이나 들깨를 수확했을 때는 저도 마당에서 방방 뛰며 몸으로 타작을 했고, 여기저기 튀어 나간 콩알을 주워 와야 했지 요. 가끔은 소를 먹이는 일을 맡았습니다. 덩치 큰 누렁소가 제 말을 들 을지 무서워서 벌벌 떨면서도, 고삐를 잡은 채 풀밭이 넓게 펼쳐진 저 수지 둑으로 데려가 풀을 뜯어 먹이고 다시 데려와야 했습니다. 맛있 는 풀을 찾아 자꾸만 움직이는 누렁소한테 끌려다니기 지겨워서 코뚜 레와 이어진 고삐 줄 끝에 달린 말뚝을 돌로 때려 땅과 단단히 고정해 놓고, 들판에 펼쳐진 삐비(삘기)의 피지 않은 이삭을 잘근잘근 씹으며 단물을 맛봤죠. 제가 정신이 팔린 사이에 말뚝을 뽑은 채로 멀리 가버 린 누렁소를 울며 찾아다닌 적도 여러 번이었습니다.

열 살이 갓 넘었을 때부터 새벽 5시에 일어나 축사의 가축들에 게 사료를 부어주고 집안의 일꾼인 황소에게는 소죽까지 끓여 먹이고 등교했던 같은 반 농사짓는 집 친구들에 비하면, 저는 거의 도움이 되지 않는 일손이었을 거예요. 그래도 옛날 여성들이 머리단장에 썼던 동백기름을 짜내는 동백나무 씨앗을 줍거나, 아침이나 저녁 시간에 빈 통을 들고 저수지를 휙 돌면서 물가로 올라온 우렁이들을 주워 와서 외할머니로부터 칭찬을 듣기도 했습니다. 주워 온 우렁이들은 해감하 느라 며칠간 세숫대야에 담가두었는데, 그사이에도 꼬물꼬물 작은 구 슬 같은 우렁이들을 낳았죠. 그 우렁이들을 넣고 된장을 풀어 끓였던 된장국의 맛을 떠올리면 지금도 침이 고입니다.

허름하지만 소박하고, 고독하지만 생명이 가득한

이렇게 길게 시골 외갓집에 대한 추억들을 말씀드렸지만 저는 서울에서 코엑스가 개관하던 해에 태어난 1979년생입니다. 듣기로는 외갓집에 전기가 들어온 게 제가 태어나기 몇 년 전이었다고 하더군 요. 『대한민국 원주민』을 쓰신 진주 출신 최규석 작가님도 1977년생이 시니 당시 여느 시골 마을의 터가 좋고 좀 넓은 기와집의 흔한 풍경이 라고 봐도 될 것 같습니다.

1980년 전남 보성군의 인구는 12.7만 명이었는데, 2022년에는 3.8만 명입니다. 1/3쯤으로 줄어든 셈이지요. 초등학교 4학년 때 광주 광역시로 전학을 간 저처럼 이런 추억을 가지고 도시로 떠난 고향 친 구들도 많을 겁니다.

지금과 달리 농기계나 가전제품들도 거의 없었고, 인습적인 제 도들도 많이 남아 있었을 당시 시골에서의 삶이 쉬웠을 리가 없습니 다. 그렇지만 적어도 언제든지 반겨주시는 외조부모님과 지천으로 있었던 농작물들, 철마다 열리는 과일나무들, 놀이 친구이자 탐구 대상이었던 가축들이 있던 외갓집은 지금까지도 제가 경험한 최고의 집이었습니다.

　　〈나는 자연인이다〉에 나오는 출연자들이 산간벽지나 바닷가에 지은 집들은 허름하고 불편해 보입니다. 하지만 저는 그들이 채집한 식재료나 텃밭 수확물들로 만든 소박한 밥상의 맛을 알 것 같습니다. 남은 수확물을 오래 먹을 수 있게 만들어서 손님들에게 군것질거리로 건네는 마음도요. 사람들과 만나지 못하는 대신에 가축들과 친구처럼 지내는 모습은 농번기에 빈 외갓집을 온종일 지키면서도 툇마루밑에 사는 강아지, 마당에서 먹이를 찾던 닭과 오리들과 놀았던 코흘리개 시절의 저를 보는 것 같았습니다.

　　제가 시골에 살았던 기간은 10년 남짓이었습니다. 이 유년기에 외갓집을 통해서 농가주택 생활의 장점들만 담뿍 누리고 고생은 전혀하지 않았기 때문에 저는 전원생활에 대한 좋은 추억들만 가지고 있는지도 모릅니다. 반면에 1950~1960년대 농촌의 시골집에서 어린 시절을 보냈던 제 어머니께서는 사시는 아파트가 제일 편하다고 하시고 시골집에서 하룻밤 자고 오는 것도 불편해하십니다. 지금의 중·장년 중 상당수는 이촌향도(離村向都)를 경험한 세대라 저처럼 시골에서 살아본 경험이 있습니다. 앞서 본 귀농·귀촌을 고려해 본 국민이 34.4%라는 설문 결과에는 저처럼 이촌향도 세대의 마음이 들어가 있다고 생각합니다. 세대적인 요인도 있는 것이지요.

5장

내가
가꿀 수 있는
자연 속 공간을
꿈꾸며

　　제가 사는 세종시의 정중앙에는 지금도 경작 중인 논이 있습니다. 차를 타고 20분쯤 행정중심복합도시 밖으로 나가면 예전 연기군 시절의 농촌 마을과 논밭이 펼쳐집니다. 대중교통을 타고 한 시간 넘게 이동해도 도시가 계속 이어지는 수도권에서는 누리기 힘든 풍경이지요.

　　저는 날씨가 괜찮은 계절에는 일주일에 평균 사흘 정도는 자전거로 출퇴근을 합니다. 금강 자전거길을 따라가다가 이색 교량인 이응다리를 건너는 편도 25분가량의 자출길입니다. 자전거도로 옆 풀숲에 있다 푸드덕 날아가는 장끼나 꺼병이들을 데리고 다니는 까투리는 수시로 마주치고, 이른 아침이나 늦은 밤에 자전거를 타고 출퇴근하다 보면 야행성인 고라니들을 만나기도 합니다.

　　봄에는 개나리와 벚꽃이 피고, 초여름부터 가을까지는 금계국이 금강변을 노랗게 물들이지요. 여름에는 아직 머리에 노란 솜털이 남아 있는 1년생 백로들이 옹기종기 모여 있습니다. 또 겨울철에는 청둥오리들이 수중발레를 하듯 다 같이 꽁지를 수직으로 세우고 물속 먹이를 찾는 모습을 봅니다. 봄과 가을에 짙은 안개가 수면 위로 피어오르는 모습도 장관이지요.

　　이처럼 지방 중소도시에 사는 저는 일상에서 어느 정도 자연을 만날 수 있습니다. 그러나 제가 사는 집 안에는 곤충을 잡거나 채집할 땅도, 텃밭도, 유실수도, 가축도 없습니다. 부부 침실 발코니 공간에 화분을 놓고 상토에 심은 상추는 웃자라더니 힘없이 쓰러져 버리고, 진녹색의 튼튼한 바질 모종도 연두색으로 변하고 잎도 나지 않다가 말라 버렸습니다.

귤나무와 블루베리 나무를 화분에 심고 키워 봤지만, 잎만 겨우 붙어 있을 뿐 성장이 멈추더군요. 이러다 죽을까 봐 화분째 아파트 단지 공용 공간에 내놔서 살리긴 했지만 내 식물을 살린다는 명목으로 주민들의 공용 공간을 점유하는 것은 잘못된 행동 같아서 다시 집 안으로 들였습니다. 아파트에서 키울 수 있는 가축은 없을까 싶어 반려닭 커뮤니티에 가입했습니다. 아파트 안에서 소형 관상계 암탉이나 미니메추리를 키우는 사례들을 보고 진지하게 키울 것을 고민하기도 했습니다. 결국 울음소리와 분변 냄새 때문에 분양받기를 포기했지만요.

제가 다니는 회사에서는 매년 봄 직원들에게 선착순으로 텃밭을 분양하는데 저도 2년간 한 평가량의 텃밭을 지정받아 농사를 지어 봤습니다. 사무실을 나와 차를 타고 10분가량 가는 거리라 가까운 편이었습니다. 쌈채소들과 고추, 파프리카를 수확하는 즐거움을 누리긴 했지만 분양 면적도 좁았고, 키가 큰 옥수수나, 호박·오이와 같은 덩굴 작물들은 이웃에게 피해가 갈 수 있어서 재배할 수 없었지요.

무엇보다 텃밭 분양 기간이 끝나면 다시 찾을 일이 없는, 반년 단위로 빌려 쓰는 공간이라 애착을 갖기 어려웠습니다. 오래도록 비가 오지 않았던 한여름 날에는 출근길과 퇴근길에 텃밭에 들러 물을 주고 갔는데, 열댓 포기의 채소들을 수확하기 위해 매일 1리터의 휘발유를 태우고 탄소를 배출하는 게 맞는지 회의가 들더군요. 그래서 이듬해부터는 텃밭 분양을 신청하지 않았습니다.

내가 전원의 삶을 간절히 바란 이유

이러한 환경적인 요소가 다는 아니었습니다. 제가 자연 속에서 시간을 보내는 생활을 동경하게 된 것에는 분명 다른 이유도 작용한 것 같습니다. 저는 오래전부터 자녀를 갖지 않기로 결심했었고, 개나 고양이처럼 사람과 밀접하게 교감을 나누는 반려동물보다는 제가 만들어준 환경에서 편안하게 살아가는 새나 물고기 같은 소형 동물이나 식물을 키우는 일에 흥미가 많았습니다.

또 저는 승패를 다투는 스포츠와 같은 경쟁이나 타인과의 분쟁을 싫어합니다. 다니던 회사를 그만두고 로스쿨에 입학한 첫 달에 교과서에 나오는 판례들을 읽으면서 사람들이 왜 이렇게 다들 욕심이 많고 무리한 주장을 하는지 이해할 수 없어 힘들었던 기억이 납니다. 법률분쟁에서 의뢰인의 대전사(代戰士) 역할을 하는 게 변호사의 역할인데, 저는 욕심 많은 사람을 가까이하거나 상대하기가 싫었습니다. 사회적으로 보면 누군가는 해야 하는 일이지만 굳이 제가 하고 싶지는 않았지요.

그래서 변호사가 된 후에 송무를 하지 않아도 되는 분야를 찾았고, 10년 전부터 국책연구기관에서 일하는 중입니다. 정부나 공공기관에 교통정책과 그 실행 방안을 제안하는 보고서를 쓰지요. 적성에 잘 맞고 공익을 위해 일하는 보람도 있습니다. 하지만 누구에게나 그렇듯, 여기서도 일은 일이더군요. 아무리 적성에 맞는 직장이라지만 매번 새로운 주제로 연구를 하고 그 결과물이 대중에게 공개되는 상황이 주는 중압감으로 인해 스트레스가 쌓이는 것을 느꼈습니다.

또 저는 공공기관 지방 이전으로 세종시에 내려온 터라 직장 사람들 외에 세종시에 원래 알고 지내던 지인이 거의 없고, 대부분의 지인이 수도권에 거주하다 보니 만나기가 어려워졌습니다. 심지어 저는 주말부부입니다. 다행히 1주일에 2권 정도씩 책을 읽다 보니 혼자 시간을 보내는 게 어렵지는 않았지만요.

앞에서도 소셜미디어 이야기를 잠시 했지만, 독서와 함께 저는 SNS인 페이스북을 애용합니다. 페이스북에선 현실에서는 만날 수 없는 좋은 분들도 많이 만났지요. 그렇지만 여기서도 인정 욕구를 충족하기 위한 아귀다툼이나, 자기계발 코칭과 선한 영향력을 운운하며 사람들을 돈을 버는 도구로 착취하는 모습들을 보면서 피로해졌습니다. 게다가 타임라인을 흘러 지나가는 정보량이 많다 보니 제 인지력이 단편적이고 자극적인 소식에 소모되는 것을 느낄 수 있었습니다. 점점 더 제 생각에 동조하는 사람들하고만 교류하면서 타인에게 즉각적인 자극과 반응을 원하고 있는, SNS에 중독된 제 모습을 발견하게 되었습니다.

제 정신 건강을 위해서는 몸을 쓰는 습관이 반드시 필요하다고 느꼈습니다. 신체의 일부가 된 스마트폰을 내려놓는 일도 시급해졌어요. 먼저 생각한 것은 운동이었습니다. 이미 해봤던 등산 말고 피트니스 클럽에 여러 번 등록해 봤지만 두 달을 넘기지 못했습니다. 애석하게도 자전거 타기 외에는 즐길 수 있는 운동을 찾지 못했습니다.

사무직으로 일하면서 운동도 하지 않다 보니 매년 신체 능력이 조금씩 떨어지는 게 느껴집니다. BMI 수치는 과체중을 넘어 비만으로 진입했고, 지방간이 경도에서 중등도로, 콜레스테롤과 공복혈당 수치가 정상 수치의 최상단을 기록한 상황입니다. 환갑을 맞이하지도 못하고 돌아가신 선친께서 40대부터 당뇨와 각종 대사질환을 앓기 시작하며 고생하셨던 가족력도 있다 보니 계속 지금처럼 산다면 아내에게 무책임한 행동이라는 생각이 들었습니다.

제가 세컨하우스에 대한 열망을 본격적으로 가진 것도 건강을 우려하기 시작했던 5년 전부터였습니다. 당시 분양받은 텃밭 농사를 지어 보니 제가 농사일을 하면서 움직이고 땀 흘리는 것을 좋아한다는 걸 깨달았습니다. 집을 꾸미고 나서부터는 세컨하우스나 전원주택의 생활자들도 계속 곁눈질하게 되었습니다. 특히 전원주택에 살면서 텃밭 농사를 짓는 분들은 돈을 받고 팔 것이 아니면서도 얼마 되지 않는 수확을 얻기 위해 부지런히 일하고, 다른 사람들에게 자신의 수확물과 직접 만든 음식들, 농사 지식까지 열심히 나눠주는 사람들이었습니다. 그분들은 피곤을 모르는 것만 같았고, 나이와 상관없이 온몸이 땀으로 젖어 있으면서도 기운이 넘쳤습니다. 즐거운 취미에 푹 빠진 사람들의 표정이 언제나 그런 것처럼요.

만약 저도 전원생활을 해본다면 그분들처럼 기운 넘치고 환한 얼굴이 될 것 같았습니다. 제 시간과 자연의 시간을 빚어서 작물을 키워내고 싶었고, 직접 수확한 농작물을 활용해 소박하지만 건강한 음식들을 만들어 먹고 싶었습니다. 스마트폰 대신에 호미를 잡고서 덕지덕지 붙은 뱃살과 나태한 마음들을 땀방울과 함께 흘려보내고 나면 다시 활력을 찾을 수 있겠다는 예감이 들었습니다.

이가라시 다이스케의 만화로 일본과 한국에서 영화로도 만들어진 〈리틀 포레스트〉를 좋아하고, 〈건축탐구 집〉처럼 귀촌 단독주택 생활을 소개하는 프로그램을 즐겨 보는 분들의 마음도 저와 비슷하지 않을까요?

'도시 속에서 살아가는 자연인'이 목표가 되다

그러나 막상 세컨하우스를 꿈꾸자니 저는 계속 머뭇거릴 수밖에 없었습니다. 저는 앞으로도 20년은 더 도심의 사무실로 출근해야 하는 직장인입니다. 퇴근 후에도 식사와 술자리를 통해 사람들과 만나야 할 일이 많습니다. 게다가 제 아내는 저와 달리 서울에서 태어나 서울과 경기도의 인구 50만 이상 대도시에서만 살아온 사람입니다.

제가 아무리 자연에서의 삶을 좋아한다 하더라도 과연 단독주택의 잡초 뽑기, 낙엽과 눈 치우기, 배수, 배관 동파 예방과 텃밭 관리 등의 부담을 감당할 수 있을지 겁이 나는 건 물론이었습니다. 운전면허가 없는 아내가 시내버스나 도시철도가 몇 분에서 몇십 분마다 배차된 수도권에서 지내다가 하루에 3~4회 운행되는 지역에서 대중교통을 이용할 때 예상되는 불편함도 가볍게 생각할 수는 없었지요.

저희 부부가 장만해서 지금 살고 있는 세종시의 아파트에 담보대출이 잔뜩 있는 상황이라 가계의 재정 문제도 중요하게 고려해야 했습니다. 장기적으로는 물가상승률 수준 이상을 유지해 온 아파트와 달리 지방의 토지는 개발 호재가 있는 일부 지역 외에는 물가상승률을 따라가기도 어렵습니다. 설령 땅값은 상승한다고 하더라도 주택 건물 가격은 매년 감가된다고 봐야 합니다. 그런 상황에서 대출을 일으켜 단독주택을 사거나 지어야 한다는 점이 마음에 걸렸습니다.

　　단독주택 관리의 부담, 다시 도시의 아파트 생활로 복귀하게 되면 매도할 주택 가격 감가로 인한 매몰 비용, 표준화된 상품처럼 거래되는 아파트와 대비되는 전원주택 매매의 어려움 등에 대해 주변 사람들의 경험담도 여러 번 들었습니다. 그래서 사생활이 보호되면서 외부와 연결된 열린 공간을 열망하면서도, 아파트 생활을 정리하고 도시 내부의 단독주택 단지 또는 교외나 시골의 단독주택으로 이사하는 결정을 내릴 수 없었습니다.

　　타협안으로 남들처럼 정년까지는 계속 아파트 단지에서 살되, 돈을 모아서 야외 발코니·베란다·테라스가 있는 아파트로 이사 갈 생각도 해봤습니다. 그러나 동별로 1~2세대에 불과한 펜트하우스 세대의 청약 당첨 확률과 일반 세대보다 훨씬 높은 매매가격을 보면서 저와 비슷한 생각을 하는 사람이 많다는 사실을 알 수 있었죠. 1순위 청약 자격을 다시 취득했지만, 앞으로 세종시에서 나올 분양 공고들 중에 전용 테라스가 있는 세대를 청약해서 최소 수백 대 1의 경쟁을 뚫고 제가 당첨된 확률은 낮아 보입니다.

　　그래서 저는 도시의 아파트에 살면서 도시가 제공하는 편리한 인프라와 문화공간들을 누리되, 1주일 중 하루 이틀 정도는 저와 아내가 오롯하게 소유한 시골 땅에서 시간을 보내는 5도2촌의 파트타임 자연인이 되기로 마음먹었습니다. 다음은 주말 세컨하우스를 꿈꿨던 제가 왜 주말에 여섯 평 농막으로 가게 되었는지 알려드리겠습니다.

6장

여섯 평
농막1

　　　도시민들이 주말에 취미 농사를 짓고 도시를 떠나 휴식할 수 있는 5도2촌의 세컨하우스 문화는 전 세계 곳곳에서 찾아볼 수 있습니다. 가장 유명한 사례가 짜르 시절부터 러시아 도시 주민들의 근교 별장 겸 텃밭인 '다차(дача)'와 바이마르공화국 때부터 독일의 지방정부가 주민들에게 임대해 주는 도시정원인 '클라인가르텐(Klein garten)'입니다.

　　　다차는 러시아 사람들 중 절반이 누리는 별장 주택입니다.[41] 도시 바깥에 위치하고 있고, 밭과 과수원이 딸려 있으며 면적은 평균 600m^2 남짓입니다.[42] 여기서는 농사를 짓지 않고 원예작물을 키우거나 휴양용 시설을 설치하는 것도 가능합니다.[43]

　　　클라인가르텐은 독일의 지방자치단체가 보유한 시유지를 자기 정원을 갖지 못한 도시민들에게 저렴하게 빌려주는 야외정원입니다. 최대 400m^2 이내의 부지에 24m^2 이하의 작은 오두막을 지을 수 있지만, 주거 공간으로는 쓸 수 없습니다.[44]

　　　가까운 일본에도 최대 5년까지 빌려 쓸 수 있는 체재형 시민농원이 존재합니다. 24~50m^2의 오두막과 100~163m^2의 채소밭, 공동시설을 갖추고 있습니다. 이들은 모두 100년 이상의 전통을 지닌 제도로, 도시에 사는 사람들의 마음은 국적을 떠나 모두 크게 다르지는 않다는 걸 보여줍니다.

　　　주말을 교외의 자연 속에서 보내고 싶다는 막연한 열망에서 시작했기에 저는 알아보고 고민할 게 많았습니다. 도시의 아파트에 살면서 어떻게 하면 5도2촌의 파트타임 자연인이 될 수 있을지, 귀농·귀촌 생활자나 건축사와 주택 시공 전문가들의 전원주택 건축과 생활에 관

독일 오스터펠트(Osterfeld)의 클라인가르텐

한 책들을 3년 동안 백여 권 정도 읽었습니다. 동시에 귀촌 또는 전원
주택 생활자들이 남긴 영상과 게시물들도 꾸준히 탐독했습니다. 아무
래도 제가 변호사인 만큼, 세컨하우스와 관련된 법률적인 사항들도 꼼
꼼하게 검토해 보았습니다. 안타깝게도 인터넷에는 틀린 법률 정보들
이 참 많더군요.

세컨하우스를 갖고 싶다면 별장이나 주택을 신축하거나 매수
할 수 있고, 이미 지어진 집을 빌려서 지내볼 수도 있습니다. 비록 저는
이들 모두를 선택하지 않았지만, 네 가지 방법들의 장단점들은 참고하
시도록 1부와 2부 사이 Bridge 1에 따로 정리했습니다.

저는 결국 농막을 선택했습니다

저의 고민은 2021년 6월 제 밭에 농막을 내려놓고 나서야 비로소 끝이 났습니다. 농막은 가장 먼저 제외했던 방법인데, 고민 끝에 다다른 결론이 되었습니다. 처음에는 기존의 농가주택을 빌려서 살아 보는 방법이 좋아 보였습니다. 시골집의 보증금과 월세가 큰 금액은 아니고, 필요한 가전제품이나 생활용품들은 중고 거래로 차근차근 장만할 수 있으니 초기 비용은 물론 그만둘 때의 매몰 비용도 적으니까요.

빌려 사는 세컨하우스 마당에 화초를 심고, 작은 텃밭에 야채를 심어서 수확하는 일을 1~2년 하다 보면 5도2촌 생활이 제게 기쁨을 주고 계속하고 싶은 일인지 확인할 수 있으리란 생각도 들었습니다. 이런 생활이 잘 맞으면 농어촌주택을 신축하거나 구축 주택을 매입한 다음 고치면 되니까요. 제 마음에 드는 정원을 꾸미고 나무를 심는 것은 그 집에서 하면 되지요.

다만 저는 어린 시절 전남 보성 외갓집에서의 경험도 있고, 직장에서 분양한 주말 텃밭을 일구고 수확했을 때의 즐거움도 이미 알고 있었습니다. 그래서 굳이 1~2년 농가주택을 빌리고 그 집에 필요한 살림살이들을 갖추는 데 돈을 써야 하는지 의문이 들었습니다. 계약된 농가주택의 임대차 기간이 끝나면 필요해서 산 농기구들이나 가재도구들을 처분하는 문제, 주말에 계속 시골 생활을 하려면 다른 농가주택을 다시 빌려야 하는 등의 문제도 걸렸습니다.

그렇다고 농어촌주택을 신축하거나 매수해서 고쳐 지으려니 아파트라는 주거지가 있는 상황에서 또 하나의 집을 소유하고 관리하는 일이 과연 반드시 필요한지, 그리고 제가 감당할 수 있을지 의문이 들었습니다. "당신의 시골 생활의 정점은 땅을 사고, 집을 짓고, 그 지역으로 이주했을 때입니다. 신축 기념, 이사 기념, 새 출발 기념을 하려고 도시에서 사귄 친구들을 초대해 마당에서 바비큐 파티를 연 날이 행복의 절정이라고 할 수 있습니다."라는 일본의 소설가 마루야마 겐지의 일침[45]이 계속 머릿속을 떠나지 않았습니다.

　직접 법령과 행정규칙 조문들을 찾아보기 전까지는 농어촌에 있는 세컨하우스를 소유하기가 이렇게 어려운지 몰랐습니다. 이는 다주택자가 되면 도시에서 주로 거주하는 집을 팔 때 1주택자와 달리 양도소득세가 면제되지 않기 때문이지요. 주말에 세컨하우스를 왕래하며 휴식을 취하는 도시민들보다 캠핑이나 차박이 취미인 사람들이 훨씬 더 많은 이유가 단지 높은 땅값과 건축비 때문은 아니라는 사실도 깨닫게 되었습니다.

　오랫동안 고민하던 와중이었습니다. 저는 '미니멀 라이프'와 미국과 유럽의 협소주택(tiny house)에 관한 영상과 글을 보다가 고민을 해결할 실마리를 찾을 수 있었습니다.

한 칸 오두막에서 누리는 소박한 휴식

　저는 '미니멀 라이프'를 복잡한 현대사회에서 마음의 방향을 잃지 않도록 자신이 진정 원하는 것들에 집중하는 삶의 방식이라고 이해합니다. 시간과 기력을 소진해서 남들이 인정하는 사회적 성취를 힘들게 얻더라도, 그 만족감은 잠깐이고 '내가 원했던 게 이런 건 아니었는데….' 싶은 마음이 들기 마련이니까요. 마케팅에 혹해서 무리하게 산 물건을 건네받고서야 그 물건이 내게 그다지 필요하지도 않고, 그 물건을 사는 행위로 내면의 결핍을 충족하려 했다는 것을 깨닫는 것처럼요.[46]

수십만 명이 구독하는 인스타그램 계정 'cabinporn'은 세계 곳곳에 있는 작은 오두막 사진들을 보여줍니다.[47] 어느 날 이 계정에 올라온 오두막 사진들을 보다가 문득 깨달았습니다. 5도2촌을 꿈꾸는 제가 원하는 주말 공간은 상시 거주하는 곳이 아니니, 남들이 보기에 번듯한 집이 아니라는 것을요. 도시 생활의 번잡함에서 벗어나 홀로 혹은 아내와 함께 편안한 하루를 보내는 데 필요한 최소한의 물건들만 갖춰지면 충분하다는 사실을 말이죠.

저에게는 이미 두 식구가 살기에 충분한 크기의 편리하고 안락한 집이 있고, 필요한 살림살이도 있습니다. 과연 또 하나의 집이 제게 필요하냐고 스스로에게 물었을 때 나온 대답은 '아니요'였습니다. 저는 '두 번째 집'이 아니라 '자연 속에 있는 쉼의 공간'이 더 필요하다는 것을 분명히 알았습니다. 지금 이 글을 읽고 계신 여러분은 어떠신가요? 자신이 어떤 공간을 원하는지 확실하게 아는 것은 정말 중요합니다.

일본의 디자이너 하라 켄야는 2017년에 초소형주택 상품 '무지 헛(muji hut)'을 내놓았습니다. '무지 헛'은 외장의 삼나무를 불길에 그슬리는 전통 기법(야키스기)으로 마감한 3.7평(실내 공간 9.1㎡, 테라스 공간 3.1㎡)의 오두막이었습니다. 저는 이 공간을 보고 정말 감탄했습니다. 비록 집은 아니지만 자연 속 어느 곳에 놓더라도 잘 어울리고 서너 명

이런 시골의 농가주택을 꿈꿨지만 여섯 평 농막으로도 충분합니다.

이 편안하게 쉬어 갈 수 있는 이상적인 현대식 오두막이었으니까요.

또 책과 이미지, 영상으로 본 미국과 유럽의 협소주택과 그 좁은 공간에서 살아가는 사람들의 모습도 제게 많은 영감을 주었습니다. 소유한 물건을 최소한도로 줄인 채 무리 없이 일상을 영위하는 삶의 모습은 미니멀 라이프를 야외에 놓은 작은 공간에서 어떻게 구현할 수 있는지에 대한 힌트가 되었습니다.

멋진 풍광도 꼭 필요하진 않았습니다. 저는 원예 목적으로 개량된 꽃이나 조경수에는 관심이 없었습니다. 단지 텃밭을 일구고 제가 좋아하는 과일나무들을 심고 수확할 수 있는 땅이면 충분합니다. 1주일에 한두 번 찾아가도 잡초를 베거나 뽑는 데 어려움이 없는 크기의 밭, 그리고 그 위에 놓인 현대식 화장실을 갖춘 방 한 칸 오두막이 제가 원하는 공간이었습니다.

이렇게 세컨하우스를 고려하던 제가 꼭 집이 아니어도 된다고 생각을 바꾸니, 비로소 농막이 눈에 들어왔습니다. 아담한 밭을 사서 그 위에 농막을 짓는다면, 제가 아내와 주말마다 찾아 치유를 받는 공간이 생기는 셈이지요. 그렇게 저는 농지를 사고, 농지법에 따라 농자재를 보관하고 농사 중에 일시 휴식하는 면적 20㎡ 이내의 간이 쉼터인, 농막(農幕)을 밭에 올려놓는 방법을 선택하게 되었습니다.*

---

* 대한민국헌법 제121조 제1항은 "농가는 농지에 관하여 경자유전의 원칙이 달성될 수 있도록 노력하여야 하며, 농지의 소작제도는 금지된다."라고 정하고 있습니다. 이러한 헌법의 위임을 받아 농지법 제2조 제8호는 저처럼 농업인이 아닌 도시민들이 주말 등을 이용하여 취미생활이나 여가활동으로 농작물을 경작하거나 다년생 식물을 재배하는 '주말·체험영농' 목적으로 '농업진흥지역 외의 농지 소유'를 허용해 주고 있습니다. 다만 주말·체험영농을 하려는 사람은 농업인과 달리 그 세대원 전부가 소유하는 농지의 총면적을 합산하여 1,000㎡ 미만까지만 소유할 수 있습니다. 따라서 저는 약 302평 이하의 농지를 살 수 있었습니다.

다만 주말·체험영농을 하려는 취미 농부들도 농지를 샀으면 농작업(農作業)의 2분의 1 이상을 자기의 노동력으로 경작 또는 재배해야 하는 자경 의무를 지게 됩니다. 위반 시 농지법 제61조에 근거하여 2천만 원 이하의 벌금형 부과가 가능합니다. 농지를 소유하면서도 농사를 짓지 않고 방치하면, 관할 지자체장이 농지의 소유자에게 농지 처분 명령을 내릴 수 있으니 유의하셔야 합니다.

이러한 농지법령 조항과 건축법에 근거하여, 농업인이 아닌 개인도 지목이 전·답·과수원인 농업진흥지역이 아닌 농지를 취득한 후 농지 위에 존치 기간이 3년인 가설건축물로 '농막'을 설치할 수 있습니다(제20조 제3항 및 같은 법 시행령 제15조 제5항 제11호). 참고로 지목이 임야인 산지를 소유한 임업인들은 산지관리법에 근거하여 버섯이나 잣나무 등 임산물을 재배하고 약초나 산나물 등을 채취하거나 보관하고 일시 휴식하는 공간인 '산림경영관리사'를 바닥면적 50㎡ 이내의 규모로 지을 수 있습니다.

7장

여섯 평
농막 2

도시민들은 '농막'이라는 단어를 들어보지도 못한 경우가 많을 것입니다. 예전 시골집에는 농기구 등 연장과 수확한 농작물들을 넣어 두는, 대개 흙바닥으로 된 공간인 '헛간'이 있었습니다. 농부가 집에서 멀리 떨어진 밭에서 농사를 지을 때 매번 헛간의 농자재를 가지고 다니기 불편하니 자재나 수확물을 보관도 하고, 원두막처럼 농사일을 하다가 잠시 쉬기 위한 공간을 떠올리시면 됩니다. 법적으로는 '농작업에 직접 필요한 농자재 및 농기계 보관, 수확 농산물 간이 처리 또는 농작업 중 일시 휴식을 위하여 설치하는 시설(연면적 20㎡ 이하이고, 주거 목적이 아닌 경우로 한정한다)'이라고 정의하고 있습니다.[48]

20㎡면 1인 가구가 주로 거주하는 화장실이 딸린 도시의 평범한 원룸 오피스텔 규모이자, 건설 현장 사무실 등으로 쓰이는 회색 컨테이너 정도의 크기입니다. 상시 거주한다면 비좁을 수 있지만, 취미 농사를 짓다가 간단하게 새참을 차려 먹거나 쉬기에 충분한 공간입니다. 어차피 밭에 오면 대부분의 시간을 야외에서 보내리라는 걸 생각하면요.

나의 쉼터이자 놀이터가 될 공간

16세기 일본의 소박한 다실이 보통 다다미 넉 장 반 크기로, 앉을 수 있는 공간은 2평가량이었다고 합니다. 당시의 다도 명인 센노 리큐의 다실 '다이안(待庵)'은 그 절반인 한 평에 불과해서 두 명이 비스듬히 앉으면 꽉 차는 크기였고요.

건축가 르 코르뷔지에가 만년에 살았던 남프랑스의 바닷가 언덕에 위치한 여름별장도 4평에 불과합니다. 이 별장은 유네스코가 지정한 세계문화유산 중 가장 작은 건축물이지요. 헨리 데이빗 소로의 월든 호수 옆 오두막도 같은 크기였습니다. 즉 사람들은 생각보다 작은 공간에서도 편안함을 느낄 수 있고, 좁다고 해서 금방 질리지도 않습니다.

경제적인 측면에서도 농막은 장점이 많습니다. 소형 농가주택은 준공 시점부터 감가상각되는 자산입니다. 따라서 상시 주거할 필요

© Tangopaso / Wikimedia Commons

르 코르뷔지에의 4평짜리 작은 별장, 카바농(Cabanon)

가 없다면 농지법에 따른 6평* 농막이 투자 비용과 관리 부담이 적은 좋은 대안입니다. 일반적인 크기가 가로 3m에 세로 6m이고, 공장에서 제작한 후 트럭이나 트레일러로 출고되는 경우가 많습니다. 기초 주춧돌 놓기, 상하수도 배관 및 전기선 연결 외에는 현장 시공이 없어 설치도 간편합니다.

상하수도 설치와 전기 인입을 위한 공사 비용은 주택과 크게 차이가 나지 않지만, 단열이 잘되는 20평 세컨하우스를 신축하거나 구축 농가주택을 개·보수하는 비용보다는 6평 오두막을 사 오거나 짓는 비용이 훨씬 쌀 수밖에 없습니다. 책의 2부에서 자세히 설명하겠지만, 저는 2020년에 땅값과 취득세로 8,200만 원을, 2021년에 기반 공사 비용과 농막 구매에 대략 6,500만 원 정도를 지출했습니다. 또 농막은 설계, 인·허가, 시공의 전 과정이 무사히 진행되도록 신경 써야 하는 건축주의 부담도 사라지며, 농막의 취득세는 몇만 원에 불과하고 국민주택채권 매입 비용이나 재산세 부담도 없습니다.

그래서 저는 세종시 집에서 왕복 1시간 이내에 다녀갈 수 있는 거리의 농촌에 있는 작은 밭을 사서 6평 농막을 놓기로 결정했습니다. 주중에 하루, 주말에 하루는 번잡한 도시에서 벗어나 그곳에서 농사를 짓고 닭을 키우며 시간을 보내기로 마음을 먹었습니다. 어린 시절 제게 많은 추억을 선사해 준 보성군 외갓집에서 제게 기쁨을 줬던 공간을 작게 축소하고, 그 추억의 공간과 닮은꼴인 취미 농부의 놀이터, 도

---

* 「계량에 관한 법률」에 따른 법정 단위는 제곱미터나 시골에서는 '평'이 보다 빈번하게 사용됩니다. 20㎡는 정확하게는 6.06평입니다.

시 어른의 쉼터를 만들고 싶었습니다.

조금은 힘들지만, 늘 새롭고 보람 있는

처음에는 공장에서 만드는 농막 제품을 골라서 배송받아 밭에 내려놓으면 되겠거니 생각했습니다. 그러나 그 생각이 잘못된 것을 깨닫는 데는 그리 오래 걸리지 않았습니다. 집을 짓는 것처럼 큰일은 아니었지만 여섯 평 농막도 내부 구조를 어떻게 배치할지 머릿속에서 구상할 일이 많았고, 건축주가 아닌 이상 쉽게 해보기 힘든 수십 가지의 선택을 해봤습니다.

텃밭도 생각보다 많은 고민이 필요했습니다. 2인 가구이다 보니 한두 작물을 최대한 많이 수확하기 위한 밭이 아니라서 십수 가지 이상의 작물을 조금씩 심어야 버리는 채소가 나오지 않을 수 있으니까요. 키 높이와 통풍을 고려해서 심는 간격도 따져야 했습니다. 대신에 저는 수확량이 적거나 재배에 손이 가서 선호되지 않는, 맛있고 또 개성이 있는 품종들을 골라 여러 작물을 조금씩 심고 가꾸는 정원 같은 밭을 만들 수 있었습니다.

밭 전체를 채소밭으로 만들면 다 먹지도 못하니 절반이 넘는 면적에 유실수를 심기로 했지요. 농약을 쓰지 않고도 수확의 기쁨을 누릴 수 있는 유실수를 찾았는데, 수확량과 맛을 개선한 신품종들이 많아서 한정된 공간에 심을 묘목을 고르기도 까다로웠습니다. 나무는 한 번 심으면 옮기기 힘드니 수종의 특성에 맞는 자리를 잘 찾아서 심어야 하고요. 어린 묘목을 사다 심었는데, 유실수들이 잘 자라게 하려면 특성에 맞는 가지치기를 해줘야 해서 여러 방법으로 자르며 시행착오를 겪고 있습니다.

　저는 봄에 호미질하며 돌을 골라내고 쇠스랑으로 묵힌 퇴비를 잘 섞고 흙덩이를 부숴준 땅에 간격을 맞춰 씨앗과 구근을 심었습니다. 여름에는 김매기를 자주 해야 하고 비만 오면 무서운 속도로 자라는 잡초들을 전기예초기로 잘라내야 합니다. 흙이 메마르지 않게 물을 주고, 잡초를 뽑아 멀칭재로 덮으며 배추벌레와 노린재들을 잡아내 닭모이로 줬습니다. 비 소식이 없으면 텃밭 작물들과 유실수가 말라 죽지 않게 물을 주고, 농막 시설과 백봉오골계 오자매들이 사는 닭장을 관리합니다.

　요즘 시대의 일들은 정교하게 분업화되어 있고, 시장에서 온갖 재화와 서비스들이 거래되는 살기 좋은 세상이다 보니, 처음부터 끝까지 내가 오롯하게 성취해 냈다고 뿌듯해할 일을 찾기 어렵습니다. 별로 대단한 일은 아니지만 수확한 열매와 작물들을 씻고 다듬어서 요리한 음식을 먹는 보람은 간편하게 데우기만 하면 되는 밀키트로 끼니를 때울 때와는 다르게 처음부터 끝까지 내가 주도해서 마무리 짓는 프로젝트처럼 깊은 만족감을 줍니다. 젓가락 굵기의 묘목들이 어느새 굵어지고 영하 20도 아래의 혹한을 이겨내고 봄눈을 틔운 모습을 보면 엄청나게 큰일을 해냈다고 느껴집니다. 저는 그저 그 생명이 싹트는 데 약간의 도움을 준 것뿐이지만요.

　어린 시절 만들기 수업 때 소질이 전혀 없다는 사실을 깨닫고 의기소침했었지만, 이제는 얼마나 빨리 잘 만들었는지 여부를 가지고 평가받을 일도 없으니 도구나 구조물을 직접 만드는 일도 재미있습니

2022년 10월의 어느 날 텃밭 채소들을 수확하는 풍경

다. 조금 엉성하더라도 천적의 침입으로부터 닭들을 보호해 줄 수 있는 닭장과 덩굴 작물이 타고 올라갈 수직 울타리를 만들면서 목공의 즐거움을 맛보게 되었습니다.

직장 일과 일상이 바쁘다 보면 이런 일들이 힘에 부칠 때도 있습니다. 하지만 차로 편도 25분 정도의 거리에 있는 190평 남짓의 밭이라 대부분 감당할 수 있을 정도입니다. 저를 적당하게 바쁘게 만들어주는 일거리들이 일상을 풍요롭게 해줍니다.

밭에 갈 때마다 농사일을 하는 건 아닙니다. 채소는 잘 자라는지, 닭들은 물과 사료를 잘 먹고 있는지 둘러보고서 방아깨비, 섬서구메뚜기, 사마귀, 여치를 잡으러 다녀도 됩니다. 그러다가 그늘에 캠핑의자를 놓고 뺨에 스치는 바람을 느끼며 쉬어도 되고요. 누구 눈치를 볼 필요도 없이 3.5m가 넘는 높은 천장을 보며 농막 안 마룻바닥에 누워서 볼륨을 잔뜩 키운 음악을 들을 수도 있습니다. 창밖으로 울창한 밤나무와 실개천을 볼 수 있는 화장실에서는 귀찮은 볼일 보기도 즐겁고요.

파트타임 자연인 생활의 소중한 베이스캠프

취미 농사와 농막에서의 주말 생활은 늘 새로운 것들이 넘칩니다. 땅이 얼어서 농사를 지을 수 없는 겨울철 농한기에도 할 일이 있습니다. 내년에는 어떤 작물들을 심을지, 연작으로 지력이 약해지지 않도록 어느 위치로 돌려짓기할지, 올해 소출이 시원찮았던 작물들을 잘 키우려면 내년에는 무엇을 바꿔볼지, 나무의 수형을 잘 잡아주려면 내년 봄에 가지치기는 어떻게 해야 하는지 등을 생각하고 공부하다 보면

겨울이 금방 지나갑니다.

계절은 반복되지만 매일의 날씨와 작물의 생육 상태는 다르다 보니 매번 새로운 자연과 직접 만나는 즐거운 체험이라 1주일에 한 번만 가면 아쉽고 신경이 쓰입니다. 세상에 다양한 취미들이 많지만, 작은 규모의 농사는 몸과 마음의 건강에 도움이 되면서 평생을 계속할 수 있는 취미라고 생각합니다. 자연 속에서 오롯하게 혼자 쉴 수 있는 나만의 공간도 집과 자동차로는 충족할 수 없는 호사지요. 이것이 제가 여섯 평 농막을 선택한 이유입니다.

이렇게 저는 시골에 작은 밭을 사고 농막을 지은 다음에 농작물을 재배하고, 유실수를 키우면서 닭도 기르는 5도2촌의 파트타임 자연인 3년 차에 접어들었습니다. 저는 농막이라는 징검다리를 통해 도시와 시골을 오가는 지금의 파트타임 자연인 생활이 참 좋습니다. 여기서 더 나아간다면 전원주택으로 이사해서 도시로 출퇴근하게 되겠죠. 하지만 저처럼 직장이 있는 '인더스트리아(산업사회)'에 주로 머무르면서 가끔 밭을 찾아 '아그라리아(농경사회)'를 경험하는 이들이 여건상 훨씬 더 많을 수밖에 없습니다. 이럴 때, 여섯 평 농막은 소중한 베이스캠프가 되어줍니다.

8장

배우자와
함께
내리는
선택

세컨하우스를 짓는 것에 비할 바는 아니지만, 앞에서 본 것처럼 농지를 사고 농막과 기반 시설을 설치하는 비용은 최소한 수천만 원 이상입니다. 저는 1억 5천만 원 정도가 들었습니다. 토지 매수대금은 자산투자로 볼 수 있지만, 환금성이 떨어지니 저는 묻어두는 돈이라 생각합니다.

이 금액이면 살고 있는 집을 넓혀 갈 수도 있고, 작은 오피스텔한 채를 사서 임대를 주고 월세를 받을 수도 있습니다. 십 대 자녀가 대학을 졸업할 때까지의 교육비로 요긴하게 쓸 수도 있지요. 새로 고급 차를 한 대 뽑고서, 집 안의 가구와 가전제품까지 모두 바꾸고도 남을 큰돈입니다. 이런 기회비용을 고려할 때 배우자의 입장에서는 5도2촌 주말농사를 위해 대출까지 받아가며 이 비용을 써야 하는지 납득하기 어려운 게 당연합니다.

금전적으로 여유로운 가정이라고 하더라도 집 근처에 밭을 사서 주말에 취미로 농사를 짓겠다는 결정에는 앞으로 가족과 함께 보낼수 있는 여가 시간 중 상당 부분을 취미 농사로 보내겠다는 의사가 포함되어 있습니다. 그러니 혼자서 결정한 뒤에 가족들에게 일방적으로 통보할 문제가 아닙니다. 시간은 물론 체력과 관심도 한정된 자원이니까요. 땅을 사고, 상하수도와 전기 등 필요한 기반 시설을 갖추고, 농막을 설치하기까지 모두 시간과 비용, 노동과 공부가 필요한 일입니다. 여기에 신경 쓰다 보면 직업이나 집안일 등 다른 일들에 소홀해지면서, 부부 사이에 갈등이 심해질 수 있습니다.

가족의 지지를 받는 것이 가장 중요합니다

그래서 주말 취미 농사를 짓겠다고 마음먹었다면 시작하기 전에 미리 가족들에게 왜 하고 싶은지와 장단점 및 들어갈 비용과 노력에 대해 충분히 설명하고 배우자의 승낙을 얻어야 합니다. 배우자가 적극적으로 호응하는 경우는 아마도 많지 않을 것입니다. 여가 시간을 편리한 도시에서 보내고 싶어하는 사람이 다수이니 실망할 일도 아닙니다. 운 좋게 동의를 얻었다면 어려운 결정에 동의해 준 배우자에게 고마워하는 마음을 표시하고, 자신이 원해서 선택한 일이니 가족들의 조력을 기대하지 말고, 힘든 일들은 자신이 담당하겠다고 마음먹어야 합니다.

가족들이 농촌 생활에 대한 추억이나 경험이 전혀 없다면 설득의 난도는 더욱 올라갑니다. 가족들도 처음 한두 번은 신기하고 재미있었을 겁니다. 하지만 주말에 하고 싶던 다른 일들을 못 하고 시골에서 생전 구경도 못 했던 벌레들에, 부숙이 덜 된 거름 냄새를 맡으며 힘을 써야 하는 밭농사가 고역처럼 느껴질 가능성이 큽니다. 자연 속에서 평안하게 쉬다 올 생각이었던 가족들에게 작물에 물을 좀 주라고 시키거나, 울창하게 자란 잡초들을 베라고 하면 처음에는 찬성했던 가족들도 빨리 다 팔아버리고 정리하자고 성화를 부리게 될 확률도 높습니다.

주로 남편들이 아내의 동의를 얻지 않고 강행하는 경우가 많은데, 혼자 저질렀더라도 점차 가족들이 주말 취미 농사의 기쁨을 알아가고 이해해 주면 다행입니다. 그렇지 않다면 고생해서 재배하고 수확해 온 농작물들이 가족들에겐 다듬고 요리하는 데 품만 드는 골칫덩어리인 식재료로 여겨질 뿐입니다. 키우고 수확한 경험을 공유하지 못한 상태라면 수확물로 만든 음식 역시 특별한 기쁨을 주기 어렵고요. 배우자가 처음부터 계속 반대했던 일이라, 예상치 못한 장애를 만났을 때 같이 의논하지도 못하고 혼자 고집을 부리다가 투자한 돈을 대부분 날린 사례도 봤습니다.

· 밭을 사고 농막을 설치해서 주말 취미 농사를 시작할 때 배우자가 찬성하도록 만드는 뾰족한 비법은 모르겠습니다. 다만 저는 볕이 잘 드는 아파트 발코니에 화분을 놓고 상추, 토마토와 고추를 길러 먹는 즐거움, 회사에서 분양해 준 텃밭 농장에서의 밭일을 통해 농촌문화를 전혀 몰랐던 아내가 농사일에 친숙해질 기회를 마련했습니다. 틈이 나면 아내와 함께 지방의 풍광 좋은 절들이나 한옥 고택들을 보러 다녔고, 익숙지 않은 시골에서 머무르는 경험이 좋은 첫인상을 주도록 숙소나 여행 계획에 신경을 썼습니다. 제 어릴 적 추억들을 이야기해 주며 시골 생활의 재미들을 알려주다 보니 아내도 조금씩 시골 생활에 관심을 갖게 되더군요.

5도2촌 생활의 첫 시작이라고 할 수 있는 농지를 사러 다니던 시기에 이런 노력이 빛을 보았습니다. 읍·면 지역의 부동산 중개사분들은 제가 혼자서 땅을 보러 갔을 때보다 아내와 함께했을 때 훨씬 적극적인 태도로 여러 매물을 소개해 주더군요. 도시와 달리 시골에서는 중개사가 땅을 보여주려면 자기 차에 태워서 1~2시간을 할애해야 합니다. 부부 중 한 명이 시골 땅을 사겠다고 마음먹었어도 배우자가 반대해서 거래가 무산된 사례들이 워낙 많다 보니 이처럼 적극성의 차이

가 있다고 합니다.[49]

제 아내도 당시 제가 왜 시골의 작은 오두막과 취미 농사를 절실히 원하는지 온전히 이해하지는 못했다고 생각합니다. 하지만 부부 생활을 통해 배우자에게 쌓아온 신뢰가 있었기에 제 부탁을 들어줬다고 생각됩니다. 즉, 평소에 미리미리 잘해두면 다 도움이 됩니다. 그리고 배우자의 동의를 얻었더라도 준비하면서 각자의 취향에 따라 달라질 수 있는 세세한 선택의 순간에 가급적 배우자도 결정 과정에 참여하게 하고, 의견을 존중해 주시길 권합니다.

예를 들어 배우자가 마음에 들어 하지 않는 땅을 내가 고집부려서 샀다면 그 이후의 과정들에서 배우자의 적극적인 협조를 구하기 어려워질 겁니다. 제 경우 제 마음에 들었던 땅을 아내는 내켜 하지 않았고, 제가 망설였던 땅을 아내가 마음에 들어 해서 그 땅을 구매했더니 다음부터 아내가 한결 더 관심을 갖고 저를 지원해 줬습니다. 부부가 함께 취향에 맞는 공간을 만들고 가꾸며 공통의 화제가 생기면 사이가 더욱 돈독해질 수 있습니다.

최근 자녀들의 정서와 폭넓은 경험을 위해 단기적인 체험 프로그램이 아닌 한 학기 이상의 '산촌유학(농촌유학)'을 선택하는 사례[50]가 늘고 있습니다. 저는 자녀가 없어서 육아에 대해 알지 못하지만, 취미 농사도 부모가 자녀에게 줄 수 있는 소중한 경험이고, 가족들이 공유하는 평생의 추억이 될 수 있다고 생각합니다. 농사일을 돕지 않더라도 자녀들이 메뚜기를 쫓으며, 층간 소음 걱정 없이 마음껏 뛰어보는 경험은 키즈카페가 제공해 줄 수 없습니다.

자녀와 함께 농사를 지으며 식재료가 어떻게 생겨나는지, 수확물을 먹을 수 있는 상태로 만들려면 어떻게 다듬어야 하는지, 가급적 버리는 부분 없이 다양한 방법으로 요리하는 방법은 무엇인지 등을 알려주는 것들 모두 소중한 가정교육입니다. 반려동물이나 동물원에서 사육되는 동물이 아닌 인류와 함께 공진화해 온 가축을 기르는 체험 또한 동물에 대한 감수성을 키우는 데 도움이 된다고 생각합니다. 어린 처조카가 저희 밭에 와보더니 며칠 동안 부모님을 졸라서 그다음 주말에도 또 올 정도로 정말 즐거워하더군요. 유년기에 이런 경험을 한다면 계속 도시에 살더라도 시골을 '가고 싶지 않은 낙후된 곳'으로만 기억하지는 않을 것입니다.

나의 농막 파트너, 아내가 보내준 글

제 아내는 서울에서 태어나 평생을 서울이나 수도권 대도시인 안양시와 고양시에서만 살아왔습니다. 저와 달리 친가나 외가가 시골이 아니었던 터라 농촌 생활을 경험할 기회가 한 번도 없었던 사람이었지요.

저는 감나무와 밤나무를 구별하지 못하고 모가 자라서 벼가 된다는 것도 모르는 아내가 신기했고, 하나씩 조곤조곤 알려주는 재미가 있었습니다. 벌레를 징그러워하다 보니 지금도 호미질하다 지렁이를 절단 내거나 곁순을 따다가 배추벌레를 보면 비명을 지르는 아내지만, 지난 2년 사이에 어엿한 취미 농부이자 텃밭 수확물로 몸에 건강한 음식을 요리하는 걸 즐기는 '자연을 먹는 여자'[51]가 되었습니다.

이어지는 아내의 글은 2부에서부터 펼쳐질 제 경험을 함께한

파트너로서의 소감입니다.

농막이 뭐야?

저자 장한별의 배우자 MK

남편이 처음으로 내게 그 단어를 꺼냈을 때 나는 바로 되물을 수밖에 없었다.

"농막이 뭐야?"

처음 들어보는 단어였기 때문이다. 그때까지만 해도 직장인들이 마음속에 사표를 품고 사는 것처럼, 그저 시골 출신인 남편이 전원생활을 막연히 동경한다고만 생각했다.

언제부턴가 남편은 잠들기 전까지 침대에서 계속 스마트폰을 보기 시작했다. 처음엔 책을 좋아하는 사람이니 지적인 호기심을 채워주는 영상인 줄 알았다. 그런데 옆에서 자꾸 툭툭툭, 뚝딱뚝딱하는 소리가 반복적으로 들려서 잠을 잘 수가 없었다. 남편의 스마트폰으로 얼굴을 가져갔다.

"뭘 보길래 그런 소리가 나와?"

가까이서 보니 선사시대 인류의 기술로 흙을 퍼다가 구워서 그릇을 만든다거나 움막을 만드는 과정을 담은 영상이었다.

"아니, 뭘 그런 걸 봐?"

취미도 참. 신혼 초에는 세련된 인테리어 영상이나 책을 그렇게 열심히 보더니만 어째 지금은 거꾸로 부싯돌로 불 피우기 같은 인류의 원초적인 생활방식을 저리 좋아하는지. 그야말로 극과 극을 오가는 취향이었다. 이해할 수는 없었지만, 푹 빠져서 재미있게 보는 게 느껴졌다.

그런데 참 이상했다. 어느샌가 나도 반바지만 입은 호주 남자[52]가 진흙을 재와 함께 이겨서 벽돌을 구워내고 쌓는 작업을 남편과 같이 보고 있었다. 은근히 재미있네, 이거.

* * *

세련된 미드센추리 모던 디자인을 추구하는 사람이 한편으론 선사시대 삶의 방식을 동경하다니. 인간이란 이렇게 상반된 감성을 동시에 추구하는 존재란 말인가. 돌이켜 생각해 보니 우리의 농막은 인류의 원초적인 생활방식과 세련된 디자인을 함께 추구한 결과물이었다.

어린 시절의 추억 때문인지 가축을 기르고 나물을 뜯기도 하며 농사를 짓는 농촌 생활에 대한 남편의 동경은 텃밭을 만들고 직접 농작물을 재배하려는 밑그림이 되었다. 또 디자인에 집착하는 그의 고집은 전국을 뒤져 기어코 감각적인 농막을 제작하는 회사를 찾아내게 만들었다.

남편은 밭을 사서 농막을 올려놓고 취미로 농사를 짓겠다는 야무진 계획을 주말마다 내게 설명했다. 일로 바쁘던 나는 피곤하다 보니 알았다며 하자는 대로 승낙해 줬다. 나도 차에 별로 관심이 없어서 승용차 대신 밭을 사는 게 낫다고 생각했고, 힘든 농사일은 본인이 다 하겠다고 장담했으니.

다만 그가 골라 온 농막의 비용이 문제였다. 흔히 볼 수 있는 컨테이너 같은 농막은 나도 별로였지만, 여느 제품의 두 배 가까운 비용을 써야 하니 고민이 앞섰다. 그러나 몇 년간 건축과 농막에 대해 공부해 온 남편의 화술과 확고한 의지에 결국 나도 수긍하게 되었다.

* * *

2021년 6월, 그렇게 농막이 우리 밭에 설치된 순간, 나는 이제 다 끝났다고 생각했다. 그런데 그게 시작이었다. 남편은 정부의 5개년 기본계획과 연차별 실행계획처럼 자신의 구상을 하나씩 현실화시키기 시작했다.

쪼그리고 앉아 밭농사를 짓는 건 힘드니까 벽돌을 쌓아서 틀밭을 만들기로 했는데, 나도 고무장갑을 끼고 무급 일용직으로 부림을 당했다. 시멘트 반죽을 평평하게 깔고서 마구리에 반죽을 바른 벽돌을 올리는 동작을 수백 차례 반복하다 보니 하루가 금세 저물었다. 내가 남편보다 깔끔하고 균일하게 잘 쌓는다는 사실에 기분이 좋긴 했지만 정말 고된 노동이었다.

농막에 텃밭까지 만들었으니 진짜 완성 아닌가! 그러나 남편은 겨울 농작물 재배를 위해 온실이 필요하다고 했다. 나는 저렴한 비닐하우스나 작은 조립식 온실을 설치하자고 주장했는데, 유지 관리의 부담이 있고 안전성이 떨어진다는 남편의 설득에 넘어가고야 말았다. 이렇게 우리의 은행 대출금은 또 늘어났다.

마지막으로 남편의 숙원사업과도 같았던 닭장 만들기. 프라이드치킨은 좋아하지만 닭을 싫어하는 나로서는 반대할 수밖에 없었다. 관상닭 애호가인 남편이 곱고 예쁘게 생긴 백봉오골계 사진을 보여주더니 협상을 제안했다.

"에라, 모르겠다. 나는 닭 근처에도 안 갈 거니 그리 알아. 닭똥 냄새 안 나게 잘 치우고."

닭장을 지을 때의 남편은 어린아이처럼 순수하고 행복해 보였다. 주말 대낮 뙤약볕에도 쉬지 않고 계속 일할 정도로. 힘들지 않아서가 아니라 재미가 힘듦을 넘어섰기 때문이었을 것이다.

* * *

행복이란 이런 것일까. 좋아하는 것을 하나하나 실행하는 것. 실행하면서 실패도 해보고, 몰랐던 걸 배워가는 것.

걱정과 잡념에서 온전히 해방되어 집중하는 경험들. 직장 일도 바쁠 텐데 틈나는 대로 남편은 농막에 몰두했다. 농막에 관한 단순한 스케치로 시작해 몇 년에 걸쳐 이렇게까지 만든 걸 보면, 정말 좋아하지 않고서는 할 수 없는 일이었다.

밭에서 일을 마치고 돌아가는 남편은 고단해 보였지만 머리는 맑아졌는지 환하고 설렌 표정이다. 그런 그를 바라보면서 한편으론 내가 열정을 불태워 무언가에 몰입한 적이 언제였는지 최근의 생활을 돌아보게 되었다.

초보 농사꾼인 우리 부부는 작년 한 해 동안 여러 씨앗과 모종과 허브를 심고 열심히 가꿔서 수확했다. 하다못해 물을 주는 것도 방법이 있다는 걸 알게 되었고, 수확한 농작물들로 음식을 만들어 먹으면서 작은 것을 소중히 여기는 소박한 삶의 가치를 새삼 깨달게 되었다.

조만간 이곳으로 내려와 살게 될 나의 인생에서 이 농막은 어떤 의미가 될까. 나는 이제 그간의 오랜 서울 생활에 작별을 고하고자 한다. 치열했고 분노했고 재미났던, 뒤돌아보니 아름다웠던 나의 서울 생활이여, 안녕. 그곳 사람들과의 추억을 1막으로 간직하고 세종시에서 전혀 다르고 새로운 삶을 살아보고자 한다.

잊고 있던 아주 어릴 적 꿈을 향해 2막으로 입장.

부부가 함께 꾸민 그 오롯한 공간

건강한 식단에 관심이 많은 아내는 이번 주말에 수확할 수 있는 채소가 어떤 것들인지 꼼꼼하게 따져 봅니다. 그걸로 만들어 먹을 음식 메뉴들도 아내가 정합니다. 그럼 저는 아내가 내려오기 전날이나 당일에 캐 오죠.

남은 채소들을 질리지 않게 먹을 수 있는 창의적인 조리법을 찾는 아내 덕분에 평생 못 먹어본 음식들을 요새 자주 먹고 있습니다. 수확해서 생긴 빈자리에 무얼 심을지에 대해 대화를 나누니 화젯거리가 끊길 일이 없습니다. 올해 너무 많이 먹었던 작물은 이듬해에는 덜 심게 되더군요.

저희 부부는 아직 주말부부입니다. 아내는 일산의 전셋집에 살지요. 함께 주말을 보내는데, 대개 일요일 오후에 꼭 공주의 밭에 들렀

다가 저녁 무렵 공주종합버스터미널로 아내를 데려다줍니다. 헤어질 때 방울토마토, 고추, 가지, 호박, 얼갈이배추, 총각무, 상추, 깻잎 같은 텃밭 수확물과 오골계 계란 한 꾸러미를 큰 에코백에 가득 담아주면 괜스레 흐뭇합니다.

아내는 일주일 동안 가져간 그 식재료들로 음식을 만들어 먹으면서 사진을 보내줍니다. 아내가 만든 샐러드, 겉절이, 된장찌개, 계란말이 같은 소박한 집밥 사진들을 볼 때마다 밭을 사고 취미 농사를 짓기 잘했다 싶습니다. 수확한 농산물로 다양한 집밥 메뉴들을 만들어 먹다 보니 두 집 살림이지만 식료품비는 물론 외식 비용도 크게 줄었습니다. 그 덕분인지 아내는 작년에 몸무게가 7kg이나 줄었다고 합니다.

그래서인지 농사철인 휴일에 제가 늦잠을 자고 미적거리면 아내가 밭에 언제 갈 건지 물어보며 조바심을 냅니다. 지난가을엔 제가 주말에 단풍 구경을 가자고 제안했는데도 마다하고 밭에 가자고 하더군요. 부부가 함께 꾸민 오롯이 저희를 위한 공간이니까요.

농막에 들렀을 땐 군이 할 일이 없더라도 백봉오골계들에게 잔반과 풀들을 먹이고, 며칠 동안 낳은 계란을 얻어 가는 재미만 해도 쏠쏠합니다. 가끔 지나가는 차량 소음 외엔 고요한 농막에서 볼륨 걱정 없이 좋아하는 음악을 마음껏 들으며, 차를 마시는 한적한 때는 저희 부부가 가장 좋아하는 시간이지요.

세금이 따라오는 세컨하우스 대신,
농막을 선택했습니다

한국에서 상시 거주하는 주택 외에 주말 휴양용으로 세컨하우스를 가지려면 세 가지 방법이 가능합니다. 첫째, 별장 소유하기. 둘째, 주택을 새로 짓기. 셋째, 주택을 사서 고쳐 살기입니다. 명의신탁의 방법을 통해 무주택자인 타인 명의로 등기한 집을 실소유하거나, 박물관이나 전시관과 같은 근린생활시설로 신고하고 건축해 놓은 뒤 사실상 일시 휴양하는 숙소나 주택 용도로 사용하는 등의 탈법적인 방법은 제외했습니다.

그런데 세컨하우스를 가지려고 하면 도시에서 거주하는 주택의 취득·보유·양도 시에 다주택자가 되면서 각종 추가적인 세금을 부담하는 문제가 발생할 수 있습니다. 농막은 명시적으로 들어가는 비용도 적은 편이지만 겉으로 보이지 않는 다주택자에 대한 추가적인 세금 부담을 피해 갈 수 있는 선택지입니다. 저도 이 부분을 고민해 보았기에 선택지별로 정리해 봤습니다.

자신의 세컨하우스를 갖는 세 가지 방법

첫째 방법인 별장은 소득세법에서 '주거용 건축물로서 상시주거용으로 사용하지 아니하고 휴양, 피서, 위락 등의 용도로 사용하는 건축물'이라고 정의합니다. 대한민국은 1973년부터 사치·낭비적 풍조를 억제하고 한정된 자원의 생산적 투자를 유도한다는 명목으로 별장에 취득세를 기본세율에 더해 중과기본세율의 4배까지 합산한 세율로 부과[1]하고, 재산세도 과세표준의 4%[2]로 중과세하고 있습니다.

만약에 개인이 취득가액이 2억 원인 별장을 새로 지었다면 취득세로 2,160만 원[3]을, 별장 재산세로 매년 480만 원(공시가격의 60%×0.04)을 납부해야 합니다. 전용면적 85m² 이하인 취득가액 6억 원 이하의 주택에 부과되는 취득세율이 1.1%이고, 재산세율이 공시가격의 60%에 대해 0.1~0.4%인 것을 고려하면 거의 10배 수준이라 중산층도 감당하기 어렵습니다. 게다가 별장으로 사용하는 건물의 부속토지는 소득세법상 비사업용토지로 분류되어서 매도할 때 주택의 누진세율보다 높은 양도세율이 적용됩니다.

이런 중과세로 인해 2020년에 전국의 별장 신규 취득 건수는 70건에 불과하고, 비수도권에 위치한 별장 취득은 강원도 2채, 제주도 6채로 단 8채뿐인 실정[4]입니다. 이듬해인 2021년에 전국의 신규 취득 별장은 42채[5]로 더욱 줄었습니다. 우리가 주변에서 별장을 가진 지인을 보기 힘든 이유지요. 이 때문에 근린생활시설을 법인 명의로 취득하고서 사실상 별장으로 사용하는 경우가 많습니다.

저는 세컨하우스에 대한 선호를 사실상 봉쇄하고 있는 별장 규제를 완화할 필요가 있다고 생각합니다. 21대 국회에서는 일과 삶의 조화와 균형을 추구하는 국민들의 다양한 주거 형태 및 생활방식을 인정하고 장려하며, 인구소멸 위기를 겪고 있는 농어촌 지역의 인구 유입 및 정착 기반을 마련하기 위해 별장에 대한 취득세 및 재산세 중과 규정을 폐지하는 내용의 지방세법 개정안[6]이 발의되어 논의 중입니다.

현재로서는 별장은 취득과 보유, 매각 시에 모두 세금 부담이 과중해서 선택하기 어렵습니다. 별장에 대한 조세 규제 때문에 그동안 별장 수요가 휴양형 콘도미니엄 회원권 분양[7]과 매매로 유도되었습니다. 최근에는 8명이 1/8씩 지분을 소유하며 연간 45일 이내에서 예약하여 이용하고, 청소 등의 관리서비스를 제공받는 별장공유 플랫폼 서비스도 출시되었지요.[8] 하지만 모두 자기만의 전원 공간을 소유하는 방법은 아닙니다.

둘째, 자신이 원하는 장소에 취향에 맞는 공간으로 세컨하우스를 신축할 수 있습니다. 문외한인 건축주를 돕는 전문가들이 있으니까요. 설계·감리는 건축사에게 맡기면 되고, 시공사와 도급계약을 체결했다면, 건축주는 판단을 요청받았을 때 필요한 결정을 제때 내리고 줄 돈만 잘 주면 됩니다.

하지만 열악한 지방의 소규모 주택 건축 시장에서 소액의 주택 공사도 꼼꼼하게 시공해 줄 신뢰할 만한 시공자를 찾기란 쉬운 일이 아닙니다. 또한 주택이 준공된 이후는 건축주 자신이 세컨하우스를 관리해야 합니다. 집에는 재산세가 부과되며, 도둑이 들지 않도록 보안에 신경 써야 하고, 사람이 상시 거주하는 집이 아니기 때문에 발생할 수 있는 문제들을 예방하거나 대처할 수 있어야 합니다.

셋째, 농어촌 지역에 이미 지어진 구축 주택을 매수해서 고쳐서 살면 됩니다. 완성되어 사용 승인을 받은 주택을 매수한다면, 농지를 집을 지을 수 있는 땅으로 전용하기 위한 농지전용부담금이나 토목공사 비용, 전기와 상하수도 인입을 위한 공사 비용을 절약할 수 있는 장점도 있습니다. 신축 주택보다 고풍스러운 중목구조 한옥주택에 관심이 있다거나, 집을 짓는 데 필요한 공구와 기술을 가지고 있어 노후주택의 구조·배관·배수·단열 등의 문제를 스스로 개선할 수 있는 분들에게 추천하는 방법입니다.

문제는 이렇게 세컨하우스를 새로 짓거나 지어진 집을 사게 되면 도시에서 살고 있는 집과 함께 1세대 2주택자가 된다는 것입니다. 이렇게 되면 주로 거주하는 도시의 주택을 팔고 새로운 주택을 매수할 때 다주택자에 대한 취득세 중과, 1세대 1주택자에 대한 재산세 감면의 특례 배제,[9] 1세대 1주택자에 대한 양도소득세 비과세 혜택에서 배제되는[10] 불이익을 감수해야 합니다. 이러한 조세상의 불이익은 제가 세컨하우스를 갖고자 하는 열망을 포기하고 농막을 선택하는 데 큰 영향을 미쳤습니다.

세금의 측면에서 농막이 유리한 이유

물론 저도 법률 지식을 이용해서 최대한 방법을 찾아봤습니다. 조세특례제한법상 농어촌주택[11]에 대해서 두 가지 특례가 부여됩니다. 첫째, 비수도권의 읍·면 지역에 위치하고 토지와 주택을 합산하여 2억 원 이하(기준을 충족한 한옥은 4억 원)로 취득한 농어촌주택을 3년 이상 보유하고 그 농어촌주택 취득 전에 보유하던 기존 주택을 양도할 때는 농어촌주택을 주택 수에서 제외합니다. 즉, 2주택이면 1주택자로 간주되어 도시에 있는 주택의 매도 차익에 대해 양도소득세가 부과되지 않습니다. 둘째, 농어촌주택은 지방 저가 주택[12]에 해당하기 때문에 개정된 종합부동산세법에 따라 종합부동산 부과 대상에서 제외됩니다.

문제는 농어촌주택에 대한 조세 감면 특례가 까다로운 조건에 비해 그리 매력적이지 않다는 점입니다. 먼저 농어촌주택의 요건을 모두 충족했을 시에도 기존 주택이 아닌 농어촌주택을 먼저 매도하는 경우 2주택자 상태에서 주택을 매도한 것이 되기 때문에 다주택자에 대한 양도소득세율이 적용됩니다. 또한 한 차례 농어촌주택 양도소득세 특례 혜택을 받고 다른 주택을 취득한 경우에는 새로 취득한 주거주 주택을 양도하더라도 다시 농어촌주택의 양도세 특례를 적용받을 수 없습니다.

도시에 보유한 주택이 종합부동산세 부과 대상이 아니고, 세컨하우스를 갖는 대신 취득세나 재산세를 좀 더 내겠다고 생각할 수 있지만, 실거주 주택에 대한 1세대 1주택 양도세 비과세 특례는 쉽게 포기하면 안 됩니다. 집을 소유하면 재산세 등 비용이 들어가지만 물가 상승으로 인한 화폐가치의 하락을 회피할 수 있습니다.

작은 집을 사서 살다가 돈을 모으면 살던 집을 팔고 좀 더 큰 집을 사서 이사하면 원래 살던 집의 가격이 물가상승률만큼은 올랐을 테니 인플레이션을 헷지(hedge)할 수 있습니다. 기본적인 가계의 자산증식 방법이지요. 그런데 만약 이사를 하거나 집을 넓혀 갈 때 세컨하우스가 있어 다주택자가 되는 바람에 기존에 소유했던 주택의 매도 차액에 대한 양도소득세를 납부해야 한다면 인플레이션 헷지 효과가 무력화되므로 중요하게 고려해야 할 문제입니다.

2021년 국내 인구이동통계[13]에 따르면 전국의 이동자 수는 721만 명이고, 인구이동률(인구 백 명당 이동자 수)은 14.1%에 달합니다. 유주택자가 자녀 양육이나 이직 등의 사유로 이사하면서 실거주 주택을 매도할 때 양도소득세를 부과받으면, 자산 형성에 큰 타격을 받게 됩니다. 8,800만 원 이상의 양도소득에 대한 기본 세율이 35%나 되니까요.[14]

반면에 농막은 취득세가 10만 원도 되지 않고, 재산세는 없으며, 3년마다 가설건축물 신고를 갱신할 때 합쳐서 2만 원 이내의 신고 수수료와 등록면허세를 낼 뿐입니다. 농막을 매수한 가격보다 비싸게 파는 경우는 발생하기 어렵고, 설령 양도 차익이 생기더라도 개인이 사업성을 갖지 않고 일시적으로 중고 물건을 판매한 경우이기 때문에 양도소득세는 부과되지 않습니다. 이 과정에서 1세대 1주택자라면 양도세 면제 혜택은 고스란히 유지할 수 있으니 조세적인 측면을 보면 농막은 다른 대안들보다 유리합니다.

농가주택을 빌리는 방법도 가능합니다

물론, 시골집을 전·월세로 임차해서 주말주택으로 사용할 수 있습니다. 2019년 기준으로 농어촌의 빈집(1년 이상 아무도 거주하지 않거나 사용하지 않은 농촌주택 또는 건축물)은 61,319호로 전국 농어촌주택 359만 호의 약 1.7%를 차지합니다.[15] 빈집정보시스템인 '공가랑' 사이트[16]나 각 지자체의 홈페이지 또는 시·군청 건축과의 빈집 정비 담당자를 통해 전·월세로 임차가 가능한 농어촌의 빈집 매물을 확인할 수 있습니다.

이 방법은 투자 비용도 적고 실패 시 부담해야 하는 리스크도 가장 낮습니다. 주택을 취득하는 행위가 아니기에 1가구 2주택 소유로 인한 각종 조세 불이익도 피할 수 있습니다. 빌린 농가주택에서 주말을 보내면서 본인이 원하는 세컨하우스가 어떤 집이어야 하는지 명확하게 알 수 있다는 장점도 있습니다.

다만 노후주택이나 관리가 제대로 되지 않은 빈집은 각종 설비가 고장 나기 쉽고, 벽과 창호의 기밀성이 떨어지며, 단열재를 사용하지 않은 경우가 많아 특히 겨울철 거주 쾌적성이 떨어집니다. 텃밭을 가꾸거나 야외 가구를 가져다 놓는 정도는 괜찮지만, 임대차계약이 종료되면 원상 복구를 해서 되돌려줘야 하기에, 허락을 받지 않은 이상 집이나 마당에 시설물을 설치하거나 유실수를 심을 수 없습니다.

저는 제가 소유한 공간을 갖고 싶었기에 농막을 선택했지만, 장래에 도시에서 이주할 의향이 있다면 좋은 방법입니다. 귀촌 대상지로 고려하고 있는 지역에서 임차인으로 1~2년 살아보면서 마을 주민들과 어울리며 귀촌 생활에 적합한지를 직접 확인해 볼 수 있기 때문입니다.

2부

시골 땅을
사며
배운 것

1장

나와
잘 어울리며
사귀고 싶은
땅 찾기

중학생 시절, 학교에서 실시한 진로 적성 심리검사 결과 제게 추천된 직업은 '식물 연구원'이었습니다. 저는 연구기관인 지금 직장에 만족하고 있고, 새로운 꽃과 나무들을 보면 관심을 갖고 궁금해하다 보니 또래보다 식물 이름들을 많이 아는 편입니다. 신혼집에서도 발코니 텃밭 농사로 쌈채소와 고추를 길러 먹는 등 식물에 계속 관심이 많은 걸 보면 정확했던 것 같습니다.

최근 반려동물처럼 애정을 기울여서 식물을 키우는 사람을 지칭하는 '식집사(식물+집사)'나 흙을 만지고 키우는 식물들을 돌보면서 평화로운 행복감을 느끼는 상태를 지칭하는 '풀멍'이라는 말들이 등장하는 걸 보면, 저와 비슷한 분들이 늘고 있나 봅니다.

밭 입구에 심은 애플민트

무정란을 이렇게 열심히 품고 있으니 미안해집니다.

문화심리학자 김정운 박사님은 『바닷가 작업실에서는 전혀 다른 시간이 흐른다』에서 '놀이(Spiel)'와 '공간(Raum)'의 합성어인 독일어 단어 '슈필라움(Spielraum)'을 소개합니다. 이 단어는 '내 마음대로 할 수 있는 자율의 주체적 공간'을 의미합니다. 아무리 보잘것없이 작은 공간이라도 내가 정말로 즐겁고 행복한 공간, 하루 종일 있어도 전혀 지겹지 않은 공간, 온갖 새로운 삶의 가능성을 꿈꿀 수 있는 그런 공간이야말로 자신의 '슈필라움'이라고 합니다.[1]

이 책을 읽고부터 제가 가지고 싶은 슈필라움을 생각해 봤습니다. 저는 어릴 적 외갓집처럼 야외의 변화하는 자연 공간을 원했기 때문에 거기에는 당연히 식물이 빠질 수 없었습니다. 예전에 함께 놀았던 가축들 중에서 일부라도 초대하고 싶었고요.

그래서 저의 슈필라움은 채소와 유실수를 심고 가꾸는 밭이라고 느꼈습니다. 밭작물과 유실수, 그리고 닭을 기르면서 채소와 열매, 달걀을 챙겨 요리해 먹고 호젓하게 쉬는 게 중년의 저를 행복하게 만들어주며, 반복하고 싶은 놀이 과정이었던 것이지요.

저는 어떤 땅을 원했던 것일까요?

저만의 놀이 공간을 갖기 위해서는 땅이 필요합니다. 제 슈필라움을 만들 땅을 찾는 데는 오랜 시간이 걸렸습니다. 물건과 달리 부동산, 특히 개발이 이뤄지지 않은 '원형지'인 농지를 고르는 일은 문외한이 보석 세공 전의 원석을 고르는 것과도 같았습니다. 부동산 구매라고는 아파트 청약 경험밖에 없었던 제게 쉽지 않은 일이었지요.

그런데 땅에 대해 알아갈수록 내 마음에 드는 땅을 찾는 일은 마치 연애하고 싶은 사람을 찾는 것과 비슷하더군요. 그것은 땅 이전에 저 자신을 더욱 깊이 알아가는 과정 같았습니다. 상대방이 어떤 사람인지보다 제가 어떤 것을 좋아하고 어떤 것을 싫어하는지, 특히 절대 참을 수 없는 말이나 행동들이 어떤 것인지 알아야 연애할 때 삐걱거림이 덜한 것처럼요.

제가 어떤 땅을 원하는지 알기 위해서, 제가 주말마다 찾고 싶은 슈필라움을 최대한 구체화해 보았습니다. 제가 원했던 농막과 그 농막이 놓일 땅의 이미지는 다음과 같았습니다.

150~200평 정도의 밭에 여러 종류의 유실수들을 한두 그루씩 심고, 밭농사는 부담되지 않는 10평 이내의 텃밭에서 채소들을 길러 먹고 싶습니다. 많은 소출은 필요 없고, 슈퍼에서 흔하게 팔지 않는 채소나 이색적인 품종들을 조금씩 다양하게 심어 보고 관찰하는 재미가 우선입니다. 겨울철을 제외하고 평일엔 주당 1~2회 출근 전 이른 아침이나 퇴근길에, 주말에는 아내와 함께 가급적 한 번은 찾아갈 계획입니다.

생산량이 적고 좀 더 수고스럽더라도 농사일이 정원일(farm gardening)처럼 느껴지게 밭을 예쁘게 꾸미고 싶습니다. 닭을 기르고 잡초를 베서 만든 퇴비를 밭에 뿌리는 유기농 자연순환농법으로 농사지어서 얻은 수확물들은 자가 소비를 하거나 가까이 사는 지인과 직장 동료들에게 나눠주고 싶습니다.

농막은 작지만 쾌적한 공간이어야 합니다. 아내와 둘이 간단한 요리를 해 먹고 커피나 차를 끓여 마시며 한나절 쉬는 데 불편함이 없어야 합니다. 농사일을 하다가 덥거나 피곤하면 농막 안으로 들어와 앉아서 쉴 이지체어도 있어야 합니다. 시원한 에어컨 바람을 쐬며 책을 보고 음악도 들으며 한적함을 즐기다가, 잠은 집에 가서 편하게 자고 싶습니다. 이웃집이 바로 옆에 있는 것은 불편하지만, 주변에 인적이 없는 외진 곳은 제가 밭을 비울 때 도둑이 들까 봐 걱정되어서 피하고 싶습니다.

제가 원하는 공간을 이렇게 구상해 두자 제가 어떤 땅을 알아보아야 할지 뚜렷해지더군요. 공간정보관리법에서는 토지를 주된 용도인 지목(地目)에 따라 28가지로 구분합니다.[2] 그중 농지[3]에는 주로 벼를 키우며 경작 기간 동안 물이 가득 차 있는 논[畓], 물을 항상 이용하지는 않는 밭[田], 과실이 열리는 유실수들을 심은 과수원(果樹園)이 있습니다.

논은 진흙이 많고 물 빠짐이 좋지 않아 유실수가 자라기 힘든 땅이고, 유실수를 집단적으로 심은 과수원은 제가 원하는 땅이 아니었습니다. 유실수는 정교한 작목 재배 기술이 필요한 데다 특정 시기에 전업농처럼 일하지 않으면 제대로 된 수확을 볼 수도 없으니까요. 운 좋게 수확을 하더라도 그 많은 과일들을 처분하기도 난감할 것 같았습니다.

그래서 저는 채소와 유실수를 같이 기를 수 있고 전 국토 면적의 약 7.5%를 차지하는[4] 밭[田]을 사기로 마음먹었습니다. 논을 밭처럼 이용하려면 비용이 많이 드는 성토(盛土) 공사기 필요하니 저와 비슷한 슈필라움을 꿈꾼다면 밭을 사는 게 맞습니다. 실제로 주말·체험영농을 위한 농지로 밭이 가장 인기가 있지요.

농막까지의 '이동 거리'가 가장 중요한 이유

이제 어디에 있는 어느 밭을 사야 할지 결정해야 합니다. 어떤 밭을 구해야 할까요? 저는 밭을 고를 때 개인적으로 부여한 중요도에 따른 조건별 우선순위를 정했습니다. 어차피 제가 원하는 조건을 모두 만족하는 밭은 없거나, 있더라도 희소해서 가격이 높을 가능성이 컸습니다. 제가 가진 돈으로 살 수 있는 밭 중에 고를 때는 우선순위가 낮은 조건들부터 포기해야 했습니다. 그게 제가 우선순위를 중요하게 생각한 이유입니다.

제 경우에는 1순위 조건이 직장과 집에서 농지까지의 '이동 거리'였습니다. 왜냐하면 주말에 찾는 것을 기본으로 하되, 주중에도 출근 전이나 퇴근길에 한두 번은 다녀갈 수 있어야 하니까요. 농막을 마련한 직후야 설레고 새로운 경험을 하는 재미로 먼 거리도 오갈 수 있겠지요. 하지만 아마도 평생 근속할 것 같은 제 직장과 집에서 너무 먼 곳의 땅을 사면 2~3년 후에도 꾸준히 찾아갈지 장담하기 어려웠습니다.

5도2촌 세컨하우스 생활 경험자들도 이구동성으로 조언하고 있었습니다. 땅값이 부담되더라도 최대한 집에서 가까운 거리의 땅을 사야 자주 가게 된다고 말이지요.[5] 그래서 저는 집과 회사로부터 차량

내비게이션 기준으로 출퇴근 시간대 외에는 편도(door-to-door) 30분 이내여야 한다고 정했습니다.

　다행히 저는 수도권이 아닌 세종시에 직장과 집이 있었습니다. 세종시 안에도 도심에서 멀지 않은 거리에 농지가 많았지만 행정 수도에 대한 부동산 투자자들의 기대감이 선반영되어 농지 가격이 너무 높았습니다. 그래서 제가 마련할 수 있는 1억 원 이하의 매수 대금으로는 150평 이상의 밭을 살 수 없었지요. 대신 공주시처럼 연접해 있는 지자체의 읍·면 지역에 있는 밭은 살 수 있었습니다.

　차로 5분만 더 가면 훨씬 싼 밭을 살 수 있었지만, 편도 30분을 초과하는 곳의 밭은 제외했습니다. 이동 거리는 한정된 여가 시간은 물론 차량 연료비에도 영향을 미칩니다. 또, 이동할 때 통행료를 받는 유료도로를 지나가야 하는지도 확인해야 합니다. 소액이더라도 갈 때마다 통행료를 납부해야 한다면 연간으로 따졌을 때 상당한 비용 부담이 되니까요.

　주행 경로에 있는 도로들의 안전도와 운전 쾌적성 등도 고려해야 합니다. 시골길에는 가로등은 물론 갓길이나 보도 공간이 없는 경우가 많아 정면충돌 사고나 보행자 사고의 위험이 큽니다. 2021년의 지역별 인구 10만 명당 교통사고 사망자 수를 보면 세종시는 2.55명인데, 충청남도는 11.94명으로 4.6배가 넘습니다.[6] 실제로 중앙분리대가 있는 국도와, 중앙선만 있고 충분한 갓길도 없는 굴곡진 왕복 2차선 지방도를 운전할 때의 심리적 부담은 차이가 큽니다.

　저는 이른 새벽에 밭으로 가거나 농막에 머무르다 밤에 귀가하는 경우를 고려해서 중앙분리대가 있는 국도로 오갈 수 있는 농지를 우선적으로 고려했습니다. 이동 거리 기준을 명확히 정해서 좁히니 공주시의 대부분, 청주시의 일부 읍·면, 계룡시의 도안면·엄사면, 논산시의 상월면·노성면이 제가 밭을 구할 후보지가 되었습니다.

　　계절에 따른 일조시간을 꼼꼼하게 따지는 일 또한 중요합니다. 월동 작물들이야 미리 심어둘 수 있겠지만, 중부지방 기준으로 11월 1일부터 다음 해 3월 31일까지의 1년 중 5개월은 노지 농사를 지을 수 없는 겨울이라고 할 수 있습니다. 이 기간에는 농지를 찾을 일도 잘 없을 테니 굳이 고려하진 않더라도, 나머지 계절에 정시 퇴근을 하고 바로 세컨하우스나 농막을 찾았을 때 이미 어둑어둑해진 상태라면 어떨까요? 도시와 달리 가로등도 없는 상황에서 농사일을 하기는 쉽지 않습니다. 야외조명은 하루 일을 마치고 일찍 잠자리에 드시는 농촌 마을 이웃들에게 폐가 될 수 있고, 이웃의 밭작물들의 생육을 교란할 수도 있어 설치하기 어려우니까요.

그곳에서 '개와 늑대의 시간'을 즐길 수 있길 바라며

　　제가 하루 중에서 가장 좋아하는 시간은 낮과 밤의 경계가 흐릿해지면서 빛이 서서히 펼쳐지는 해 뜰 녘과 점점 바래져 가다가 퇴장하는 해 질 녘입니다. 프랑스어에서는 양치기에게 다가오는 동물이 잘 구별되지 않는 '개와 늑대의 시간(L'heure entre chien et loup)'이라고 한다네요. 제가 평일에 농막에서 누릴 수 있는 시간은 대부분 해 질 녘이 될 텐데, 붉게 물들어 가는 노을을 나만의 야외 공간에서 호젓하게 바라보고 싶었습니다.

한국천문연구원의 천문우주지식정보 사이트는 저 같은 사람들을 위해 지역별 일출·일몰 시각 계산 기능을 제공합니다.[7] 제가 밭을 사려는 지역의 4월 1일 정보를 확인해 보니 어슴푸레 빛이 밝아져 오는 아침 박명시간(Civil Twilight)이 05:52, 일출시간은 06:18이었고, 저녁 어스름이 사라지는 박명시간이 19:18, 일몰시간은 18:52로 나왔습니다. 10월 31일의 정보도 확인해 보니 아침 박명시간이 06:26, 일출시간은 06:53이었고, 저녁은 각각 18:03, 17:36으로 확인되었습니다. 박명시간의 길이는 위도와 계절에 따라 다른데 대략 30분 이내입니다. 참고로 하짓날인 6월 22일의 아침 박명시간이 04:42이고, 저녁 박명시간은 20:23였습니다.

4월부터 10월까지는 아침에 일찍 일어나기만 한다면, 밭에서 사무실까지의 출근 시간을 넉넉하게 1시간으로 가정하더라도 최소한 1시간 정도는 평일 아침에도 농사일을 할 수 있습니다. 저녁 6시에 컴퓨터를 끄고 일어나 주차장의 차에 시동을 걸어서 40분 이내에 밭에 도착하면 하지 즈음에는 최대 2시간까지 일할 수 있고, 10월 말일에도 완전히 어두워지기 전에 밭에 도착할 수 있다는 사실을 확인할 수 있었습니다.

실제로 예초기만 있다면 제초작업, 작은 텃밭에 물 주기나 풀 뽑기는 한 시간이면 충분합니다. 저는 요즘도 일을 마치고 나면 평상 위에 서쪽 방향으로 캠핑의자를 놓고 기대앉아서 하늘의 저녁노을을 바라보며 멍을 때리곤 합니다. 해가 산 너머로 넘어가고 사물의 경계가 희미해지는 '개와 늑대의 시간'을 홀로 보내다 보면 업무상의 고민이나 걱정거리들도 점차 해체되어 사라져 버리는 느낌이 듭니다.

땅은 자기 자신에 대해 말을 하지 못합니다. 그러니 어떤 땅이 내가 원하는 조건들을 갖추고 있는지, 갖추지 못한 조건이 있다면 무얼 우선해야 하는지는 사려는 사람이 판단해야 합니다. 그래서 저는 독자들께 말씀드리고 싶습니다. 땅을 알아보실 때 다른 무엇보다도 '원하는 사용 목적과 가진 예산, 그리고 각 조건들 간의 우선순위를 명확히 설정한다'는 원칙을 지켜가셔야 합니다.

앞에서 제가 농막을 놓은 밭의 이미지를 한 문단으로 정리했습니다. 그런데 이와 같이 정리하기까지는 반년이 넘게 걸렸습니다. 이 기간을 너무 짧게 가져가면 땅을 산 다음에 사용하고 싶은 목적이 바뀌게 되고, 매수한 땅이 계륵이 될 수 있습니다. 그러니 충분한 시간을 들여서 가족들과 의논하시기를 추천합니다. 저는 제가 원하는 슈필라움의 이미지가 바뀔 때마다 아내에게 설명하고 감상을 물어서 의견을 들었습니다.

2장

그래서

얼마가
필요하냐면요

땅을 알아보실 때 많은 분들이 가장 우선적으로 고려하는 제약 조건은 예산일 것입니다. 저도 1순위였던 '이농 거리'에 이어 2순위 조건으로 '가용예산'을 매겼습니다. 자신이 쓸 수 있는 예산 한도를 확실히 정하는 것만으로도 선택지를 많이 줄일 수 있습니다. 나머지 조건들을 따지려면, 일단 충분한 예산이 있어야 합니다.

저는 2020년 기준으로 저희 부부의 여유 자금 7천만 원과 대출금(신용대출 및 토지담보대출) 8천만 원을 합친 1억 5천만 원을 가용예산 한도로 정했습니다. 즉, 토지 매수 대금과 취득세, 농막 구매 비용, 기반 공사비를 모두 합쳐서 최대 1억 5천만 원 안에서 밭과 농막을 마련할 계획을 세웠습니다.

여러분께서도 자신의 신용대출과 토지담보대출의 한도 및 금리와 상환 조건을 비교하셔서 자금 조달 계획을 세우시기 바랍니다. 공사비가 추가로 소요될 수도 있고, 예상치 못했던 급전이 필요한 일이 생길 수도 있으니 자금 지출 계획을 세울 때는 동원 가능한 대출 한도를 꽉 채우지 않으시길 권합니다. 참고로 밭을 사고 소유권 이전 등기를 한 이후에는 인근 지역 단위농협이나 신협에서 토지가액의 40~50% 한도로 토지담보대출을 받을 수 있습니다.

1순위 조건이었던 이동 거리 내의 후보지들에 있는 농지 매물들을 들여다보면, 어쩔 수 없이 계속 눈이 높아질 건 분명했습니다. 그래도 저는 1억 5천만 원의 예산 기준을 어기지 않으리라 다짐했습니다. 만약 땅값을 많이 지출했다면, 그만큼 기반 시설과 농막에 쓸 비용을 줄이기로 했습니다.

그리고 내가 중요하게 생각한 조건들

이동 거리와 가용예산 다음으로 고려했던 3순위 조건은 땅의 면적이었습니다. 가용예산과 땅의 면적은 긴밀하게 연관된 항목이기도 합니다. 그렇지만 예산과 면적을 고민하기 이전에, 자신이 원하는 공간의 목적과 구체적인 이미지를 확고하게 정해두는 것이 더 중요합니다.

최대 1,000㎡(302.5평)의 취득 가능한 농지 면적 중 제가 생각하는 사용 목적에 맞는 적정한 농지의 크기를 오랫동안 고민했습니다. 이 조건은 처음부터 명확하지는 않았고, 여러 땅을 둘러보다가 저만의 기준을 세울 수 있었습니다.

저는 필지당 70~130평 정도인 땅들을 직접 보고, 그런 필지 위에 6평 농막이 놓여 있는 모습도 함께 살펴보았습니다. 그러자 제가 원하는 10평 규모의 텃밭과 유실수들, 닭장이 놓이고도 여유로운 느낌의 공간을 가지려면 최소한 땅의 면적이 150평은 되어야겠다고 생각했습니다. 그래서 땅을 보러 다니기 시작한 지 몇 달 후부터 150평 이하의 밭은 후보지에서 제외했습니다.

거주하는 주택의 면적을 기준으로 머릿속에서 추정한 면적과 실제 현장에서 눈으로 본 면적의 차이는 꽤 큽니다. 그러므로 가급적이면 여러 크기의 땅들을 실제로 보고 걸어보면서 땅 면적에 대한 감을 익히시길 권합니다.

입지에 따라서도 땅의 공간감은 다 다릅니다. 바로 앞에 넓은 하천이 있다면 땅이 좁아도 답답하지 않겠죠. 제가 구매한 필지와 붙어 있는 이웃들이 경계 바로 옆에 건축물을 세우지 않고 있다면 제 땅이 좁아도 답답하지 않을 수 있습니다. 하시만 이는 이웃 땅 주인들의 마음먹기에 따라 언제든지 달라질 수 있는 문제입니다.

저는 제 밭을 1주일에 2~3회 찾을 예정이고, 농작업에 쓰는 시간은 1~2시간 정도로 생각했습니다. 그러니 200평이 넘는 농지는 부담스러웠습니다. 물론 1년생 작물이 아닌 호두나무나 대추나무처럼 관리 부담이 적은 유실수로 밭의 대다수 면적을 채울 수도 있겠지만, 필요 이상으로 넓은 밭을 사게 되면 기반 시설과 농막에 들일 예산이 부족해지기 때문입니다.

그다음 4순위 조건으로는 마을이나 이웃집에서 너무 멀리 떨어져 있지 않을 것이었습니다. 한 동의 건물에 백 명 넘는 사람들이 층을 나눠 지내는 아파트 단지에 살다 보니, 주변에 이웃이 전혀 없는 한적한 땅을 열망하는 마음도 있었습니다. 다른 사람들의 시선에서 자유로울 수 있는 나 혼자만의 공간은 도시에서 갖기 힘든 사치재니까요. 또 인적이 드문 곳에 있는 땅은 대개 가격도 더 저렴합니다.

하지만 일주일에 많아야 2~3회 다녀가는 밭과 농막이 너무 외진 곳에 있으면 보안이 부담됩니다. 아무리 작은 농막이라고 해도 필수적인 가구나 가전제품들을 갖춰야 하는데, 도난당하면 다시 사야 하고, 다음에도 도둑이 들 수 있다고 생각하면 마음 편히 지내기 어려울 것 같습니다. 밭과 농막에 CCTV를 설치할 수도 있지만 근처에 이웃 주민이 상시 거주한다면 어떤 방범 장치보다 든든합니다.

5순위 조건은 도로에서 나는 차량 소음이 크지 않을 것이었습니다. 직장과 집으로부터 차로 30~40분 이내에 도달할 수 있는 땅을 찾으면서 차량 소음은 싫다니, 이런 제 바람이 모순이긴 합니다. 그래서 마지막 5순위 조건으로 꼽았습니다.

제가 살고 있는 주상복합 아파트 단지는 6~8차선 주간선도로가 교차하는 도심의 중심상업지구에 인접해 있습니다. 늦은 밤에도 창문을 열면 도로 소음이 들리고 시원한 밤바람으로 환기를 하고 싶은 날에도 배달 오토바이의 날카로운 배기음 때문에 창문을 열어놓지 못합니다. 이렇게 시달리다 보니, 가급적 도로 소음에서 자유로운 땅을 선호하게 되었습니다.

고속도로, 4차선 국도, 2차선 지방도 등등 도로의 규격에 따라 차량의 평균 주행 속도가 다르기 때문에 소음도 차이가 있습니다. 소음 정도가 도로와의 거리에 정비례하는 것은 아니고, 중간에 언덕 같은 지형이 있다면 방음벽의 역할을 하니 거리가 가깝더라도 문제가 되지 않습니다. 이 부분은 현장에서 직접 확인해 보시기 바랍니다. 땅이 도로와 가까우면 자동차 배기가스 매연이나 타이어 마모 분진 등 호흡기에 좋지 않은 대기오염 물질이 많이 배출되기도 합니다.

나의 최종 비용: 1억 6천3백만 원

①이동 거리, ②가용예산, ③땅의 면적, ④이웃집과의 거리, 그리고 ⑤차량 소음에서 자유로울 것. 저는 이렇게 다섯 가지 조건을 선호도 순으로 줄을 세웠습니다. 이 조건들을 염두에 두고, 토지의 가치를 판단하는 일반적인 기준들도 함께 고려하여 땅을 알아보기 시작했습니다.

그래서 저는 땅을 사고 농막을 짓는 데 얼마나 돈을 썼을까요? 결과적으로 저는 당초 예산을 1,300만 원 초과한 1억 6,300만 원을 지출했습니다. 농촌 마을 어귀에 있고 용도지역이 농림지역인 평당 개별 공시지가가 약 11만 원인 190평 크기의 밭을 평당 약 42만 원인 8천만 원에 샀습니다. 여기에 취득세[8] 272만 원과 등기 비용을 포함해서 대략 8,300만 원을 지출했습니다. 인근 지역 농지 중 축사가 인접한 지역의 논은 평당 10만 원대인 경우도 있었고, 차로 5분만 더 가면 나오는 지역에 위치한 비슷한 조건의 밭은 평당 30만 원이었지만 원래의 조건에서 타협하지 않았습니다.

그리고 지목이 밭인데도 불구하고 몇 년간 논으로 사용되었던 땅이라 진흙을 걷어내고, 그 자리에 마사토를 깔고 평탄화하는 데 든 토목공사 비용, 농막 주변의 바닥에 깐 잡석과 입구에 쌓은 석축 비용, 상하수도와 전기를 끌어오는 데 등의 기반 공사 비용으로는 대략 2,500만 원이 들었습니다. 돌이켜 보니 공사를 효율적으로 계획해서 한꺼번에 발주했더라면 200~300만 원가량은 더 아낄 수 있었다고 생각됩니다.

농막을 구매해서 설치하는 데는 4,300만 원을 지출했습니다. 여기에 수전과 싱크볼, 타일, 욕실 도기를 보다 고급의 자재로 변경해 제작을 요청하면서 약 150만 원이, 천장조명·커튼·가구와 가전제품을 구입하는 데 150만 원 정도가 소요되어 농막을 꾸미는 데 약 4,600만 원이 들었습니다. 평균 이상의 농막이 2,000~2,500만 원 정도에 팔리는 걸 생각하면 많이 썼습니다. 하지만 저는 좁은 공간일수록 자재의 품질과 마감이 좋아야 만족할 수 있는 공간이 된다고 생각했습니다.

그 생각은 지금도 변함이 없고요.

여기까지 1억 5,400만 원을 써서 400만 원을 초과해 지출한 셈이라 계획대로 문제없이 진행되었다고 볼 수 있습니다. 하지만 애초계획에는 없었던 온실을 900만 원 주고 구매·설치하면서 총 1억 6,300만 원을 지출했습니다. 다행히 땅을 계약했을 때부터 온실을 설치할때까지 1년 2개월이 걸려서 가용예산을 넘어선 비용은 매월의 저축액으로 감당할 수 있었습니다.

이 1억 6,300만 원 중에서 토지 투자금액으로 볼 수 있는 8,300만 원을 빼면 제가 원하는 공간을 누리기 위해 지출한 비용은 8,000만원입니다. 제가 대출받은 금액과 거의 비슷하지요. 대출을 받았던 초기에 내던 신용대출 및 토지담보대출의 금리로 계산해 보니 4,500만원의 신용대출은 연 4%, 3,500만 원의 토지담보대출은 연 5.2%여서합치면 연간 362만 원, 매달 약 30만 원을 이자 비용으로 지출했습니다.

하지만 금리 급등으로 인해 2023년 2월 기준으로 대출금리가각각 연 6.5%와 연 5.8%로 올라가서 월평균 13만 원의 이자 비용이 추가된 상황입니다. 아내와 제 여유 자금 7천만 원이면 안전자산인 은행12개월 정기예금 금리를 3.5%라고 가정했을 때 연간 245만 원, 매달 약20만 원의 이자 수입이 기회비용이 됩니다. 즉, 저희 부부는 밭과 농막을 소유한 대가로 현재 매달 63만 원의 기회비용을 치르고 있습니다.

농막을 사는 대신 감당해야 하는 것들

저에게 밭과 농막은 슈필라움이라고 앞서 적어보았지요. 원하는 슈필라움을 가진 대가로 치르고 있는 월 50~60만 원이 아주 큰돈은 아닙니다. 그래도 1년에 두 번 아내와 둘이서 1주일가량 근사한 해외여행을 다녀올 수 있고, 갖고 싶지만 좀 비싼 물건들을 사는 등 일상생활의 소소한 사치를 누릴 수 있는 금액이지요.

현재 제가 타고 있는 차량은 2009년에 출고된 준중형 승용차로 보험회사가 인정한 잔존가치가 272만 원에 불과합니다. 자전거로 출퇴근할 때가 많고 장거리 이동은 대중교통을 선호하는 저이지만, 여유 자금이 있다 보니 최신 전기자동차로 바꾸고 싶은 생각도 있었습니다. 밭을 사는 대신에 테슬라 모델Y 롱레인지를 살 수도 있었기 때문에, 눈앞에 아른거리는 드림카를 포기하기로 마음먹는 게 쉽지 않았습니다.

하지만 모든 걸 가질 수 없으니 제가 선택을 해야 했습니다. 저는 밭과 농막을 슈필라움으로 꾸미는 대신 오래된 차를 계속 타고 대출이자를 갚으면서 선택에 따른 대가를 감당하고 있습니다. 다행히 제 경우에는 아내도 동의했기에 문제가 없었지만, 가정을 꾸리신 분들이라면 역시 깊은 고민이 필요하겠지요. 지금 마련하려는 슈필라움이 그 돈을 다른 방식으로 써서 누릴 수 있는 것보다 나와 가족들 모두에게 더 기쁨을 주는지 신중하게 생각해 보신 후 결정하시기 바랍니다. 차는 중고로 어렵지 않게 팔 수 있지만 농지와 농막은 거래가 쉽지 않고 급하게 팔려고 하면 큰 손해를 감수해야 하니까요.

3장

땅을
보러 다니기
전에
확인할 것들

꼭 자신의 땅이 있어야만 주말마다 농사를 지을 수 있는 건 아닙니다. 비농업인의 주말·체험영농 목적이라면 농지법에 따리 농지를 유상·무상으로 빌리는 것도 가능합니다.⁹ 하지만 저처럼 취향에 맞는 전용공간으로 꾸미고자 한다면, 농막을 설치하고 농사지을 땅을 취득해야 합니다.

도시민 대부분이 경험하는 부동산 거래는 주택 혹은 구분 상가나 오피스텔 호실처럼 눈에 보이는 건물을 사고파는 것이고, 땅은 등기사항전부증명서에 소유권 혹은 대지권 지분으로 따라올 뿐입니다. 즉, 토지 투자자라면 모를까 상속받은 토지를 매도했던 정도의 경험밖에 없는 경우가 대부분입니다. 그래서 저는 5도2촌 생활을 시도하기 위해 넘어야 할 첫 장벽이 농지 취득이라고 생각합니다.

앞서 적었듯, 제가 땅을 알아보기 시작했을 때 부동산 매매라고는 지금 사는 아파트 분양에 청약해서 입주한 경험밖에 없었습니다. 그래서 어떤 농지가 농막을 놓고 주말·체험영농 목적으로 사용하기 좋은지 알 수가 없었습니다. 주변에 토지 거래 경험이 많은 지인도 없었고요.

법적으로는 간단해 보입니다. 농지법에 따라 농업진흥지역이 아닌 지목이 전·답·과수원인 농지를 1,000㎡(약 302.5평) 미만으로 취득해서 그 땅 위에 연면적 20㎡ 이내로 1필지에 농막 한 채를 설치한 뒤 관할 시청·군청에 신고하면 되니까요. 하지만 땅을 사시기 전에 아래의 사항들은 반드시 미리 살피시도록 당부드립니다.

땅을 알아볼 때 유념해야 할 세 가지

첫째, 땅을 사시기 전에 국가법령정보 사이트에서 사고자 하는 땅이 위치한 관할 시·군의 조례를 살펴보고, 국민신문고를 통해 건축허가 담당 공무원에게 질의하여 농막과 관련된 행정해석과 처분기준을 먼저 확인하시기 바랍니다. 건축법령[10]은 농막과 같은 가설건축물의 종류와 기준을 지방자치단체가 정하는 건축조례로 재위임을 하고 있기 때문입니다. 일부 지자체는 건축조례가 아닌 별도의 조례로 농막을 규율하기도 합니다.

예를 들어 울산광역시 남구는 농막 등 가설물이 무질서하게 난립하여 도시 미관을 저해함을 이유로 2009년에 조례를 제정했는데, 농막의 기준을 "높이는 지표면으로부터 3미터 이하, 면적은 10제곱미터 이하로 하고, PVC·FRP·강관·판넬 기타 이와 유사한 재료만을 사용하며, 용도는 소형 농기구 및 비료 등의 간이 보관용도 등으로 사용하여야 한다."[11]라고 명시하고 있습니다. 일부 시·군은 농막 형태가 컨테이너 모양인 경우에만 가설건축물 축조 신고를 받아주기도 합니다.

둘째, 땅을 보기 전에 자신이 사려고 하는 지역에 위치한 농지들의 최근 거래된 시세를 파악해야 합니다. 저는 시골 땅을 여러 번 거래해 보거나 전원주택에서 직접 살아본 경험자가 아닌 농지 구매 초보자란 사실을 인정했습니다. 물론 저도 이왕이면 장래에 개발 호재가 생겨서 땅값이 오를 것 같은 저평가된 밭을 사고 싶었습니다. 하지만 토지 투자 초보자가 첫 거래에서 투자가치와 사용가치 둘 다 높으면서 저렴한 땅을 고르겠다는 것은 무모한 욕심이라고 생각합니다. 투자가치를 따지면 '땅값이 언제 오르지? 왜 안 오르지?' 전전긍긍하면서 즐겁게 놀 수 없겠다는 생각도 들었습니다.

그래서 앞의 다섯 가지 조건 대부분을 충족하는 땅을 비싸게 사지 않는 것을 목표로 했습니다. 또 매수자의 마음이 급하면 협상력이 떨어지니 땅을 사야 할 기한을 정해놓지 않았고요. 우선 자신이 땅을 사려는 후보지에서 최근에 거래가 완료되었거나, 매도 희망 가격과 토지 지번을 확인할 수 있는 매물들을 확인해 보면 대략적인 시세에 대한 감을 얻을 수 있습니다. 시세 파악을 위해 저는 온라인에서 세 곳을 주로 참고했는데요.

먼저 국토교통부 '토지이음' 사이트가 제공하는 '토지이용계획 열람' 기능은 매우 유용합니다. 관심 있는 토지의 지번을 입력하면 지목·면적·개별공시지가와 용도지역 및 타 법령에 따른 지역·지구 지정 현황을 확인할 수 있습니다. 확인도면으로 대상지와 주변의 지역도를 확인할 수 있으며, 필지의 용적률과 건폐율 등 토지이용에 대한 규제와 행위제한 내용 분석 결과 등이 자세히 명시되어 있어 직접 법령 조문을 찾아서 읽지 않고도 쉽게 확인할 수 있습니다. 개별공시지가는 각종 조세와 부담금의 부과 기준이 되는데, 그 변동 추이는 물론 주변에서 최근 거래된 토지의 개별공시지가와 실거래가와의 차이도 알 수도 있습니다.

다음으로 '디스코'와 같은 스마트폰 부동산정보앱들을 통해 개별 필지의 토지에 대한 다양한 공공데이터와 함께 매매가와 계약일 정보를 포함한 거래 정보, 주변의 유사한 땅의 실거래 정보를 확인할 수 있습니다. 그리고 사법부인 법원이 민사집행법에 따라 담보권의 실행

(임의경매)이나 채권자의 채권실현(강제경매)을 위해 채무자의 재산을 현금화하는 법원경매정보[12]나 한국자산관리공사(KAMCO)가 운영하는 공공기관 온라인 자산공매시스템 '온비드'[13]도 많은 도움이 됩니다. 최근에 매수 후보지 인근 지역에서 낙찰된 경매·공매 매물의 낙찰가는 실제로 거래가 된 공신력 있는 가격이니 무료로 확인할 수 있는 귀중한 정보입니다.

　셋째, 농막이나 기반 시설을 설치하기 전에 반드시 사려는 땅이 위치한 시·군이 가설건축물인 농막에 대해서 개인 하수처리 시설인 정화조 설치를 허용해 주는지 확인하셔야 합니다. 분뇨를 처리할 수 있는 정화조가 없으면 캠핑용 변기 또는 생태 변기를 사용하거나, 가까운 마을회관의 공용 화장실을 이용해야 하기 때문입니다.

　농막에 정화조를 설치할 수 있는지 여부는 전국 159개 시·군마다 다르니 반드시 관할 시·군청의 건축허가 담당 직원에게 문의하시기 바랍니다. 참고로 인허가 사항에 대한 문의는 대면이나 전화보다는 국민신문고 홈페이지 또는 앱을 이용한 문의를 추천합니다. 추후에 공무원의 질의 회신 내용을 증거로 제시할 수 있기 때문입니다.

　일률적이지는 않지만 수도권에 인접하여 인구 감소의 우려가 크지 않고 귀촌자들이 많은 지역의 농막은 오수량 산정이 불가능하고, 농막에서 배출되는 분뇨와 생활하수가 농수로를 오염시키는 문제를 이유로 정화조 설치를 불허하는 경향이 있습니다. 반면 인구 감소를 겪고 있는 지방 시·군들은 주말·체험영농을 원하는 도시민들을 유치하여 지역 내 소비를 늘리고 잠재적인 귀촌 인구를 확보하기 위해 농막 정화조 설치를 허용하는 경우가 많습니다.

정화조 설치를 허용하지 않는 지자체에서 수세식 화장실을 이용할 수 있는 방법이 있긴 합니다. 농막 하부에 분뇨 저장 탱크를 딜아서 일정 기간 배출되는 분뇨를 저장할 수 있는 농막 제품이 있으니까요. 다만, 하부의 저장 탱크가 가득 차면 분뇨 수거 차량을 통해 주기적으로 배출 처리해야 해서 추가 비용과 수고가 필요합니다.

화장실과 정화조를 지을 때 참조할 사항들

저는 단 몇 시간을 머무르더라도 언제 생리현상이 문제가 될지 모르니 반드시 쾌적한 화장실이 확보되어야 한다고 생각했습니다. 배우자와 자녀들이 화장실 문제로 농막에 가는 것을 불편해한다는 경험담도 여럿 봤습니다.

물론, 수세식 변기를 포기하고 생태 변기를 선택할 수도 있습니다. 분뇨를 모아 발효시켜 퇴비로 만들어 사용하는 자연순환농법으로 생태주의를 실천하는 셈이니 보람도 있겠지만, 생태 변기의 사용과 관리상의 어려움에 대한 사용 후기들을 읽고서 저는 농막에 정화조 설치를 허용하는 시·군의 농지를 구매하기로 결심했습니다.

무허가 농막 중 상당수는 농막 부지 내 정화조 설치를 불허하는 시·군에서 수세식 화장실을 이용하고자 몰래 정화조를 묻은 사례입니다. 이런 경우 적발되면 농지법에 따른 원상복구명령은 물론 하수도법[14]에 따라 미신고 정화조 설치 행위에 대해 100만 원 이하의 과태료도 부과될 수 있습니다. 농지에 대한 정부의 관리가 과거보다 엄격해진 상황이므로 무허가 정화조는 설치하지 않는 게 좋습니다. 3년마

위: 콘크리트 타설을 한 정화조 뚜껑
왼쪽: 정화조 통과 배관
아래: 농막과 연결된 배관들

다 농막에 대한 가설건축물 축조 신고를 갱신할 때 공무원이 현장 점검을 하면 언제든지 적발될 수 있는 상황이니까요.

자택에서 20~30분 거리에서 농작업을 하더라도 생리적인 현상을 급하게 해결해야 하는 상황은 언제든지 있을 수 있습니다. 어차피 대변은 정화조 안에 모았다가 수거하는 것이 농촌의 환경을 덜 오염시키지요. 현행법은 지켜야 하지만, 이런 이유로 저는 농막이 있는 농지에 정화조를 허용하고 설치 기준도 통일된 기준을 적용하는 것이 바람직하다고 생각합니다. 농민과 주말·체험영농을 즐기는 도시민 모두 화장실 걱정 없이 농작업을 하고 휴식할 권리가 있습니다.

농막의 정화조 설치와 관련해서 꼭 확인해야 할 사항이 한 가지 더 있습니다. 제가 땅을 산 공주시 등 일부 시·군청은 농지법에서 허용하는 농막의 규격인 연면적 $20m^2$를 오수와 하수 처리를 위한 농지 내 배관 면적과 정화조 상부의 표면 면적까지 합산된 면적으로 해석하고 있습니다.

따라서 이 경우 농지 내 농막의 위치로부터 농지 바깥까지 이어지는 배관의 지름과 길이, 정화조의 크기에 따라 연면적 $20m^2$에서 필수적으로 감해져야 하는 면적이 생기며, 실제 농막의 연면적은 이를 뺀 면적이어야 합니다. 그러므로 농지를 매수하기 전에 반드시 관할 지자체가 연면적 $20m^2$ 기준을 판단할 때 정화조 상부와 배관 면적을 합산하는지 확인하시기 바랍니다.

바로 이 부분 때문에 저는 농막을 짓는 모든 과정 중에서 가장 아찔한 순간을 경험했습니다. 저는 이 내용을 미리 확인하지 않은 상태로 연면적 $18m^2$의 농막 제작을 의뢰했는데, 한창 농막을 제작 중인 상황에서 뒤늦게 공주시에서는 배관과 정화조의 면적이 농막의 연면적 제한에 합산된다는 사실을 확인하고 하늘이 무너지는 줄 알았습니다.

　　다행히 전문가인 건축사의 조언 덕분에 문제를 무사히 해결할 수 있었습니다. 저는 원래 계획했던 5인용 정화조 대신에 국내에서 시판 중인 정화조 중 가장 작은 $1.08\,m^2$의 3인용 정화조로 바꾸었고, 농막의 배관을 직경 150mm에서 100mm로 줄이면서 농막의 위치도 현황 도로에서 농지로 진입하는 입구 쪽으로 옮겼습니다. 그래서 농지 내 배관 면적을 나머지 $0.92\,m^2$ 이내로 줄여 도합 $20\,m^2$의 연면적 기준을 준수할 수 있었습니다. 결과적으로 잘 끝났지만 제작 중이던 농막을 잘라내야 할 뻔한 위기의 순간이었지요.

4장

땅을
보고,

고르는 법

이렇게 원하는 지역의 농지 가격에 대한 감을 잡으셨고 정화조 문제도 확인했다면 이제 농지를 보러 다닐 때입니다. 후보지 인근에서 농지 등 토지 거래를 주로 하는 부동산 중개사 사무소를 찾아서 매물을 문의하고 상담받는 것이 가장 일반적인 방법입니다. 요즘은 블로그나 유튜브 채널을 개설해서 활발하게 활동하시는 토지 거래 전문 공인중개사분들이 많으니, 매물에 대해 분석한 글과 영상들을 먼저 보고 호감이 가는 분을 선택하셔도 좋습니다.

시골 농지를 보러 가는 건 시간이 걸리는 일이라 중개사님 차량으로 이동하면서 평소에 궁금했던 것들을 이것저것 물어보며 정보를 얻는 것도 좋습니다. 보통 땅을 보여주실 때는 처음에 이야기한 필지만 보여주시지 않고, 근처에 있는 두세 곳도 함께 방문하는 경우가 많으니 3~4시간 정도 시간을 넉넉히 비워두고 중개사님과 약속을 잡으시기를 추천합니다.

저는 중개사분들을 만나기 전에 몇 권의 책과 유튜브 채널들로 땅 보는 법을 배웠는데, 농막은 가설건축물에 불과하다 보니 농막의 입지를 다룬 정보는 없어서 주로 농지 투자정보, 전원주택을 지을 땅을 보는 방법들을 참고했습니다. ①땅은 배우자와 같이 보러 가고, ②수풀이 말라붙은 겨울철에 봐야 현황을 파악하기 쉽고, ③포털 지도에서 제공하는 로드뷰 기능이 유용하며, ④축사 인근 지역은 피하라는 등 유튜브 〈햇살가득 전원주택〉 채널에서 반드시 확인해야 할 사항들을 많이 배웠습니다.

주택을 신축하고자 한다면 지적도에도 표시되어 있고 현황상 폭 4m 이상의 도로에 접한 땅을 사야 합니다. 그래서 주택을 건축할 수 있는 대지나, 농지지만 전용부담금을 내고 대지로 전용(轉用)해 건물을 지을 수 있는 땅은 일반 농지보다 비쌉니다. 저는 농막을 선택했기 때문에 맹지(盲地)도 상관없었습니다. 다만 지적도상 맹지 중에서도 차량으로 문제없이 출입할 수 있는 폭의 현황도로가 붙어 있는 땅은 공사를 하거나 농자재·농작물을 차로 옮길 때 훨씬 더 편리합니다. 비싸더라도 그만한 가치를 하는 것이지요.

부지런한 기록과 관찰은 중요합니다

땅을 사려는 사람마다 원하는 용도가 다르겠지만, 구입을 고려하는 후보지가 농막을 놓고 슈필라움으로 꾸밀 수 있는지 반드시 따져봐야 하는 조건들은 있습니다. 저는 다섯 가지 조언을 드리고자 합니다.

첫째, 땅을 볼 때는 종이 한 장으로 된 체크리스트를 준비해서 현장에서 표기하며 따져보시기를 권합니다. 땅을 고를 때 따져볼 사항들이 많다 보니 현장에서 눈으로 보고만 오면 놓치는 사항이 있을 수밖에 없습니다. 그러니 제가 앞서 당부드렸던 기반 시설 관련 필수 확인사항들과 함께 도로 접근성이 괜찮은지, 땅의 높이와 평평한 정도 및 토질 등 배수에 관한 사항, 매물지를 침범한 정착물이나 수목이 없는지 등을 체크리스트로 미리 만들어서 현장에서 꼭 확인해 보세요.

시야에 보이는 풍경이나 이웃집 창문과의 거리, 소음, 일조량, 쓰레기 소각 시설이나 축사 등 악취나 매연 등을 발생시키는 혐오 시설과의 거리, 필지의 지적도상 경계와 침범 여부, 사생활 침해, 땅을 볼 때 확인해야 할 사항들을 준비해 간 체크리스트에 직접 볼펜으로 표시하며 확인하고, 스마트폰 동영상으로 어라운드뷰를 녹화해 와서 가족들과 같이 영상을 보면서 의논하는 방법을 추천합니다.

둘째, 5도2촌 생활을 오래 지속하려면 좋은 이웃을 만나는 것이 중요합니다. 땅을 알아보고 다니다 보면 가용예산 내에서 구매할 수 있는 후보지들을 추릴 수 있게 됩니다. 이 상태에서 성급하게 결정하지 마시고, 배우자와 함께 방문해서 마을의 분위기나 이웃 주민들의 인상을 관찰하시기 바랍니다.

한두 번 지나가면서 보면 고령화되어 있는 비슷비슷한 농어촌 마을 같지만, 자세히 보면 폐가는 얼마나 많고 공동이용 시설들은 관리가 잘되고 있는지, 매물로 나온 땅 근처에 사시는 마을 주민분들이 외지인에게 호의적인지 아닌지를 어느 정도는 확인할 수 있습니다. 물론, 전원주택과 달리 상시 담벼락을 마주하고 사는 이웃은 아니지만, 땅을 사고 2년 넘게 지내면서 5도2촌 생활의 만족도에서 마음씨 좋은 이웃이 차지하는 비중이 상당하다는 사실을 실감하고 있습니다.

마을 주민분들과 대화할 기회가 있다면 이장님이 어떤 분인지 들어보는 것도 좋습니다. 마을의 이런저런 대소사를 챙기고 의사결정을 주도하는 분이니까요. 저는 말주변이 없어서 쉽지 않았지만, 아내가 이런 이야기들을 주민분들과 나누고 난 후에 제게 전해줬습니다.

마음에 드는 땅을 발견했다면 토지매매·토목·건축에 대한 경험이나 지식이 많거나 5도2촌 세컨하우스 생활 경험이 있는 지인들과 함께 방문하거나 지번을 알려주고 지도 앱의 로드뷰 기능을 이용해서 구매 여부에 대한 조언을 구해보시길 추천합니다. 토지 거래를 처음 했던 제 경우에는 신뢰하는 지인들의 의견이 도움이 되었습니다.

토공사 비용을 미리 꼼꼼하게 따져보세요

셋째, 진입로 환경과 토공사 비용을 미리 확인하셔야 합니다. 전원주택 단지처럼 토목공사가 다 끝난 땅이 아닌 시골의 땅들은 소위 '원형지'라고 해서 땅의 모양이 반듯하지 않은 경우가 많습니다. 폭 4m 이상의 지적도상 도로에 접하지 않은 소위 '맹지'도 많습니다. 도시에 살면서 건축업에 종사하거나 건축주의 경험이 있지 않은 대다수 사람은 토목공사 비용에 대한 셈 어림에 익숙지 않습니다.

만약 구매하려는 농지가 맹지이고, 마을 주민들이 이용하는 현황도로도 없는 데다가 진입로가 사유지라면 인접한 토지의 소유자로부터 일부를 매입하거나, 토지사용승낙서를 받아 진입로를 확보하셔야 합니다. 제가 산 땅처럼 지목이 '제'라서 국유지인 현황도로와 접해 있는 농지라면 맹지여도 차량 출입에 아무런 문제가 없으니 괜찮지만, 타인의 사유지를 가로질러야 진입할 수 있는 농지는 가급적 구입하지 않으시길 권합니다.

구매하려는 농지가 주변보다 많이 낮다면 값이 싸더라도 토목공사 비용까지 고려해서 가격을 가늠하시기 바랍니다. 도로에서 흔히 볼 수 있는 25.5톤 덤프트럭(소위 '앞사바리')에는 습기 있는 흙 기준으로 최대 $17m^3$를 적재할 수 있는데, 적재 불량이나 과적 우려가 없는 적정 적재량은 $12m^3$입니다. 그렇다면 200평의 땅을 1m 높이고자 할(성토) 경우 200평×3.3=660m^2이므로 (660×1)/12=55로 25.5톤 덤프트럭이 55회 운송해야 하는 양의 흙입니다. 성토 비용은 흙 가격과 덤프트럭 운행 차수당 운임과 운행 횟수, 덤프트럭이 부어놓고 간 흙을 퍼서 밭에 고르게 펴고 다지는 평탄화 작업을 마칠 굴삭기*의 1일 임대비용 등에 따라 다양한데, 대략 1m^3당 1만 원으로 어림잡아 보셔도 됩니다.

　　근처 토목공사 현상에서 반출되는 버리는 흙을 받을 수 있으면 흙 가격만큼의 비용을 아낄 수 있으니 팻말에 '흙 받습니다'라는 문구와 연락처를 써놓아 보세요. 그렇게 충분한 시간을 두고 인근 지역의 토목공사 정보를 수소문하시면 좋습니다. 성토 공사 중에는 흙먼지가 많이 날리고 굴삭기의 작업 소음이 있으니, 공사 전에 미리 이장님과 인근 동네 주민분들께 공사 날짜를 알려주시고 덤프트럭이 마을 길을 이용하는 것에 대해 양해를 구하시기 바랍니다.

　　도로와 구매하려는 땅을 연결하는 진입로의 폭이 2.5m 이상이면, 덤프트럭이나 굴삭기, 농막을 운반할 때 사용되는 트럭이나 크레인의 이동에 지장이 없습니다. 다만 진입로 양옆에 장애물(전신주와 전선, 나뭇가지, 옹벽, 담벼락, 건물 처마 등)이 있는지, 들어갔던 건설기계나 차량이 되돌아 나올 수 있는 회차반경이 확보되는지 여부를 미리 확인해야 공사 당일의 낭패를 피할 수 있습니다. 공사 의뢰 전에 미리 경험이 충분한 차량기사님에게 현장 실측을 의뢰하시기를 추천합니다.

　　일반적인 차량이나 건설기계가 진입하지 못하면, 소형 차량과 건설기계로 토공사를 해야 하기 때문에 반일 또는 1일의 추가 공사가 필요할 수 있어 토공사 비용이 상승하게 됩니다. 토공사에는 사람들이

＊ 법률 용어는 '굴착기'이나 '굴삭기'가 더 빈번하게 사용되며, 삽차 기능을 고려할 때 굴삭기가 적절하다는 의견도 있습니다. 최초로 유압모터 방식의 굴삭기를 최초로 개발한 프랑스의 포클랭(Poclain)사의 이름을 영어식으로 읽은 '포크레인'이라고도 불립니다.

석축을 쌓기 위해 주문한 온양석을 내려놓는데 땅이 울리더군요.

생각하는 것보다 많은 금액이 소요되기 때문에 지대가 주변보다 낮거나 차량 진입이 원활하지 않은 땅은 지가(地價)가 낮더라도 배수 등에서 수반되는 불편함이나 성토 비용을 고려하여 평가해야 합니다.

물과 전기의 공급을 미리 고려해야 합니다

넷째, 구매하고자 하는 토지에 상수도를 공급받을 방법을 미리 확인해 보셔야 합니다. 상수도를 연결하는 방법은 크게 네 가지가 있습니다. 1) 지방자치단체가 공급하는 일반수도, 2) 일반수도가 공급되지 않은 지역의 마을에서 주민들이 자체적으로 운영·관리하고 있는 수도시설인 마을 상수도나 소규모 급수시설, 3) 본인 소유의 농지에서 관정을 파서 전기모터로 퍼 올린 지하수, 4) 이웃집의 일반수도에 수도 배관을 연결하기 등입니다.

이들 방법에 대한 구체적인 내용들은 3부에서 자세히 서술하겠습니다. 다만, 땅을 사기 전에 이 땅에 상수도를 어떻게 끌어와야 하는지 확인해 보고, 상수도 공급을 위해 추가적으로 지출될 비용도 미리 염두에 두셔야 합니다.

다섯째, 구매하고자 하는 땅으로 전기를 인입하기 위한 요건과 비용을 따져보셔야 합니다. 한국전력공사의 전기공급약관 제9장 시설부담금의 조문 및 [별표4]를 적용하여 산정한 기본시설부담금과 거리시설부담금의 합계액이 표준시설부담금(소위 '한전불입금')입니다. 거리시설부담금은 2021년 기준으로 공중 공급 시 기준거리 200m, 지중 공급 시 기준거리 50m를 초과하는 매 1m마다 최소 39,000원부터

농사에 꼭 필요한
겨울철 동파 방지용
야외 수전

110,000원의 거리시설부담금이 더해집니다.[15]

　　따라서 구매하고자 하는 땅과 가장 가까운 전신주까지의 거리
를 확인하셔서 예상되는 거리시설부담금 합계액을 미리 따져보시기
바랍니다. 전기 인입 비용은 이러한 시설부담금과 관할 시·군에 전기
공사업체로 등록된 사업자에게 지불하는 인입 공사 비용을 합산한 금
액이 됩니다. 구매하고자 하는 땅이 외진 곳이라 기존 전신주로부터의
거리가 멀어서 거리시설부담금이 너무 높다면, 한전 전력망에 연결하
지 않고 태양광 발전설비와 전력저장장치(ESS: Energy Storage System)를
설치해서 오프그리드(off-grid) 상태로 전기를 사용할 수도 있습니다.
이 내용도 3부에서 설명드리겠습니다.

　도시민들은 전기·가스나 상하수도와 같은 필수적인 사회 기반 시설을 공기처럼 당연하게 생각하기에 농막을 설치하기 전에 이런 것들을 본인이 알아보고 갖춰야 한다는 사실을 간과하기 쉽습니다.

　물론, 상하수도나 전기가 필수는 아니기에 하나도 없더라도 농막을 세울 수 있습니다. 다만 빗물만 받아서 작물이 필요로 하는 물을 충분히 주기는 어려울 수 있습니다. 일시 휴식을 위한 공간인 농막을 쾌적하게 쉴 수 있는 편안한 공간으로 만들고자 한다면, 땅을 매수하기 전에 위에서 말씀드린 다섯 가지를 꼭 확인하기를 당부드립니다.

　이렇게 어떤 땅을 사야 할지 보는 눈을 익혔고, 시간을 두고 돌아본 끝에 마음에 드는 후보지들도 찾았다면 다음은 땅을 매수할 차례입니다.

5장

시골 땅을
사는
세 가지
방법

저와 아내가 밭을 사서 농막을 놓기로 합의했지만, 아직 제가 꾸미려는 공간에 대한 구체적인 구상은 없었습니다. 굳이 급하게 땅을 사야 할 상황은 아니었지요. 저는 서두르지 않고 천천히 후보 지역의 밭 매물들을 알아보기로 마음먹었습니다.

농막보다는 밭을 사기 위해 치러야 하는 비용이 더 많이 들고, 금전적인 부담도 집을 사는 것 다음으로 큽니다. 저처럼 밭을 사는 게 처음이신 분들은 더 조심스러울 수밖에 없죠. 그러니 밭을 구매할 때는 몇 년 정도 시간을 두고 천천히 알아보시기를 권합니다. 땅을 보면서 안목이 생기기도 하고, 한번 사버리면 후회하더라도 되팔기가 힘들며 기간도 많이 걸리니까요.

저는 약 1년 6개월 동안 경·공매, 중개사의 알선, 마을 이장님을 통한 거래 세 가지를 시도해 봤습니다. 기간은 짧지 않았지만, 직장 생활을 하며 주로 주말에 시간을 내서 확인하는 정도라 많은 매물을 확인하지는 못했습니다.

경매와 공매, 그리고 공인중개사를 통한 거래

첫째, 법원경매나 한국자산관리공사의 공매를 통해 보증금을 내고 공고된 토지 매물에 입찰해서 낙찰받은 후 1개월 이내에 낙찰 잔금을 납입하고 토지를 취득하는 방법이 있습니다.

법원경매는 부동산이 소재한 관할 지방법원 및 지원의 경매법정에서 매각 물건에 대한 매수신청보증금과 입찰가를 기재한 기일입찰표를 제출하는 현장입찰 방식으로 진행됩니다. 반면 한국자산관리

공사의 공매는 전자거래용 범용인증서 발급이 필요하지만, 전자입찰 등 공매의 전 과정을 온비드 사이트나 앱을 통해 전자적으로 진행할 수 있어서 편리하지요. 경·공매 낙찰자는 잔금대출을 통해 부족한 매수자금 조달도 가능합니다.

시골은 토지 거래가 빈번하지 않기 때문에 외지인은 지역 내에서 암묵적으로 통용되는 토지가격을 알기 어렵습니다. 그런데 경매와 공매는 시장에서 보여주는 가장 강력한 신호인 '실제 매각가격'을 사법부와 공기업이 투명하게 확인시켜 주고, 매도자의 변덕으로 인한 매물 회수나 가격 인상 요구 등으로 거래가 불발되는 일이 없이 매각 절차가 확실하게 진행된다는 장점도 있습니다.

저는 법원경매와 온비드공매 사이트를 6개월 정도 살펴보면서 제가 원하는 조건에 맞는 매물이 나올 때마다 관심 매물로 등록해 놓고 낙찰가를 확인했습니다. 대략의 가격대를 파악한 후에는, 주말에 아내와 같이 나들이 삼아 차를 타고 경·공매로 나온 토지를 보러 다녔지요.

경·공매 물건 답사는 네 번 다녀왔습니다. 집에서 운전해서 걸리는 시간과 도로의 상태 등을 통해 오가는 길이 운전하기 수월한지 확인할 수 있었고, 마을 주민들을 마주치면서 동네의 분위기도 느껴볼 수 있었습니다. 무엇보다 시골 땅들은 지적도와 실제 현황이 불일치하는 경우가 많다는 사실을 실감했습니다. 그러니 경매나 공매로 입찰하실 분들은 꼭 사전에 현장 답사를 다녀오시기 바랍니다.

제가 법률 지식이 있기 때문에 경·공매를 통해서 농지를 저렴하게 구입할 수 있겠다고 생각했습니다. 그런데 행정수도 이슈로 세종시와 인접해 있는 시·군의 토지가격이 상승하다 보니 경·공매 매물이 잘 나오지 않고, 나왔던 물건도 채무자의 채무이행으로 인해 취소·취하되는 경우가 많았습니다. 또, 지분권 매물이 아닌 150~200평 정도의 토지 매물 자체가 드물게 나오더군요. 그래서 저는 1년이 지난 후에는 경·공매에 관심을 두지 않게 되었습니다.

둘째, 시골 땅을 주로 거래하는 부동산중개사 사무소에서 중개하는 토지를 매수하는 방법입니다. 가장 일반적인 방법이라고 할 수 있지요. 저는 1년 동안 네 곳의 공인중개사 사무소를 통해서 농지 매물들을 추천받았습니다. 드론으로 유튜브 영상을 찍어서 올리시는 분들도 있어서 짬이 날 때마다 제가 관심 있는 지역의 매물들을 훑어보며 대략적인 호가를 파악할 수 있었지요.

그런데 중개사분들은 제가 원형지인 농지 매물이나 구축 농가주택이 있는 대지를 사겠다고 말했는데도, 그런 매물 한두 곳 보여주고는 농지나 임야 등을 개발해서 150~300평씩 구획해 조성한 10~20세대 규모의 전원주택 단지 매물을 추천해 줬습니다. 직장인이 반일 휴가를 쓰고 시간을 내서 매물을 보러 왔는데, 이렇게 원치도 않는 단독주택 단지 부지들만 보다가 귀가할 때가 많았습니다. 그러다 보니 제 시간이 아까워졌습니다.

다만 중개사님들의 설명을 들으면서 아예 관심이 없었던 땅들도 어떤 장점이나 활용 방법이 있는지 알아보는 눈이 생겼고, 저보다 경험 많은 지인과 함께 매물을 보면서 의견을 교환하는 경험들도 유익했습니다. 그러나 제가 원하는 150~200평가량의 농지는 물건의 가액이 1억 원 이하여서 중개수수료 수입도 소액이다 보니 중개사분들이 그다지 품을 많이 들이지 않는다는 느낌을 받았습니다.

저는 마을 이장님을 통해 농지를 샀습니다

셋째, 시골 농지들은 부동산 중개사무소에 매물로 등록되기 전에 마을 이장님을 통해 거래되는 경우가 많습니다. 그래서 저는 주말에 따로 목적지를 정하지 않고, 아내와 같이 후보지로 찍은 지역들을 드라이브했습니다.

2022년 대한민국 가정의 1인당 쌀 소비량이 56.7kg인데,[16] 2021년의 1인당 육류 소비량은 연간 56.1kg으로[17] 거의 비슷한 정도입니다.[18] 그래서 그런지, 시골 마을 주변 곳곳에 축사가 많았습니다. 어린 시절 외갓집 인근에 있었던 돼지 축사의 경험으로 인해 축사 근처는 악취와 파리 때문에 반드시 피하려고 제외하다 보니 괜찮다 싶은 마을은 생각보다 드물었습니다.

다니다가 느낌이 좋은 동네를 발견하면 차에서 내려서 동네를 거닐어 봤습니다. 마주치는 마을 주민분들에게 먼저 인사를 드리고 동네 칭찬을 하면서 이장님 댁이 어딘지 물어보면 다들 친절하게 알려주십니다. 저는 공주시에서 그런 느낌이 좋은 마을을 찾았고, 이장님을 만났습니다.

읍·면의 이장님들은 마을의 대소사는 물론 마을의 어떤 땅이 매물로 나와 있는지 잘 알고 계십니다. 대화를 나누다 보면 이장님이 저 같은 외부 사람들에게 개방적인지 아닌지도 확인할 수 있습니다. 저희가 대화하며 이장님을 살핀 것처럼 이장님도 저희를 평가하는 건

물론입니다. 그러니 마을에 관심이 있다는 걸 예의를 갖춰서 잘 전하시고 서로 연락처를 교환하시기 바랍니다.

　　저는 이장님과 연락처를 교환한 후에 6개월 동안 세 번, 미리 약속을 잡은 후에 가벼운 다과를 선물로 들고 이장님을 찾아갔습니다. 이야기를 나누면서 마을의 현황과 발전을 위한 고민을 들었고, 현재 매물로 나와 있는 농지를 세 곳 추천받았습니다. 아쉽게도 모두 제가 정한 다섯 가지 조건들과 맞지 않는 땅이었습니다.

　　그러다가 네 번째 만남 때 이장님께서 본인이 보유한 626m^2(190평)의 밭을 살 생각이 있는지 제안하셨습니다. 대상지를 두 번 찾아가서 보고, 아내와 지인들의 의견도 참고해서 사흘 동안 고민한 끝에 저는 그 밭을 사기로 마음먹었습니다. 지금까지 봤던 땅 중에서 가장 마음에 든다고 했던 아내의 의견이 결정적이었습니다.

　　결정을 내린 후, 부동산 매매 표준계약서를 2부 출력해 가서 계약서를 작성하고, 이장님에게 계약금 10%(800만 원)를 지급했습니다. 1개월 후에 잔금 90%를 지급하기로 계약서에 명기했지요. 제가 사려는 땅에 벼가 자라고 있었는데, 그 수확물의 소유권에 대해서는 계약서에 명시하지 않았던 터라 며칠 후 구두 특약으로 그해 수확물에 대한 권리는 이장님이 갖기로 정했습니다. 땅을 팔기 전에 심었고 이미 벼 이삭이 패어 있는 상황이었으니까요.

농지 구매 계약을 마친 뒤

　　계약체결 후 저는 곧바로 정부24 사이트에서 다운로드한 농지

취득자격 신청서 양식[19]에서 요구한 정보들을 기재했습니다. 첨부 서류인 주말·체험 영농계획서에는 제가 사는 집과 매수한 밭 사이의 거리가 17km이며, 저와 배우자의 노동력으로 채소와 유실수를 심어 자경(自耕)하겠다고 작성하여 온라인으로 제출했습니다. 따로 지적받은 부분은 없었고, 며칠 후 농지취득자격증명을 발급받았습니다. 제가 밭을 살 때는 농지법에 비농업인이 농지를 취득할 때 농지위원회의 심의를 거쳐야 하는 절차는 없었습니다.

그런데 현재는 농지투기를 막는다는 명목으로 신청인의 직업·영농경력·영농거리가 의무 기재 사항으로 추가되었고, 심사 기간도 종전의 2일에서 7일 이내로 연장되었습니다. 신청인이 서류를 거짓으로 제출할 경우 1차 250만 원, 2차 350만 원, 3차 이상은 500만 원의 과태료를 부과하도록 주말·체험용 영농 목적 농지 소유가 까다로워진 상황입니다. 그러니 신청서와 첨부 서류에 허위 사실을 기재하지 마시기 바랍니다.

저는 계약서에 따라 계약일로부터 1개월 후에 아내와 저의 저축을 털어서 마련한 잔금 90%(7,200만 원)를 지급하고 등기권리증을 넘겨받았습니다. 농지취득자격증명 등 필요한 서류를 미리 준비한 덕분에 잔금 지급 당일에 공주시청에 가서 부동산 실거래가 신고와 함께 농지 취득 시 부과되는 3.3%의 취득세도 납부했습니다. 이후 충남지방법원 공주지원 등기소에서 소유권 이전 등기 신청까지 마쳤는데 서류를 잘 준비해서 서두르면 하루 안에 충분히 모든 절차를 마칠 수 있습니다. 등기권리증은 등기우편으로 송달받았습니다.

6장

내가
밭의
주인이
되었다니….

제가 매수한 밭은 세종시 집에서 직선거리로 약 12km, 주행거리로 18km쯤 떨어져 있습니다. 세종시 서남쪽의 장군면과 연접해 있는 공주시 의당면에 위치해 있지요.

참고로 장군면은 김종서 장군의 묘가 있어 붙은 이름으로 세종특별자치시가 출범하기 전에는 지금은 없어진 공주시 '장기면'에 속해 있었습니다. 직선거리로 약 1km 떨어진 곳에 5세기경 한성 백제 시절 지방 유력자들의 무덤인 수촌리 고분군이 있다는 것 외에는 그리 특별난 점이 없습니다. 약 30여 가구가 거주하는 농촌 마을의 외곽에 있는 밭이었습니다.

저는 5도2촌 생활을 마음먹고 1년 반 동안 처음에는 유명 건축가들의 명작 주택 평면도를 보면서 나름대로 세컨하우스 평면을 구성해 봤고, 구조재와 내·외장재를 골라보며 예비 건축주가 된 양 즐거운 고민에 빠져서 보냈습니다. 나중에 집이 아니라 일시 휴식을 위한 농막으로 만족하기로 마음을 바꾸고서는 주말 체험 농사로 어떤 작물과 유실수들을 재배하고 싶은지 찾아보면서 작물마다 좋아하는 기후와 토질이 다 다르다는 사실을 발견하고 신기했지요.

즐겁기는 했지만, 땅을 사기 전에 이러한 모든 고민은 공상에서 벗어날 수 없었습니다. 땅마다 주어진 조건과 모양이 다 다르니 결국 건물과 농사시설, 유실수를 구체적으로 배치하려면 땅부터 정해야 합니다. 그래서 저는 5도2촌 농막 생활 혹은 주말 세컨하우스 도전에서 땅을 사는 것까지가 절반이라고 생각합니다. 보통은 들어가는 비용 역시 절반 이상입니다.

제가 처음으로 땅을 알아보기 시작한 지 1년 6개월 만에 지금

토지매매계약 잔금을 치렀던 날의 제 밭 풍경(당시엔 논이었습니다.)

의 밭을 샀지만, 그리 많은 땅을 본 것도 아니고, 풍광이 좋거나 구구
절절 자랑할 만한 곳도 아닙니다. 게다가 밭을 취득한 지 3년째인 지금
기준으로 봤을 때 실수한 부분들도 있어서 저처럼 하시라고 추천도 못
하겠습니다. 그래도 저와 같이 시골 땅을 알아보실 분들을 위해서 제
가 매물로 나온 밭을 보고 판단했던 장단점들을 정리해 보았습니다.

제 밭의 장점들

우선 제가 땅을 샀던 2020년에 생각한 이 밭의 장점들을 이동
편의, 이용 가치, 투자 가치의 세 범주로 나누어 보면 다음과 같습니다.

첫째, 집과 밭을 오가는 이동 편의 측면에서 세 가지 장점이 있
었습니다.

— 지적도상 도로와 붙어 있는 부분이 없는 맹지지만 왕복 2차선
지방도에서 밭까지 100m 정도 들어가는 현황도로가 지방하천
의 강둑 위에 콘크리트로 포장된 폭 2.5m(부분적으로 가장자리 콘
크리트가 떨어져 나가서 폭이 2.4m인 곳도 있음)로 만들어져 있어 이
도로부지는 국유지인 '제' 지목의 국유지라 통행이 자유롭습
니다.
— 출퇴근 시간 같은 혼잡한 시간대에도 회사에서 40분 이내, 집
에서는 30분 안쪽으로 걸리며, 늦은 밤이나 새벽에는 20분 만
에 도착할 수 있는 거리입니다. 세종시의 시내 도로를 나와 계

속 중앙분리대가 설치된 23번 국도를 운전하다가 마지막 약 1km 구간만 왕복 2차선 지방도와 차량 교행이 불가능한 현황도로 100m라서 운전하기 수월합니다. 제방길은 주로 경운기나 자전거가 지나다니고, 차량은 1시간에 한 대꼴 정도로 지나갑니다.

— 폭 2.5m의 현황도로 진입로에서 제 밭으로 들어오는 진입로의 폭이 3m 이상이어서 승용차나 1톤 트럭이 전면 혹은 후면으로 출입하는 데 지장이 없었습니다.

둘째, 밭에서 취미 농사를 지으며 휴식하는 이용 가치의 측면에서 다음과 같은 점들이 좋아 보였습니다.

— 인근 지역에서 드물게 반경 2km 이내에 축사가 전혀 없는 도로에서 가까운 평지 밭 매물이었습니다.
— 밭과 제방길을 사이에 두고 남쪽에 정안천으로 합류하는 2급 지방하천이 흐릅니다. 수량이 풍부한 저수지에서 내려오는 덕분에 연중 물이 마르지 않아 모기가 좋아하는 웅덩이가 아니고, 제방길에 마을 주민이 심은 밤나무들이 우거져 있어서 보기에 좋았습니다.
— 남북으로 길게 뻗은 직사각형 모양의 경지정리가 된 밭이라 농막을 배치하고 경작하기 편리해 보였습니다.
— 밭이 외진 곳이 아니라 마을의 외곽에 있고, 상시 거주하는 농가주택 두 채가 바로 뒷집이라 제가 농막을 비웠을 때 도난에

대한 걱정을 덜 수 있습니다.

— 이웃의 두 농가주택에 사시는 70대 노부부들 모두 마을 출신이
시고 이야기를 나누어 봤을 때 점잖으신 성격으로 주말 위주로
찾아올 외지인에게 배타적일 것 같지 않았습니다.

— 밭이 현황도로인 제방길보다 1.5m가량 높아서 물이 하천으로
빠져나가기 쉽고, 서쪽에 붙어 있는 이웃집 밭보다는 2m가량
낮아서 약 500m 거리에 있는 23번 국도에서 상시적으로 발생
하는 차량 소음을 차폐해 줍니다.

— 서남쪽에 붙어 있는 이웃 밭은 저처럼 공주 시내에 사시는 분께
서 몇 년 전에 매수해서 주말·체험 농사를 짓기 때문에, 주말 취
미 농사를 짓는 외지인이 또 오더라도 동네 주민들이 불편해하
시지 않으리라 생각되었습니다.

— 전신주가 밭의 남쪽 입구로부터 10m 거리에 있어서 전기 인입
비용이 절약됩니다.

셋째, 장기적으로 물가상승률 이상의 가격상승 가능성인 투자
가치 측면에서는 한 가지 장점이 있었습니다. 제가 사려는 밭은 공주
시에서도 행정구역상 세종시와 바로 붙어 있는 면 지역입니다. 또 밭
으로 들어오는 100m가량의 제방길 현황도로 지목이 '제'라서 국유지
입니다.

따라서 토지수용으로 인한 토지보상금이 발생하지 않으므로
먼 미래에 현황도로가 지적도상 도로로 바뀔 가능성이 존재합니다. 그
렇게 된다면 농림지역에서 계획관리지역으로 용도지역이 바뀌면서

큰 폭의 지가상승을 기대할 수 있고, 지목을 대지로 변경해서 주택을 신축하는 것도 가능합니다.

제 밭의 단점들

반면에 밭의 단점으로 보인 부분들도 많았습니다. 역시 위의 세 가지 범주에 따라 나누어 보겠습니다.

첫째, 이동 편의 측면에서는 밭으로 들어가기 위하여 콘크리트로 포장된 지방하천 옆 제방길 100m가량을 지나야 하는데, 폭이 2.5미터라 차량의 교행이 불가능해서 다른 차를 마주쳤을 때 한쪽이 후진해야 했습니다.

둘째, 이용 가치 측면에서는 고민되는 부분들이 많았습니다.

— 밭의 지목은 '전'이지만 최근 3~4년 정도 논으로 경작된 관계로 바닥에 진흙이 많아 물 빠짐이 좋지 않았습니다. 농작물과 유실수들이 잘 자랄 수 있게 하려면 물 빠짐이 좋은 흙을 덮고 단단하게 다져야 해서 성토 공사를 위한 비용 지출이 필요했습니다.
— 밭의 지적도상 면적은 190평(626㎡)이지만 현황 경계와 불일치해서 실제로 사용 가능한 면적은 몇 평 더 적어 보였습니다. 하지만 시골 문화상 외지인이 경계측량을 새로 해서 이웃 땅의 소유주로부터 침범당한 부분을 돌려달라고 하기 어렵기 때문에

현황대로 사용해야 하는 상황이었습니다.

— 북쪽 밭과 서쪽 밭을 소유한 이웃분들은 원래 땅에 성토 공사를 한 상황이어서 제가 사려는 밭보다 2m가량 높았기 때문에 이분들은 제 밭을 내려다볼 수 있고, 장마철이나 호우가 내릴 때 제 밭보다 훨씬 큰 두 곳의 위쪽 밭에서 흘러내리는 물로 인해 제가 사려는 밭이 물바다가 될 가능성이 있어 배수 문제 해결이 필요해 보였습니다.

— 밭에서 직선거리로 500m 거리에 음식물 쓰레기를 발효시켜 퇴비로 만드는 처리 시설이 영업 중이어서 늦은 오후부터 저녁 시간대까지 간헐적으로 지독한 음식물 쓰레기 악취가 발생합니다. 이 자원재생회사는 주민들의 지속적인 민원 때문에 타 지역으로 이전하기 위해 이전할 부지를 매수했고, 인허가 절차를 진행 중이라고 하지만 이전이 언제 완료될지도 예측하기 어렵고, 무산될 가능성도 감안해야 합니다.

— 밭이 마을 외곽에 바로 붙어 있다 보니 농가주택 두 채가 밭의 경계로부터 직선거리 약 15m와 50m 거리에 있어서 다른 사람들의 시선에 구애받지 않고 혼자만의 공간을 누리기 힘들어 보였습니다.

— 마을을 관통하는 왕복 2차선 지방도로는 수시로 차량과 건설기계가 다니고 가끔 시내버스도 지나가는데 밭이 도로에서 직선거리로 약 50m 정도로 인접해 있어서 차량이 지나가면 소음이 들리고, 배기가스 매연도 신경이 쓰였습니다.

— 밭이 소위 '원형지'라서 아무런 기반 시설이 없어 상수도와 하

수도, 전기 인입 모두 제가 해결해야 합니다.

— 한 마을 주민이 밭과 붙어 있고 약 2m가량 더 낮은 제방길을 따라 길게 있는 하천부지 점용 허가를 받아 농사를 짓고 있는데, 그렇다 보니 진입로를 빼고는 낮은 하천부지 밭으로 가로막힌 느낌이 들었습니다.

— 근처의 고대 시대 고분군 유적 외에는 평범한 배산임수의 농촌 마을이라 논밭, 농가주택, 낡은 농협창고밖에 없어 경관상 별다른 장점이 없었습니다.

— 제 밭 서남쪽에서 주말 체험 농사를 짓는 분들이 어떤 사람인지 만나보지 못한 상태였습니다.

— 남쪽에 있는 지방하천의 유속이 낮고 물풀이 많아 장구벌레들이 서식하기 좋아 보이고, 천변에 우거진 밤나무 아래는 모기들이 창궐하기 좋은 환경이라 여름과 가을에 모기에 시달릴 가능성이 있어 보였습니다.

셋째, 투자 가치 측면에서 보면 맹지라 농사를 짓고 가설건축물인 농막을 놓는 것 외에 건축행위는 불가능합니다. 인근에 위치한 용도지역이 농림지역인 밭 매물들의 호가가 평당 15~45만 원이고 평균적으로 30만 원대라는 점을 고려하면, 평당 42만 원의 호가는 높은 편이었습니다.

과거의 거래완료 매물 정보를 확인해 보니 인근 지역의 농지 매매가격이 최근 2~3년 사이에 평당 10만 원가량 올라간 상황이라 상투를 잡은 셈이 될 우려가 들었습니다. 게다가 설령 제방길 현황도로

168

가 지적도상 도로로 변경되더라도 밭의 용도지역이 농림지역이기 때문에 개발행위가 제한되어 있고, 건폐율과 용적률 제한으로 인해 유의미한 개발이익을 기대하기는 어렵다고 보였습니다.

고민 끝에 밭의 구매를 결정한 이유

전체적으로 보면 이동 편의 측면에서는 장점이 많은 땅이었고, 투자 가치 측면에서는 가격이 높은 땅이어서 결국은 이용 가치와 관련된 장단점에 따라 판단을 내려야 했습니다. 그런데 제가 단점이라고 꼽았던 것들이 단점이 아닐 수도 있다는 것을 깨달았지요. 또 비용을 좀 들이면 단점을 상쇄할 수 있는 방법도 찾게 되었습니다.

— 저는 무릎관절 건강을 위해서 텃밭 농사는 쿠바식 틀밭을 만들어 그 안에서 지을 생각이었습니다. 그러니 수년간의 논농사로 인해 나빠진 배수와 토질은 어차피 문제가 되지 않았고, 유실수를 심는 부분만 배수가 좋은 마사토로 바꿔주면 된다는 생각이 들었습니다.
— 제방길에서 제가 사려는 밭으로 들어오는 진입로 부분을 빼고, 밭을 가로막고 있는 경작 중인 하천부지는 좋게 생각하면 밭의 울타리 역할을 해주기 때문에 제방길 통행자나 차량으로부터의 사생활 침범을 막아주는 효과가 있습니다. 최근 들어 농약 및 비료로 인한 하천오염 문제로 하천관리청이 하천부지의 점용 허가 갱신을 엄격하게 심사하는 추세입니다. 추후에 경작 중

인 하천부지가 반환되면 약 30~40평의 제방길 옆 국유지를 사
실상 제 앞마당 풍경처럼 쓸 여지가 있습니다.

— 밭은 어차피 제가 상시 거주하는 공간도 아니고 능형망 울타리
로 경계도 나누어져 있습니다. 서쪽과 북쪽의 땅보다 2m가량
낮다는 점은 눈높이가 동일하면 서로 상대방이 집 밖에서 하는
행동들을 관찰할 수 있어서 서로 불편합니다. 그런데 제가 낮은
곳에 있으니 제 시선에서는 이웃 주민들의 행동이 많이 가려집
니다.

— 음식물 쓰레기를 퇴비로 만드는 자원재생회사 직원 및 공주시
청 자원순환과 담당자를 통해서 회사가 이전을 위해 타 지역에
매입한 부지에서 토목공사를 진행 중이며, 인허가 완료 및 공장
시설 건립 후 2022년 초에 이전을 완료할 계획임을 확인했습니
다. 그 정도로 진행이 되었으면 설령 조금 지연되더라도 이전이
아예 무산되는 일은 없으리라고 판단했습니다.

이렇게 저는 땅을 알아보기 시작해 1년 6개월 만에 농지를 매
수했습니다. 이장님과 직거래한 덕분에 중개수수료도 지출하지 않았
지요. 싸게 산 것은 아닌 듯하지만, 밭을 사고 전원주택 건축을 고려하
면서 여러 곳의 땅을 봤던 지인 부부와 두 곳의 전원주택에서 살아보
셨던 분도 밭을 보시고 잘 샀다고 하셨던 걸 보면 나쁘지 않은 거래였
다고 생각됩니다. 토지매매계약을 체결하고 5개월 후 공주시장이 발
표한 도시계획변경고시를 통해, 제 밭의 용도지역이 농림지역에서 생
산관리지역으로 변경되기도 했으니까요.

농촌 주민분들은 대부분 땅이 유일한 재산이다 보니 동네의 토지 매매가격을 민감하게 생각하신다는 걸 나중에 알게 되었습니다. 무리하게 값을 깎아서 샀으면 동네 땅값을 후려쳤다는 험담을 들었을 수도 있었겠죠. 그렇게 생각하니 가격을 깎아서 사지 못한 아쉬움이 해소되었습니다. 마음에 드는 토지 매물을 싸게 살 수 있다면 어떤 방법이든지 상관없겠지만, 매수 금액에 크게 차이가 나지 않는다면 저는 시골 땅을 사는 세 가지 중 세 번째 방법, 이장님과의 거래를 추천합니다.

참고로, 조세특례제한법 제69조에 따라 농지소유자가 주말·체험영농 목적으로 $1,000\,m^2$ 미만의 농지를 취득한 경우에도 농지 연접 시·군이나 농지로부터 30km 이내에서 거주하면서('재촌' 요건 충족), 8년 이상 자경(自耕)한 경우에는 농지를 매도할 때 1년에 1억 원 한도로, 5년에 다른 감면을 합산하여 2억 원 한도로 양도소득세를 감면받을 수 있습니다.[20] 다만 소유자가 농업 외 사업·근로소득이 3,700만 원 이상이면, 자경 기간에서 제외되는 등 감면 제외 요건이 있으니 법령을 확인하셔서 면제 조건을 충족하는 배우자 명의로 취득하시는 것도 좋습니다.

그래서 저는 190평 땅의 주인이 되었습니다

땅을 사고 나서 2년이 지난 지금 돌이켜 보면 제가 우려했던 단점들이 괜한 걱정은 아니었던 것 같습니다. 아래의 네 가지 문제 중 앞의 두 가지는 제가 예상했지만 심각성을 간과했고, 뒤의 두 가지는 제가 땅을 살 때 예상하지 못했던 문제였습니다. 역시 시골 땅을 매수하는 일이 쉽지 않다는 사실을 실감하게 되었지요.

첫째, 2022년 초에 이전을 완료할 계획이라고 했던 자원재생회사는 옮겨갈 지역에서의 주민 민원과 시설면적 확장으로 인해 인허가가 1년 반 넘게 지연되어 2023년 여름까지 이전할 예정이라고 합니다. 남풍이 불지 않는 이상 저와 아내는 저녁 무렵이면 고약한 음식물 쓰레기 냄새를 맡고 있는데, 지자체로 주민들이 신고하기 어려운 휴일이나 18시 이후에는 냄새가 더 심해서 기분 상할 때가 많고 저녁 시간에는 지인들을 초대하기도 망설여집니다.

둘째, 논으로 사용한 농지는 신중하게 생각해 보고 구매해야 한다는 말이 틀린 말이 아니었습니다. 논으로 경작한 기간이 오래되지 않았는데도 논바닥의 진흙 때문에 배수는 물론 지내력(地耐力)이 좋지 않아서 결국 점토질 부분을 굴삭기로 걷어낸 다음 그 자리에 마사토를 깔아야 했고, 토공사 비용이 제가 생각했던 것보다 더 많이 소요되었습니다.

셋째, 제방길에서 제 밭으로 들어오는 진·출입로 옆에 2m가 높은 이웃집 밭의 둔덕이 있다 보니 농막을 내려놓을 때 장애물이 되어 결국 굴삭기를 반나절 불러서 깎아내야 했습니다. 이 과정에서 주말 농사를 짓는 이웃분에게 초면부터 양해를 구해야 했습니다. 토공사를 할 때 25.5톤 덤프트럭이나 7톤 트럭이 회차할 공간이 없어서 이웃집 땅에서 회차하는 바람에 피해를 주기도 했습니다.

넷째, 제 밭의 동쪽에 붙은 땅은 부재지주(不在地主)가 예전에 법원경매로 매수한 후에 마을 주민에게 경작을 위탁해 온 밭으로, 제 땅과 높이가 거의 같았습니다. 그런데 2022년 가을부터 부재지주가 수천만 원을 들여서 토지형질변경 허가가 필요 없는 2m가량의 성토 공사를 꾸준히 진행하고 있습니다.

동쪽 밭의 성토 공사가 완료되면 제 땅은 진입로가 있는 남쪽을 제외한 삼면이 제 밭보다 2m 높은 밭들로 둘러싸여서 답답한 느낌을 받게 되리라 예상됩니다. 이렇게 땅에 대한 고민거리는 여전히 끝나지 않았고, 앞으로도 대처해야 할 문제들이 계속 생길 것 같습니다.

그럼에도 제가 산 밭이 주는 만족감은 결코 작은 게 아니었습니다. 2020년 10월 가을날, 저는 잔금을 치르고 법원에 소유권이전등기 신청까지 마친 후, 제가 산 밭으로 와서 두렁길을 따라 사방을 거닐었습니다. 뉘엿뉘엿 지는 해에서 나오는 낮게 깔린 부드러운 빛이 키를 맞춰 바람에 흔들리는 벼 이삭(당시 벼농사를 짓고 있어서요)들을 비춰주는 풍경을 바라보니 감정이 고조되더군요. 마침 그날이 제 생일이었는데 최고의 생일 선물이었습니다.

청약했던 아파트에 입주해서 제 이름으로 된 부동산 등기권리증을 받았을 때도 기분이 참 좋았습니다. 그런데 건물 한 층의 일부 구역만 구분소유를 하는 것과 땅을 소유하는 것은 취득했을 때의 감회가 다르더군요. 지구 표면적 5억 1,000만km^2 중 겨우 626m^2라는 미미한 면적이지만, 태어나서 처음으로 오롯한 내 땅을 가졌다는 뿌듯함을 경험했습니다.

7장

먼저
좋은
이웃으로
다가가기

현관문을 닫고 나와서 계단이나 엘리베이터 공간만 벗어나면 익명 속에 묻힐 수 있는 공동주택에서는 '층간 소음'이 문제가 될 때나 이웃을 잘 만나는 게 중요하다는 사실을 실감하게 됩니다. 그런데 전원주택 생활자들 사이에는 '최고의 이웃은 없는 이웃'이라는 말이 있습니다. 전원주택에서는 이웃이 있으면 하다못해 집 밖을 나갈 때의 옷차림이나 음악 볼륨, 야외 바비큐 연기까지 신경 쓰게 되니까요.

이런 이유로 전원주택 단지에서는 경사지의 불편함에도 불구하고 대부분 단지의 맨 윗집이 인기가 좋습니다. 그래서 제가 주 1~2회 다녀가는 처지라고 하더라도 뒤늦게 땅을 샀으니, 살고 있던 이웃들에게 먼저 다가가야 한다고 생각했습니다. 이왕이면 맞이하고픈 이웃을 보일 만한 첫인상을 준비해서요.

땅을 사고 며칠 후, 간단한 다과 선물을 준비해서 제가 산 밭의 뒤편 농가주택에 사시는 내외분들에게 각각 처음으로 인사를 드렸습니다. 두 집의 남편분들은 모두 동네 출신의 70대로 농사를 지으시는 분들입니다. 국내 농가 경영주의 평균연령이 67세가 넘고, 70세 이상이 전체 농가의 42.7%로 가장 많은 연령대이니[21] 대한민국의 평범한 농업인이시지요. 연세가 있으셔서 농사를 크게 짓지는 않으시지만 농가주택에 딸려 있는 밭만 해도 제 밭의 두 배는 됩니다.

제 이름과 연락처, 사는 곳과 직업을 말씀드리며 연락처를 교환했고, 이듬해인 2021년 봄에 농막을 가져다 놓고 주말에 취미 농사를 지으려고 한다는 걸 말씀드렸습니다. 지적도와 현황이 맞지 않는 부분에 대해서도 이야기를 나눴는데, 굳이 10평도 안 되는 제 땅을 찾기 위해 2m가량 높은 이웃 밭의 일부를 파낼 생각은 없어서 이대로 사용하기로 했습니다.

　혹시 토지를 매수하고 자기 땅의 경계를 명확히 하시려는 분들은 이웃들과 합의해서 정한 날짜로 경계측량(지적측량)을 신청하시고, 측량일에 모두 입회하신 상황에서 경계말뚝을 표시하시기 바랍니다. 측량 신청은 지적측량바로처리센터 홈페이지[22]에서 온라인으로 신청 가능하며, 예상 비용도 확인해 볼 수 있습니다.

　그래서 저는 밭을 사고 첫 겨울을 보낸 여섯 달 동안 시간이 날 때면 밭에 가서 받기에 부담이 되지 않는 가벼운 먹거리 등을 두 이웃집에 선물하며 이런저런 이야기를 나눴습니다. 물론 나이가 한참 어린 동네 신참자 입장에서 주로 듣는 입장이었고, 예의를 갖추고자 조심하면서요.

　저보다 30년 손위인 분들이셨지만 짤막한 대화를 위한 공통 화제를 찾는 데 어려움이 없었습니다. 제가 땅을 사기 전에 있었던 이 동네 이야기나 이 지역 토질에서 잘 자라고 이 시기에 파종하거나 심으면 좋은 농작물들과 추천하시는 품종들, 도시에 사는 자식들 이야기며, 코로나19 시대에 노인일자리사업의 유용함까지…. 주말에는 아내도 같이 와서 대화 분위기를 더욱 편안하게 만들어줬고요.

새마을지도자 김 선생님과 주말 이웃들

　파트타임 이웃으로 지낸 지 겨우 3년째지만, 그간 제가 서쪽 이웃집에 사시는 새마을지도자 김재범 선생님에게서 얼마나 많은 도움을 받았는지 다 기억하기 어려울 정도입니다.

　미장이라곤 해본 적이 없는 제게 렝가고대(흙손)를 주시면서 벽돌의 앞면이 어디고 어떻게 쌓는지, 주춧돌에 앵커볼트는 어떻게 설치하는지 알려주셨지요. 목공 공구 하나 없던 저 대신에 원형 톱으로 합판을, 위험이 따르는 원형 그라인더로 8인치 시멘트 블록을 잘라주셨습니다. 심지어 제 승용차로 실어 올 수 없고, 운송도 안 해주는 건자재들을 가지고 계신 1톤 트럭으로 여러 번 운반해 주셨습니다. 4m× 5m 크기의 고정식 온실 바닥을 만들 때 수작업으로 콘크리트 기초를 치는 방법을 알려주시며 직접 도와주셨고요.

　제가 시멘트와 모래가 혼합된 레미탈 포대를 사서 쓰는 걸 보시고는, 돈을 아끼라고 1톤 트럭에 모래를 가득 싣고 같이 삽으로 내려주신 덕분에 지금까지도 넉넉하게 잘 쓰고 있습니다. 그 외에 직접 키우신 대파, 쪽파, 양파, 햇마늘, 머위, 애호박, 감자, 고구마, 땅콩, 산수유 열매에 갓 짠 들기름까지 그동안 참 많이도 받아서 먹었습니다. 용접이 필요하면 언제든지 해주신다는 말씀과, 오는 봄에는 포도나무도 파서 줄 테니 가져가라고 하셨죠. 저도 고마움에 답례를 한다고 했지만 직접 시간을 들여서 수고해 주시고, 노하우들을 친절하게 설명해주신 김 선생님의 베풂에 비하면 비할 바가 못 됩니다.

　수십 년 동안 토목과 건축 현장 일을 하셨던 전문가께서 보시기에, 간단한 공구들을 쓰는 법도 전혀 모르고 가르쳐줘도 일머리가 지독하게 없어 실수 연발인 제가 얼마나 답답하셨을까요? 그런데도 "원래 사람마다 다 잘하는 게 다른 법이여. 그래야 나 같은 사람도 먹고 살지."라고 허허 웃으시며 한 번도 짜증을 내지 않으셨습니다. 제가 쭈뼛거리며 도움을 요청할 때마다 흔쾌히 도와주시는 모습에서 가끔은 돌아가신 아버지를 대하듯 마음을 기대게 될 정도로요. 수시로 동네 이웃분들이 찾아오시는 걸 보면 저만 이렇게 느끼는 것은 아닌 듯싶습니다.

　　땅을 살 때는 바로 붙어 있는 이웃이 본인께서 사시는 집과 창고를 직접 지으신 수십 년 경력의 건설 전문가일 줄은 전혀 몰랐습니다. 제 5도2촌 생활의 가장 큰 귀인은 바로 이분, 김 선생님입니다. 제가 밭에 갈 때마다 항상 묵묵하게 일하고 계시는데, 요즘도 볍씨부터 싹을 틔우고 모판도 직접 만들고 키워서 모내기하십니다. 밭에 계시지 않는 날에는 노인일자리사업으로 독거노인 집수리를 해주시거나, 요양보호사 자격증 과정을 수강하실 정도로 부지런하신 분입니다.

　　그간 저는 농촌 출신이면서도 농업인의 소득 안정을 위한 직불금 제도[23]나, 그 외의 각종 농업인에 대한 보조정책 또는 세금감면 혜택의 효과에 대해 의구심이 있었습니다. 차라리 농업에 대한 각종 지원예산을 고령의 농업인에 대한 복지예산으로 돌리고, 가능한 한 많은 농산물을 수입해서 세계적으로 높은 우리나라의 식료품 물가를 낮춰야 한다고 생각했으니까요. 그런데 김 선생님 같은 고령의 농업인들이 일하시는 모습을 보면서 이렇게 고생해서 수확한 대가로 받으시는 농산물 가격이 비싼 게 아니고, 이분들이 국내에서 생산해서 공급하는 농작물들이 없어지면 수입할 때 과연 지금처럼 협상력을 발휘할 수 있을지 다시 생각해 보게 되었습니다.

　　그리고 북쪽 뒷집의 마을 이장을 지내셨던 신 선생님은 과묵하신 분이시지만 농사일과 동네일에 대해 조언을 많이 해주셨습니다. 무엇보다 본인 댁의 공주시 상수도를 제가 같이 쓰도록 허락해 주신 덕

178

분에 지금도 깨끗한 물을 걱정 없이 쓰고 있지요. 농막이 없을 때 본인의 헛간 귀퉁이에 제 상수도 공사용 배관 자재들을 보관해 주셨습니다. 나눠주신 고추지지대로 유실수와 고춧대를 잘 지탱해 줬고, 집에서 딴 홍시와 복숭아 한 무더기를 나누어주셔서 아내와 맛있게 잘 먹었습니다.

공주 시내에 살면서 이웃한 제 밭 서남쪽 언덕 밭에서 어머님과 함께 취미 농사를 짓는 청년 동휘 님도 제 주말 이웃입니다. 토공사를 전문가에게 맡긴 저와 달리 자재를 사서 굴삭기도 부르지 않고 삽질로 집수정(集水井)을 묻은 뒤 배수로를 연결한 근성의 청년이지요. 미적감각도 뛰어나고 공간 배치와 시공 완성도에 대한 기준도 높아서 정원 조경에 관한 책『사쿠테이키(作庭記)』를 남긴 헤이안 시대의 귀족 다치바나노 도시쓰나처럼 느껴졌습니다.[24]

동휘 님이 제안해 주고 직접 알아봐 준 덕분에 저렴한 비용으로 저희 밭들의 경계인 흙 언덕을 예쁜 온양석 축대로 바꿀 수 있었습니다. 공주 시골에서 만난 농사짓는 주말 이웃이 클래식 자동차 소유자인 것도 신기했는데, 제 승용차의 핸들 조향 소음을 듣고, 안에 들어있는 작은 부품인 MDPS 커플링을 직접 교체해 줄 정도로 자동차 정비에 일가견이 있는 능력자입니다.

두 해 동안 이웃들과 겪었던 작은 갈등들

그렇다고 해서 이웃들과 좋게만 지낸 것은 아닙니다. 어쩔 수 없이 이웃분들과 갈등도 생겼습니다. 제가 지난 2년간 밭에서 겪은 갈등은 세 가지가 있었습니다. 앞의 둘은 공장에서 제작한 농막을 무사히 설치하려다 생긴 일이고, 세 번째는 농사를 짓다가 발생했습니다.

첫째, 공장에서 제작한 농막을 운송받기로 결정했는데, 밭의 진입로가 좁아서 크레인이 진·출입할 공간이 나오지 않았습니다. 제 이웃인 동휘 님의 밭은 제 밭보다 약 2m가량 더 높이 위치해 있었습니다. 그 가장자리에는 몇 년을 키운 복숭아나무 네 그루가 있었는데, 이 나무들이 있는 끄트머리 땅을 일부 절토해야 했습니다.

그래서 바로 옆 이웃인 동휘 님께 막 인사를 드리는 초면부터 땅을 깎았다가 복구해 드리겠다는 어려운 부탁을 드려야 했는데, 다행히 불가피한 일이라고 양해해 주셨고 저도 감사를 표하며 답례를 했습니다. 절토했던 언덕은 농막 설치 후에 복구해 드리기로 했지요. 그런데 오가며 동휘 님과 친해지면서 이야기를 나누다가 서로 뜻이 맞아, 비용을 분담해 온양석 석축을 쌓는 것으로 더없이 좋게 결말이 났습니다.

둘째, 제 밭 바로 아래에서 현황도로에 붙어 있는 국유지인 좁고 긴 하천부지를 시로부터 점용 허가를 받아 마을 주민인 어머님과 함께 밭농사를 짓고 있는, 청주시에 사시는 SH 님이 있습니다. 토공사와 농막 설치 때문에 25.5톤 덤프트럭과 크레인이 밭으로 진·출입을 해야 하는데 언덕을 깎아도 진입로 폭이 좁아서 SH 님 모자가 점용 허가를 받아 쓰고 있는 농지 일부를 흙으로 메워서 진입로 폭을 넓히려고 했습니다. 저는 어차피 형질변경허가가 필요 없는 2m 이내의 성토 행위이니 국유지라도 괜찮을 거라고 안일하게 생각했었지요.

그런데 SH 님께서 본인과 모친은 농작물 경작을 목적으로 하천부지 점용 허가를 받은 점유자일 뿐, 국유지에 성토 행위를 허락할

권한이 없다고 일침을 놓으셨습니다. 저를 노모를 꼬드겨 땅을 무단으로 점유하려는 사람처럼 생각하셔서 억울하긴 했지만 타당한 말씀이라 수긍이 되었고, 죄송하다고 사과드린 후 진입로는 폭이 좁은 대로 현재까지 그대로 쓰고 있습니다.

셋째, 제 땅보다 약 2m가 더 높은 김 선생님과 신 선생님 땅에는 2m 높은 가장자리를 기준으로 제 밭과 만나는 경계에 울타리가 쳐져 있습니다. 그렇다 보니 저는 울타리 아래는 제가 쓰는 땅이라고 생각하고 첫해에 호박을 심어서 수확했습니다. 그런데 작년에도 제가 또 언덕 경사면에 호박을 심었더니 두 분께서 점잖게 "높이 차가 나는 밭들은 비스듬하게 경사진 비탈이 생길 수밖에 없고 비탈면도 우리 밭이라네."라고 말씀하셨습니다.

저는 위쪽에 둘러진 경계 울타리 아래쪽을 제 밭이라고 착각했었던 것인데, 첫해에는 아무 말씀 안 하고 참아주셨던 거죠. 미처 몰랐다고 사과드리고 나서 저는 심었던 호박 구덩이를 곧바로 파내서 옮겼습니다. 갈등이라기보다 해프닝에 가깝지만, 저처럼 실수하지 마시기 바랍니다.

여러분의 공사가 이웃에 피해를 준다는 걸 상기하세요

저는 다행히 앞의 세 가지 갈등들을 원만하게 해결했습니다. 하지만 제가 단독주택 건축주가 쓴 십수 권의 경험담을 읽으면서 가장 해결하기 힘들고 마음고생이 많았겠다 싶었던 부분이 이웃과의 갈등이었습니다.

원래 살던 마을 주민의 입장에서 생각해 봅시다. 자기 땅에 붙어 있는 이웃 땅은 잘 아는 마을 사람이 경작할 때만 일하고 가는 농지였습니다. 그런데 낯선 도시 사람이 농막을 올려두고 농사를 짓는다며 1주일에 한두 번 이상 수시로 찾으면서 지인들도 가끔 함께 오곤 하면 종종 마주칠 수밖에 없습니다. 묵묵히 농사일만 하다가 간다고 하더라도 원래 살던 마을 주민 입장에서는 더 좋아졌다고 말하기는 어렵습니다.

독자들께서는 내가 마을 주민들에게 피해를 주는 것도 아니고, 그저 내 땅에서 편하게 쉬고자 할 뿐인데 내가 왜 돈이라도 빌린 사람처럼 마을 주민들에게 먼저 굽히고 다가가야 하는지 의문을 가질 수도 있습니다. 이러한 의문을 품은 분을 위해서 제가 봤던 여러 권의 전원주택 건축기에서 나왔던 이웃과의 전형적인 갈등 사례 부분을 뽑아서 재구성해 봤습니다.

전원주택을 신축하려고 땅을 산 건축주는 주택을 착공하기 전에 나중에 입주하면 이웃들과 집에서 만든 음식도 나눠 먹고, 같이 바비큐 파티도 하는 등 친밀하게 지내겠다는 생각을 하며 이웃들에게 인사를 드립니다. 그런데 아무리 반갑게 인사하며 다가가도 이미 집을 짓고 살던 이웃들 입장에서는 개방감을 주고 텃밭으로 요긴하게 활용했던 공터가 없어지는 아쉬움이 앞섭니다.

겨우 서로 안면을 튼 상태에서 건축주는 기반 공사부터 주택 완공까지 짧게는 3~4개월, 길게는 1년 이상 이웃들에게 공사 소음과 진동, 분진으로 인한 피해를 주게 됩니다. 착공을 하면서 가림막을 치고, 건축주와 현장소장님이 이웃들께 선물로 마음의 표시를 하지만 공사로 인한 불편함을 매일 겪고 있는 이웃들의 마음을 풀어줄 정도는 아니었습니다.

이웃집 벽이 갈라졌는데 그 이유가 주택 신축공사로 인한 진동 때문인지 명확하지 않습니다. 전문가의 감정을 받으려니 감정 비용이 더 나오고, 몇 년 된 담벼락의 자연스러운 하자가 아닌지 의심이 들어서 따져 물었던 건축주는 이웃과 얼굴을 붉히게 됩니다. 그 이후 관할 지자체로 주택 신축 현장에서 발생하는 소음과 비산 먼지에 대한 각종 민원이 접수됩니다.

담당 공무원의 현장 확인과 시정 요구로 인해 공사는 계획보다 늦어지고 비용도 추가로 소요됩니다. 건축주는 민원 대응과 추가 비용 때문에 스트레스를 받고, 늦어진 공기를 단축하기 위한 휴일 공사로 인해 민원은 계속 이어집니다. 마침내 공사는 끝나고, 신축 주택에 대한 사용 승인이 떨어집니다. 그러나 이미 건축 과정에서의 분쟁으로 마음이 상할 대로 상한 건축주는 입주한 후 이웃과 인사도 하지 않고 지냅니다.

신축 전원주택의 건축주도 이웃과 잘 지내려는 의지가 있었고, 이웃들도 특별히 나쁜 사람이 아니었는데도 빈번하게 발생하는 분쟁 사례입니다. 이런 일이 생기는 이유는 새롭게 이웃이 된 토지 매수자와 이미 집을 짓고 살고 있는 이웃 주민들 사이에 친밀감이 형성되기도 전에 토지 매수자가 건축을 시작하고, 공사 과정에서 기존의 이웃 주민들에게 일방적으로 피해를 끼칠 수밖에 없기 때문입니다. 신축 건축주가 집을 건축하는 과정에서 이웃 주민들에게 끼친 피해는 주택이 완공된 이후에 충분히 갚겠다는 마음이라고 해도, 이제 겨우 인사 한두 번 나눈 사이인 이웃 주민들 입장에서는 오자마자 피해만 끼치는 이웃에 대해 호감을 갖기 어렵습니다.

　　민법은 이웃에 주택건축이 이뤄지는 경우 부동산 소유자 또는 이해자 상호 간에 사회 통념상 참을 수 있는 소위 '수인한도(修忍限度)' 내에서는 서로 양보·협력하는 상린관계(相隣關係)에 따라 분쟁을 해결하도록 정하고 있습니다. 하지만 이제 막 이웃이 된 사이에 서로 양보하고 협력해서 좋게 해결하라는 법의 정신은 현실에 잘 맞지 않는 것으로 보입니다. 차라리 공사 기간과 종류에 따라 발생하는 소음·진동·분진 피해를 구분해서 이에 대한 위자료를 선지급하고 민원 스트레스에서 벗어나고 싶은 건축주들도 많겠지만, 소규모 공사에서 이러한 피해의 정도를 측정하고, 서로 만족할 만한 배상액을 산정하기는 쉽지 않습니다.

차분하게 신뢰를 쌓아나가는 일은 중요합니다

　　물론, 제가 산 밭은 주택을 지을 수 없는 땅이고, 이웃 주민들에게 공사로 인해 끼치는 소음·진동·분진 등의 불편이라고 해봤자 상하수도 공사와 성토 공사를 할 때 며칠, 농막을 설치하는 날 하루 정도에 불과합니다. 그래도 기본적인 신뢰를 형성해 둔 상태에서 일을 시작한 것이 이웃과의 관계를 원만하게 시작하는 데 도움이 되었다고 생각합니다. 아내와 함께 땅을 찾아서 이웃 주민분들과 이야기를 나누면 한결 화제도 다양해지고 금세 친숙해진다는 느낌을 받았습니다.

어차피 매수한 농지에 기반 시설과 농막을 어떻게 설치할지 구상하는 시간도 필요하고, 계절적으로 장마철이나 겨울철에는 공사를 진행하기 어렵습니다. 그러니 땅을 사자마자 바로 공사를 시작하는 것보다는 이웃 주민들을 회사 옆 부서의 직장 상사라고 생각하시며 원만한 관계를 형성하기 위한 시간과 노력을 들이시기를 권합니다.

그리고 혹시 마을 주민과 갈등이 생긴다면 직접 시시비비를 따지기보다는 갈등이 생긴 분과 친분이 있는 다른 마을 주민 혹은 이장님을 중재 창구로 활용하시기를 추천합니다. 아무래도 외지인이 다른 마을 주민께 중재를 부탁드리기는 어려울 테니, 이장님께 도움을 청하는 경우가 대부분이겠지요. 5도2촌 생활로 시골의 마을공동체에 한 발짝 걸치는 입장에서 이장님이라는 중재 창구가 있느냐 없느냐는 도시민인 저와 마을 주민들과의 사이에서 생기는 분쟁을 원활히 풀어나가는 데 차이를 낳는다고 생각합니다.

도시민과 농촌 주민들의 세계관 차이로 인한 갈등을 조율하는데 동네에서 가장 익숙한 분도 아마 이장님일 겁니다. 저는 아직 이장님께 갈등 조율을 부탁드린 적은 없지만 이장님으로부터 밭을 산 덕택에 자원재생회사의 이전 일정 등을 수시로 여쭤볼 수 있었고, 상수도 문제를 해결할 때 실제로 도움을 받았습니다.

혹시 이웃 주민의 됨됨이를 살펴보니 외지인에게 심하게 배타적이거나, 지나치게 이기적이어서 내가 좋은 이웃이 되고자 노력할 마음이 들지 않을 수도 있습니다. 그렇다면 매몰 비용이 더 커지기 전에 땅을 팔고 다른 지역의 땅을 다시 찾아보는 것이 현명한 방법이라고 생각합니다. 최소 수년에서 십수 년을 계속 봐야 하는 사이인데 이웃이 마주치고 싶지 않은 사람이라면 5도2촌 생활이 즐거울 수 없고, 고역인 일은 오래 지속할 수 없으니까요.

(Bridge 2)

농지 소유를 규제하는 농지법에서,
농사 체험을 권장하는 치유농업법으로

　도시에 살면서 근교의 밭에서 취미 농사를 지으려고 할 때 가장 어려운 부분이 농지를 취득하는 문제입니다. 마음에 드는 땅을 찾고 돈을 마련하는 일도 쉽지 않지만 앞서 본 것처럼 농지는 농지법에 따른 규제가 많아 돈이 있어도 마음대로 살 수 없습니다. 왜 농지 취득을 규제할까요?

　해방 직후 1945년 말 전국의 농가 206만 호 중에서 지주 겸 자작농은 약 28만 호로 전체 농가의 13.8%에 불과했습니다.[1] 이런 시대적 배경 때문에 1948년 제정된 제헌헌법 제86조는 "농지는 농민에게 분배하며 그 분배의 방법, 소유의 한도, 소유권의 내용과 한계는 법률로써 정한다."라고 명시하였습니다.[2] 1960년에 농가인구가 전체 인구의 72%를 차지[3]할 정도로 절대다수였으니 사회 안정을 위해서도 필요했습니다.

　지주와 소작인의 불평등한 관계를 없애기 위해 농지는 원칙적으로 농사를 짓는 농민들만 소유하도록 한 제헌헌법의 취지는 현행 대한민국헌법 제121조까지 계승되어 왔습니다.

제121조 ①국가는 농지에 관하여 경자유전의 원칙이 달성될 수 있도록 노력하여야 하며, 농지의 소작제도는 금지된다.

②농업생산성의 제고와 농지의 합리적인 이용을 위하거나 불가피한 사정으로 발생하는 농지의 임대차와 위탁경영은 법률이 정하는 바에 의하여 인정된다.

하지만 2021년 기준으로 전국의 농가는 103만 호, 농가인구는 약 221만 명에 불과하여[4] 총인구 대비 농가인구의 비중이 4.3%에 그치고 있습니다. 심지어 40세 미만의 청년 농업인은 지방 도시 한 곳의 인구수 정도인 31만 명에 불과합니다.[5]

그리고 2020년 기준 대한민국의 국내총생산(GDP) 중에서 농림업의 부가가치 기여분은 1.8%에 불과하고 축잠업을 제외한 재배업의 부가가치 기여분은 1%에 불과합니다.[6] 농업의 비중이 미미한 이유가 농업인 개개인의 성실성이나 창의성이 부족하기 때문일까요? 아닙니다. 제가 공주에서 만난 농업인들은 한 평의 땅도 놀리지 않고 연작피해를 피하면서 여러 작물을 최대한 효율적으로 돌려짓기하는 분들이었습니다.

우리나라 농가와 농업이 맞닥뜨린 현실

우리는 대한민국 농가의 고령화 문제를 정면으로 바라봐야 합니다. 2021년 기준으로 15세 이상이고 6개월 이상 농업에 종사한 농가인구 140만 명[7] 중 60세 이상의 농가인구가 108만 명 이상으로 전체의 77.6%를 차지하고 있고, 제가 본 공주의 농촌 마을도 비슷했습니다.

논농사는 거의 모든 과정이 기계화되었지만, 밭농사는 노지와 비닐하우스 모두 여전히 곁순치기와 수확 등을 수작업에 의존하고 있습니다. 평균 경지면적이 1.08헥타르(1ha=10,000m²)에 불과하고, 연간 농축산물 판매금액이 1천만 원 이하인 농가의 비율이 70.3%를 차지하는 상황[8]에서 아무리 정부가 농업용 면세유나 조세감면 등 여러 혜택을 주더라도 현재 농가인구의 3/4을 차지하는 60대 이상의 고령 농민 대부분은 앞으로 10년 후에는 밭농사를 짓기 어렵습니다.

2021년 기준으로 농지가 전체 국토 면적의 19.1%가량을 차지하고 있습니다.[9] 하지만 최근 개정된 농지법은 농지가 부족한 상황도 아니고, 농업인 고령화가 심각한데도 비농업인의 농지 투기를 근절한다는 명분으로 농지 소유와 임대차 요건을 더욱 엄격하게 제한하고 있습니다.

농업기업의 규모 또한 영세합니다. 2020년 기준으로 14,363개 농업회사법인 중 주된 사업이 작물재배업인 회사는 7,011개지만, 50인 이상을 고용하여 작물재배업을 주로 하는 농업회사법인은 21개 사에 불과할 정도로 대규모의 농지에서 기계화를 통해 효율적인 생산과 비용 절감을 도모하는 농업의 산업화는 요원한 실정입니다.[10]

게다가 대한민국은 2020년 기준으로 항공화물 수송량이 세계 4위일 정도로 우수한 항공물류 인프라를 갖추고 있습니다.[11] 반도체나 스마트폰과 같은 수출화물을 싣고 나간 비행기들은 빈 화물칸에 뭐라도 채워서 와야 추가 수입을 올릴 수 있으니 수입되는 항공화물 운임을 저렴하게 받습니다. 덕분에 세계 각지의 신선한 농산물들이 저렴한 비용으로 수입됩니다. 수입 농산물들은 인천공항과 김해공항의 빠른 통관 및 검역 절차를 거쳐서 전국 각지에서 판매됩니다. 고령의 농업인들과 영세한 농업회사법인이 경쟁하기 쉽지 않은 시장 환경이지요.

이런 상황에서 정부와 지자체는 농업의 경쟁력 확보를 위해 65세 미만 세대주를 대상으로 「귀농 농업창업 및 주택구입 지원사업」을 통해 귀농인을 유치하고자 노력하고 있습니다. 2022년의 기준으로 농업 창업 자금으로 최대 3억 원까지, 주택 구입 자금으로 최대 7,500만 원까지 연 2%

의 고정금리로 대출해 줍니다. 귀농인에게 이런 파격적인 대출 혜택을 부여하는데도 불구하고 2021년 귀농·귀촌 인구 515,434명 중 귀농 인구는 19,776명, 귀촌 인구는 495,658명[12]으로 귀농 인구의 비율은 3.8%에 불과한 실정입니다.

도시와 농촌의 관계를 지혜롭게 풀어가야 합니다

물론 농업인 숫자가 줄어든다고 농업생산력이 떨어지는 것은 아닙니다. 농업은 계속 기계화되어 왔고, IT에 익숙한 청년 농업인들이 필요한 자동화 설비도 계속 도입하고 있습니다. 작목반 단위로 협업하고 스마트팜 시설을 통해 인력투입을 줄이면서도 수입 과일들보다 크기와 맛에서 우수한 경쟁력을 가진 품종을 효율적으로 재배해 고급화에 성공한 사례들도 존재합니다. 2021년에 2만 톤이 넘는 국산 배가 미국·대만·베트남 등으로 미화 7,100만 달러 넘게, 약 5천 톤의 딸기가 홍콩·싱가폴·태국 등지로 6,400만 달러 이상, 항공기로 수출되었습니다.[13]

다만 대규모 기업농 육성과 귀농인 유치를 통한 농업육성책이 저출산으로 인한 청년인구 감소와 도시로의 이주로 인한 농업인구의 고령화 문제를 해결하는 데 실패했다면, 이제는 다른 방법을 찾아봐야 하지 않을까요? 도시민들을 대상으로 귀농만 독려하고 귀촌인과 주말·체험영농인 유치에 대해서는 별다른 지원을 하지 않은 채 기존 농어촌 주민과의 관계 형성 문제를 각자의 노력에 맡겨온 지금까지의 정책에 변화가 필요한 시점입니다.

2023년부터 시행 중인 「고향사랑기부금법」은 지자체들이 다른 지자체에 사는 개인들로부터 연간 500만 원까지 기부금을 모금하고, 기부자에게 지역특산품 등 답례품을 제공해서 '관계인구'를 늘리도록 독려합니다.

지방 소멸 위기를 타개하기 위해 발의된 「인구감소지역 발전 특별법안」[14]과 「인구감소지역 지원 특별법안」[15]도 국회에서 논의되고 있습니다.

또한, 복수주소제(지방세 균등 배분, 선거권 선택, 1세대 2주택 불이익 제외), 일본처럼 월 1회 이상 사용 시 별장이 아닌 거주지로 재산세를 산정하여 중과하지 말자는 제안도 있습니다. 경상북도는 2021년 광역지자체 중에 최초로 도시와 지방의 순환거주를 장려하는 인구연결정책인 '듀얼 라이프'[16]를 지방 소멸 시대의 생존전략으로 제시하기도 했습니다. 이런 정책들 모두 공통점이 있습니다. 바로 도시민들이 농어촌과 이해관계를 같이하도록 만들고자 한다는 점입니다.

사람들 대부분은 직업을 바꿀 때 지금까지 전혀 해본 적이 없고, 주변에서 그 일을 하는 사람도 못 봤던 일보다는 자기가 조금이라도 경험해 봤거나 주변 사람이 그 업계에서 일하고 있는 분야를 선택합니다. 전혀 다른 분야로 직업을 바꾸는 경우 지식과 경험이 부족해서 실패하기 쉽기 때문입니다.

정부가 2022년 7월 2,076억 원 규모의 농업정책자금에 대해 1년간 원금상환유예 혜택을 부여할 정도로 기존 전업농가의 경영 부담이 심각합니다.[17] 이런 상황에서 농촌에 살아본 적도 없고 취미 농사 경험도 없는 사람이 농업창업자금 3억 원을 대출받아 5년 안에 수익을 낸 후 매년 원금의 10%씩 대출금을 상환할 가능성이 얼마나 될까요? 농업인을 급조하려는 정책은 귀농 빚쟁이를 늘려 귀농에 대한 사회 전반의 인식을 더욱 부정적으로 만들 뿐입니다.

대부분의 도시민들에게는 생경한 농어촌 마을로 가족의 거주지를 옮기는 귀촌을 실행하거나, 5도2촌 생활을 위해 세컨하우스를 짓는 일은 큰 결단이 필요합니다. 반면에 작은 농지를 매입해서 여가 시간에 취미로 농사를 짓고, 농막에서 휴식을 취하면서 치유농업의 효과를 누릴 수 있는 주말·체험영농은 상대적으로 문턱이 낮습니다. 여기서 농촌에 있지만 작은 도시 공간 같은 쾌적한 '여섯 평 농막'의 소중함이 다시 발견됩니다.

현재의 농지법은 근교의 작은 밭을 사려는 도시민들을 농지 투기꾼이 아닌지 의심하는 입장에서 농막을 규제하고 있습니다. 이런 농막 규제를 가족과 함께 농사도 짓고 쉬다 가려는 주말·체험 영농인을 발굴하고 지원하는 치유농업법의 농막 진흥 정책으로 바꿔야 합니다. 도시민들이 지금 농어촌 마을을 지키고 계신 60~70대 농업인들의 지혜를 전수받을 수 있는 시기가 그리 많이 남지 않았습니다.

도시민들에게 농촌의 경험을 마련한다는 것

저는 직장 문제로 도시를 떠날 수는 없는 도시민이 지방과 가장 긴밀하게 연결될 때는, 그가 적지 않은 돈을 들여 지방에 부동산을 마련했을 때라고 생각합니다. 도시에 내 집 마련을 끝냈고, 적당하게 만족하며 타는 차를 가지고 있으면서 가끔 국내외 여행을 다니는 사람들이 꽤 많을 것입니다. 이들에게 농사를 지을 밭과 농막이라는 공간, 그곳에서의 소중한 경험을 본격적인 농업의 체험판처럼 제공하며 홍보해야 합니다.

요컨대 주말에 농촌의 논밭에서 취미로 농사를 짓는 도시민의 숫자를 늘리는 일이 우선입니다. 도시민들이 농사일의 보람과 농촌 마을의 생활에 대해 알아가며, 마을에 사는 농업인 이웃들도 사귀고 지내면 자연스럽게 농어촌 지역의 문제에 관심을 갖게 됩니다. 또, 주말 농사를 짓거나 귀촌한 부모 세대가 행복하게 지내는 모습을 봐야 자식들이 귀촌이나 청년 귀농을 고려할 가능성이 생깁니다.

더불어 도시민들이 귀촌 생활의 매력을 향유하고, 취미 삼아 주말·체험 농사를 지으며 농업이 자신의 적성과 여건에 맞는지 탐색해 보고자 하는 게 먼저입니다. 이런 사람들을 최대한 늘리는 것이 차후에 진로를 바꾸게 될 때 농사일을 새로운 직업으로 선택할 수 있는 잠재적인 농업인 인력 풀을 확대하는 정책입니다. 도시민의 일부를 주말·체험 영농인→세컨하우스 거주자→귀촌인→귀농인으로 차근차근 포섭하는 것이 지방자치단체가 지방 소멸의 위기에 대처하는 효과적인 방안 아닐까요?

얼마 전 회사를 그만둔 제 아내는 취미 농사에 재미를 붙인 상태입니다. 어쩌면 아내가 제2의 커리어로 농업인을 선택할 수도 있지 않을까요? (앞에서 아내가 보내준 소감문에서 볼 수 있듯, 정말 그럴 가능성이 있습니다!) 제 아내처럼 살면서 농어촌 생활을 경험한 적이 없는 이들에게 노지나 비닐하우스 농사를 지어보면서 농업의 미래를 고민하고, 어떤 작물을 재배하는 것이 자신의 적성과 생활 방식에 맞는지 스스로 확인해 볼 기회를 마련해 주어야 합니다.

꼭 농업인이 되지 않더라도 농촌 환경을 활용한 관광이나 토산품을 이용한 공예와 같은 진로를 택해서 도시와 농촌을 이어주는 역할을 할 수도 있습니다. 귀촌 생활과 주말·체험영농 경험을 통해 농촌 사정을 이해하는 도시민들이 늘어나야 물정 모르는 귀농인들의 투자금과 각종 정책자금 대출을 노리는 사기[18]도 줄어들 수 있습니다.

1983년에 이미 대체출산율이 2.1 이하(2.06)로 떨어진 상황에서도 엄격한 산아제한 정책을 십 년 넘게 고수하다가 1996년에서야 가족계획을 종료했던 인구정책 실패 사례가 농업인 육성 정책에서는 반복되지 않았으면 좋겠습니다.

3부   농막을
          올려놓다

1장

내가
원하는
공간:
Farmacy

자, 앞서 1부에서는 도시 속의 단절된 공동주택에 사는 저와 다른 사람들이 왜 자연 속의 공간을 그토록 바라게 되는지를 적어보았고, 2부에서는 시골의 땅을 산 이야기를 풀어보았습니다. 이제는 제가 원하는 농막을 주문하고 출고받아 밭에 올려둔 이야기를 시작해 볼까 합니다. 아마도 이미 농막에 대해 알고 계셨던 분이라면 가장 궁금해하실 내용입니다.

농막과 밭을 제가 원한 슈필라움으로 꾸미기 위해 어떤 것들을 갖추려고 했는지부터 시작해서 꾸며가는 과정을 보여드리려고 합니다. 어엿한 농막주가 되기 위해 필요한 일들의 순서대로 구성하긴 했지만, 개별 농지의 상황에 따라 순서는 달라질 수 있습니다. 꼼꼼하게 준비한다고 했지만 지금 돌이켜 보면 저도 후회되는 부분이 많습니다.

아직은 저도 초보 취미 농부이기에 4~5년은 더 경험해 본 다음에 생각을 전하고자 생각하기도 했습니다. 하지만 그때가 되면 제 지식과 경험들이 이미 낡아버릴 것 같아 부족하지만 제 생각을 풀어놓고자 합니다. 제가 확인하고 고민했던 사항들과 실패담들이 저처럼 농막을 갖고자 하는 분들에게 도움이 되면 좋겠습니다.

제가 문제없이 잘해낸 부분보다는 후회되는 부분들과 유념하시길 당부드리는 부분들을 참고하셔서 전국 곳곳의 밭에서 더 멋진 농막들이 눈에 띄면 좋겠습니다.

190평의 땅을 어떻게 활용할지 구상했습니다

우선 제가 산 땅을 어떻게 구상했는지부터 말씀드리겠습니다.

196

저는 공주시 농촌 마을 어귀에 있는 190평 면적의 작은 밭을 샀습니다. 저의 주말 체험 영농계획서에 적어보았듯 이 밭은 취미 농사를 짓기 위한 농지이지만, 치유농업을 통해 몸과 마음의 건강을 찾을 수 있는 땅이 되길 바랐습니다. 저와 아내의 자연 속 휴식 공간으로 꾸미려는 목표는 뚜렷했지요.

2부에 나온 것처럼 제가 원하는 용도로 사용할 수 있으리라 생각해서 땅을 샀습니다. 하지만 빈 종이 위에 농막을 놓을 위치나 필요한 설비들의 위치를 정하려니 왜 이 위치여야 하는지 결정하기 어려웠습니다. 내가 밭을 어떤 공간으로 만들고자 하는지에 관한 나름의 개념설계(Concept Design)가 필요했습니다.

독자들께서는 '채소밭 한쪽에 6평짜리 헛간 건물 하나를 놓으면 되는 것 아닌가요?'라고 생각하며 지금 제 구상이 필요 이상으로 거창하다고 생각하실 수 있습니다. 하지만 저는 취미 농사를 지을 수 있는 밭과 농막에 법적으로 허용된 것들을 활용해서, 그곳을 충분히 주말 별장 주택이 부럽지 않은 편안하고 멋진 공간으로 꾸밀 수 있다고 생각합니다. 쉽게 질리지 않고 찾을 때마다 편안한 기분이 드는 공간으로 만들려면 자신의 취향을 잘 알고, 취향을 잘 반영한 공간의 모습을 명확하게 정리할 수 있어야 하고요.

이런 개념설계가 끝난 후에는 일종의 기본설계로 기반 시설과 농막의 배치를 어떻게 할지에 대해, 또 제가 의뢰해야 할 공사의 내용과 선택할 공사 방법 및 예상 비용 등에 대해 공부할 시간도 필요했습니다. 저는 땅을 산 가을부터 이듬해 봄까지 농한기의 6개월 동안을 할애해서 깊이 고민했습니다. 저의 190평 밭은 어떤 공간이 되길 원하며,

앞으로 어떻게 만들어갈 것인지를 구상했습니다.

다음은 제가 산 밭에 대한 개념설계 내용입니다.

집을 나와 차를 타고 시내 도로와 중앙분리대가 있는 국도를 25분 정도 주행하면 농촌 마을 어귀에 있는 제 밭과 농막이 보입니다. 제방길로 차를 몰고 밭 입구로 들어와 잎이 울창한 포도와 다래나무 덩굴 아래에 후진 주차를 하고 내리면, 바로 왼쪽에 $18m^2$의 농막이 있습니다.

차 뒤편에는 $20m^2$의 온실이 있고, 농막과 온실 사이로 들어가면 안뜰 공간이 나옵니다. 안뜰에는 벽돌로 만든 틀밭 주위에 목재로 기둥과 울타리를 엮어 만든 격자 울타리(garden trellis)가 있습니다. 호박, 오이, 참외, 애플수박 같은 1년생 덩굴 작물들이 넓은 잎으로 지붕까지 뒤덮은 채 주렁주렁 매달려 있고, 쾌적한 야외 그늘이 드리워져 있습니다. 밭일을 하다 힘들면 이 그늘 아래에 접이식 의자를 펴고 앉아서 시원한 물 한잔 마시면서 쉬기 좋습니다.

밭 안쪽 중앙에는 외발 손수레가 지나갈 수 있게 1m 간격의 통로를 두고 1m×7m의 5단 벽돌 틀밭이 세 줄 있습니다. 틀밭에는 두 식구가 길러 먹기 충분한 1년생 잎채소, 뿌리채소, 열매채소들이 다양하게 심겨 있습니다. 흔한 검정 비닐 대신에 풀로 멀칭한 텃밭에서 쪼그려 앉을 필요 없이 작업방석(엉덩이 의자)에 걸터앉아 곁순을 따고, 솎아내고, 잡초를 뽑습니다.

사나흘 먹을 만큼의 채소를 수확한 후에 릴 호스로 물을 주면

1시간 이내로 밭일은 끝납니다. 틀밭을 둘러싼 밭의 바깥쪽에는 키
작은 관목인 복분자와 블루베리 나무 열댓 그루와 앵두·살구·자
두·오디 같은 교목 유실수 십여 그루가 말발굽 모양으로 틀밭을 둘
러싸고 있어서 농가주택 뒷마당 같은 아늑한 느낌을 줍니다. 여름
부터 가을까지는 열매를 따 먹는 재미가 쏠쏠합니다.

온실 뒤편에는 암탉 대여섯 마리들이 충분히 뛰어놀 수 있는
널찍한 치킨런(chicken run) 공간이 딸린 닭장이 있습니다. 암탉들이
흙을 헤집으며 지렁이를 찾거나 모래 목욕을 하며 노는 동안 저는
닭장 뒷문을 열고 알둥지에 있는 달걀들을 꺼내 임대료로 가져갑니
다. 대신에 물과 사료를 채워주고 집에서 가져온 잔반, 텃밭에서 잡
은 배추벌레와 노린재, 푸성귀의 안 먹는 부위, 전동예초기로 베어
낸 잡초 더미를 별식으로 챙겨줍니다.

닭장을 청소하면서 나온 닭똥과 베어낸 건초들은 닭장 뒷벽에
붙은 퇴비 발효장에 쌓아놓고 묵히고 있습니다. 부숙이 끝나는 1~2
년 후에 텃밭 거름으로 쓰면 되니 작은 밭이지만 퇴비나 비료를 사
지 않아도 지력이 유지되는 전통적인 자연순환농법으로 농사를 지
을 수 있습니다.

이렇게 몸을 움직이고 나서 화장실과 에어컨 등 필요한 설비를
다 갖춰놓은 쾌적한 농막에서 간단하게 밥을 차려 먹습니다. 식후
에는 이지체어에 앉아서 커피나 차를 한잔 마시면서 책을 보거나,
층간 소음 걱정 없이 볼륨을 높인 음악을 들으며 쉬다가 해 질 무렵
에 달걀과 수확물을 챙겨서 집으로 돌아갑니다.

큰 얼개는 땅을 찾을 때부터 품고 있었던 구성과 비슷합니다. 하지만 이렇게 뚜렷하고 자세하게 정리하는 데 몇 달이 걸렸습니다. 만약 6개월보다 더 길게 준비해서 공간을 설계했다면 들어간 비용도 줄이고 좀 더 완성도 높게 꾸밀 수 있었겠다는 생각이 듭니다. 저도 과거에 그런 감정을 경험했던지라, 밭을 샀으니 빨리 원하는 공간을 가지고 싶은 마음을 충분히 이해합니다. 그래도 구상과 준비 기간은 최대한 넉넉하게 갖기를 추천합니다.

마음의 약국인 농가 정원

이처럼 제가 만들고자 한 슈필라움에 저는 'Farmacy'라는 이름을 붙였습니다. 'farm(농가)'과 'pharmacy(약국)'를 합친 조어(造語)지요. 굳이 영어를 사용하고 싶지는 않았지만 '농약'이란 단어의 어감이 제가 원하는 뜻과 정반대의 의미를 연상시켜서요.

저의 'Farmacy'는 도시민이 근교의 작은 밭에서 기분 좋게 땀을 흘리며 일한 대가로 자기가 먹을 채소를 수확하고, 여름과 가을에는 과일나무에서 열매를 따며, 닭들한테서 달걀을 얻어 가는 놀이 공간입니다. 이렇게 야외에서 놀고 나면 일상에 지친 몸과 마음이 치유되는 농가 정원(farm garden)을 가꾸고 싶었습니다. 농산물을 수확해서 자가소비를 해 식료품비를 줄이고자 하는 일반적인 텃밭의 용도는 부차적이었지요.

「치유농업법」[1]은 치유농업을 활성화함으로써 국민의 건강 증진과 삶의 질 향상 및 농업·농촌의 지속가능한 성장을 도모하기 위해 제정되었습니다. 이 법은 '치유농업(Care Farming 또는 Social Farming)'을 '국민의 건강 회복 및 유지·증진을 도모하기 위하여 이용되는 다양한 농업·농촌자원의 활용과 이와 관련한 활동을 통해 사회적 또는 경제적 부가가치를 창출하는 산업'이라고 정의합니다. 딱딱한 개념이지만, 쉽게 비유하면 식량 생산이라는 농업 본연의 목적보다 원예치료(Horticultural Therapy)처럼 농작물을 가꾸는 일을 통해 경작자의 몸과 마음이 건강해지게 만드는 농업입니다.

앞서 말씀드렸던 것처럼 저는 별다른 운동을 하지 않고 가족력도 있습니다. 게다가 40대 중반은 활발하게 활동해야 하는 시기이며, 직장에서 요구하는 업무 부담이 증가함에 따라 스트레스가 늘어가는 시기입니다. 그러니 지금부터 어떻게 건강을 관리하느냐에 따라 노년기 삶의 질이 크게 좌우될 가능성이 큽니다. 이왕 건강을 되찾기 위해 노력한다면 좋아하지 않는 운동을 억지로 하느니, 제가 좋아하는 편안한 공간을 직접 가꾸고, 농작물을 재배하고 싶었습니다.

계절의 변화에 맞춰 파종·김매기·수확·밭갈이로 휴일에 밭에서 부지런히 몸을 움직이며 땀을 흘리고 나서, 직접 재배하고 수확한 식재료로 요리를 해 먹으면 기분도 좋고 몸이 건강해질 것 같았습니다. 가끔은 지인들을 불러 호미를 쥐여주고 농사일을 권해본 다음에 일이 끝나면 쌈채소와 그릴에 구운 고기로 포식시켜 주고요.

밭과 농막을 심미적으로 완성도가 높으면서 내게 편안한 공간으로 꾸미는 일은 중요합니다. 공간의 크기가 작더라도, 스트레스가 심할 때 거기서 홀로 머물며 다친 마음을 회복할 수 있으니까요. 그리고 언뜻 보면 비슷해 보이지만 판매하는 농막 제품들의 구조나 소재도

제 땅의 지적도와 6평 농막 최초 디자인 (by 엘리펀츠 건축사사무소)

다양하고 대지에 놓을 위치와 방향, 화장실이 배치, 창호의 위치와 크기 등 농막에서도 고민할 부분이 적지 않습니다. 3평의 작은 원룸도 인테리어 공사와 홈스타일링으로 방 꾸미기를 하니 6평 농막은 꾸밀 여지가 더욱 많습니다. 자연 속에 놓는 공간이니 밭이나 주변 환경과의 어울림도 생각해야 하지요.

이렇게 자기가 산 땅을 어떻게 꾸밀지에 대한 구상을 끝냈다면, 가장 먼저 결정해야 할 사항들은 다음과 같습니다. 우선 밭에서 농막을 놓을 장소를 정해야 합니다. 가급적 평평하고 지반이 잘 다져진 단단한 곳이 좋습니다. 보통은 남향, 전망이 좋은 쪽, 아니면 이웃집이 없는 쪽으로 큰 창이 향하도록 배치합니다.

저도 처음에는 이웃집과 시선이 마주치지 않고 시야를 가리는 시설물이 없는 동남향으로 배치하려고 했으나, 밭 내부를 지나는 화장실 배관 면적을 최소화해야 하는 상황 때문에 밭 입구 쪽에 북향으로 농막을 놓게 되었습니다. 농막은 상시 거주하지 않는 공간이라 향(向)을 아주 중요하게 볼 필요는 없다고 생각했고, 지금도 그렇게 생각합니다. 북향 농막에서 지내 보니 빛이 항상 순광(順光)인 장점이 있습니다. 여름에는 내부가 덜 덥고, 대신에 겨울철에는 더 춥습니다.

농막의 배치와 밭의 활용법을 고민해야 합니다

농막을 설치하는 일에 관해선 앞으로 차근차근 말씀드리겠지만, 무엇보다도 이 단계에서는 법령에서 정한 농막의 규격을 준수하는 것이 중요합니다. 농막의 최대 크기인 연면적 20㎡는 어떤 기준으로

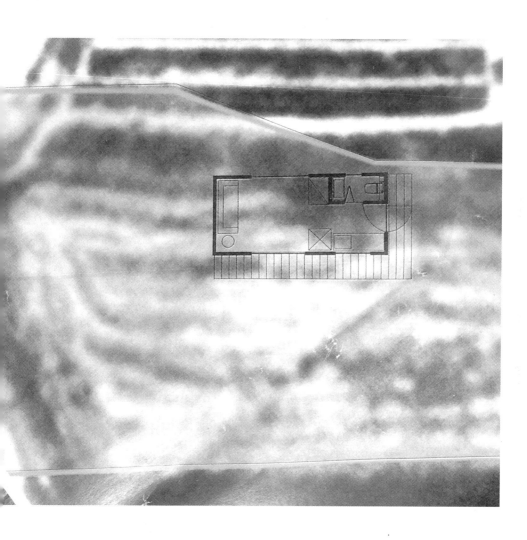

정화조 문제가 생기기 전에 생각했던 6평 농막 배치도 (by 엘리펀츠 건축사사무소)

젤까요? 농막의 연면적을 계산하는 법은 건축법 시행령 제119조를 따릅니다. 따라서 치수는 벽체중심선 기준입니다.

처마나 고정 차양이 1m 이상 돌출되면 건축면적에 산입되고, 다락의 층고(層高)는 평지붕은 1.5m, 경사진 지붕은 최대 1.8m입니다. 규정을 지키면 다락에서 성인은 박공지붕 한가운데서만 겨우 서 있을 정도입니다. 층의 구분이 명확하지 아니한 건축물은 그 건축물의 높이 4m마다 하나의 층으로 보기 때문에 높이는 보통 4m 이하입니다. 공장에서 제작 후 운송하는 농막은 저상 트레일러로 운반하더라도 도로 위 교각 하부로 인한 파손 우려 때문에 최대 층고가 3.9m입니다.

20㎡의 연면적 안에서 어떤 형태로 평면을 구성하는지는 자유입니다. 하지만 공장에서 사전 제작 후에 운송하는 농막은 차로폭 때문에 너비가 3m를 넘으면 안 됩니다. 두 부분으로 나누어 운송한 다음 지붕을 현장에서 따로 접합하는 경우라면 처마를 길게 뺄 수 있지만요. 이것이 건축법에서 허용하고 있는 1m 이내의 처마를 갖춘 농막이 드문 이유입니다. 1m의 처마로는 현관이나 창호로 떨어지는 눈비를 모두 막을 수는 없지만, 여름철 직사광으로 인한 더위를 줄여주는 등 처마가 있으면 여러모로 편리합니다.

또 농막은 가설건축물이므로 농지를 훼손하는 기초 콘크리트 타설을 할 수 없습니다. 그래서 추후에 농막을 철거하면 농지로 복원하기 용이하도록 농막을 설치할 자리에 6~8개가량의 콘크리트 기초석을 놓는 점기초 방식을 사용합니다. 농막을 놓을 부지가 단단히 다져지도록 자갈이나 파쇄석을 까는 경우도 많습니다. 다만 지자체에 따라 농막을 놓을 자리에 파쇄석을 너무 넓게 깔면 걷어내도록 요구하기도 하니 농막을 놓을 자리 주변으로만 포설하시기를 권합니다.*

이렇듯 여러 측면을 고려해서 농막을 놓을 자리를 결정했다면, 이제 자신의 밭을 어떻게 활용할지를 고민할 차례입니다.

저는 수확량에 욕심을 내기보다는 팜 가드닝의 느낌을 주는 시설들을 배치하는 것을 권유드립니다. 이런 시설들이 있어야 주말·체험 농사용 밭이 자가소비용 채소를 경작하는 공간에 그치지 않고, 몸과 마음의 건강을 유지할 수 있도록 도와주는 치유농업의 공간으로 매력을 발휘할 수 있다고 생각해서요. 농지에는 농막 외에 농작물 재배를 위한 고정식 온실과 비닐하우스,[2] 양봉 시설이나 버섯재배사 같은 생산 시설도 설치할 수 있습니다. 이런 생산 시설에는 작물 재배에 필요한 '농자재 및 농산물 보관실, 작업장'도 붙일 수 있습니다.[3]

밭이라고 해서 꼭 밭작물만 키워야 하는 것은 아닙니다. 논이

---

* 기초 콘크리트 타설을 못 하니 농막은 단열에 취약할 수밖에 없고, 겨울철처럼 장기간 농막을 사용하지 않을 때에는 바깥 공기에 노출된 바닥 배관이 동파될 수도 있습니다. 보통 하부 배관에 보온재와 열선을 감는데, 야외에 노출되어 있다 보니 누전 시 열선으로 인해 화재 사고가 발생할 위험이 있습니다. 그래서 상수도 배관을 차단하는 밸브를 설치해서 겨울철에는 물이 흐르지 않도록 해서 동파를 예방하기도 합니다.

장마나 홍수로 흙이 유실되거나 겨울에 땅이 얼었다가 녹으면 부등침하(不等沈下) 현상이 발생할 수 있습니다. 부등침하로 농막의 하중이 한쪽으로 쏠리면 구조체가 파손되거나 휘어질 수 있지요. 그래서 가끔 농막 바닥의 수평이 유지되는지 구슬을 굴려보거나 수평계로 확인하고, 필요하다면 차량용 유압잭과 얇은 철판을 이용해서 수평을 조정해 줘야 합니다. 이처럼 밭에 농막 놓을 자리를 고르는 일에는 많은 주의가 필요합니다. 저도 혹여 생길 부등침하를 막고자 토공사 비용을 지출했고요.

나 과수원으로 바꿔서 자유롭게 사용하는 것은 농지법상 형질변경 허가의 대상이 아니기 때문입니다. 작게 벼농사를 지어봐도 되고, 귀리, 호밀, 보리를 심어 수확해 봐도 됩니다. 주말·체험영농의 정의에 '다년생식물을 재배하는 것'이 포함되어 있으니 일반 조경수만 아니라면 과일나무를 심고 가꾸는 건 아무런 문제가 되지 않습니다.[4]

　　제 주변의 텃밭 농사 경험자들이 4평 정도면 일가족이 먹을 야채는 충분하다고 조언했습니다. 저도 2평가량의 텃밭 농사를 2년 동안 해본 경험이 있어 텃밭은 6~8평 정도로 구상했습니다. 수확한 야채가 너무 많아도 요리해 먹기 곤란하니까요. 텃밭의 면적은 가족의 숫자와 수확물을 나눠줄 지인들의 유무, 집에서 식사를 하는 횟수 등을 고려하셔서 결정하되, 나중에 줄이거나 늘릴 여지를 두는 것을 추천합니다.

　　이상이 제가 밭을 산 후 농막을 계약하고 기반 공사를 시작하기 전에 확인했던 사항들입니다. 덕분에 밭을 사고 2년 동안 꾸며온 제 슈필라움 'Farmacy'에서 별다른 사고는 없었습니다. 아직은 유실수들이 어리고, 온실 앞쪽에서 다래와 포도나무가 타고 올라갈 수직 울타리는 만들지 못했습니다. 수직 울타리는 훌륭한 야외 그늘 공간을 선사해 주기도 하는데, 급하게 서두를 일은 아니지만 한여름이면 주차해 놓은 차가 불덩이처럼 달궈지니 올해 만들어보려 합니다.

　　인테리어와 달리 야외에 있는 공간인 밭은 완성이랄 게 없습니다. "시간의 흐름에 따른 자연의 변화가 오롯이 느껴지는 정원이야말로 잘 만든 정원이고 그 변화가 궁금해서 또 가고 싶어진다."[5]라는 말처럼요. 어린 과일나무들이 몇 년 후 키가 자라고 풍성하게 가지를 뻗으면 제가 원했던 모습의 공간에 가까워질 것 같습니다.

　　제가 1부에서 꿈꿨던 자연 속 공간을 만들기 위해 2부에서 선택한 밭을 샀습니다. 단점도 많은 땅이었지요. 그래서 제가 산 밭의 여건을 고려해서 땅이 가진 단점들을 극복해야 했습니다. 이제 3부에서는 이 밭을 앞으로 십 년 이상 다양한 작물과 유실수들을 가꾸면서 정원 일을 하듯 즐겁게 농사지을 수 있는 공간이 될 수 있도록 제가 했던 일들을 말씀드리려고 합니다.

　　다음 장부터 제가 190평의 밭에 농막을 올려놓은 후 도시의 30평 직사각형 모양의 공동주택에 살면서 갖지 못한 슈필라움으로 만들어갔던 과정들을 순서대로 말씀드리겠습니다. 그 시작은 전혀 생각하지도 못했던, '땅을 단단하고 평평하게 만드는 일'부터였습니다.

2장

무른
땅을
단단하게
다지는 일

농지가 평탄하고 자연 다짐이 잘되어 있다면 단단할 테니 농막을 그대로 올려놓으면 됩니다. 하지만 그렇지 않다면 신경 써야 할 사항이 늘어나는데요. 농작물 재배, 농지의 지력 증진 및 생산성 향상을 위한 객토나 정지(整地) 작업인 경우, 국토계획법령[6]의 개발행위허가가 없이도 높이·깊이 2m 이내로 성토·절토가 가능합니다. 앞서 언급했던 비용 문제로 저는 제 밭의 성토 높이와 면적은 최소화하기로 마음먹었습니다.

농막을 들여올 때 고려해야 할 변수는 이것 말고도 더 있었습니다. 현황도로에서 제가 산 밭으로 들어오는 길 한쪽에는 이웃 밭 언덕이 있고, 현황도로의 천변 쪽에는 수령(樹齡)이 수십 년 된 밤나무들이 심겨 있었습니다. 그래서 공장에서 제작한 농막을 무사히 밭에 설치할 수 있을지 확인이 필요했습니다.

농막을 안전하게 운송해서 설치하고, 설치 후에도 지반침하나 부등침하가 없게 하려면 어떤 토공사가 필요한지 가장 잘 아는 전문가는 누구일까요? 다년간 수십 채 이상의 농막을 설치해 본 크레인 기사님이나 농막 제조사의 경험 많은 임직원입니다. 책임감 있는 농막 및 이동식 주택 제조사들은 농막의 출고부터 농지까지의 이동 동선과 설치하는 데 문제가 없는지 포털 지도의 로드뷰 기능과 현장 사진을 통해 확인해 주고 있습니다.

수천만 원을 주고 구매한 농막을 진입로나 농지 지반 문제로 설치하시지 못하는 참사는 상상만 해도 끔찍한 일입니다. 그러니 농막을 사기 전 농막 제작사에 농지의 지번을 알려주시고, 농막의 운송과 설치에 문제가 없는지 반드시 물어보시기 바랍니다. 농지로 진입하는 현황도로가 차량 한 대만 겨우 지나갈 정도로 좁다면 도로의 폭을 줄자로 재보고 전선이나 장애물의 존재까지 미리 알려주셔야 합니다. 물론 현장 확인이 가장 좋습니다.

논으로 쓰였던 밭의 지반이 말썽이었습니다

제가 계약한 농막 제조사는 대표님이 제 밭에 와서 직접 보고 확인해 주셨습니다. 현장 확인 때에 크레인 차량이 제방길에서 90도 각도로 선회해서 밭으로 들어올 때 밭 입구 오른쪽에 있는 2m 높은 이웃 밭의 언덕이 장애물이 되니 조금 깎아야 한다고 하셨습니다. 어느 정도 깎아야 하는지는 설치작업을 맡아주실 공주시의 크레인 기사님이 오셔서 현장을 보시고 쇠말뚝으로 표시해 주셨습니다. 1부에 나왔던 동휘 님과의 에피소드를 기억하시나요? 농막 설치를 위해 이웃 밭의 가장자리를 깎아내는 일은 동휘 님의 양해를 받아 잘 해결되었지요.

그런데 농막을 놓을 현장에서는 그보다 더 큰 문제가 발견되었습니다. 두 분 모두 제 밭이 논으로 쓰였던 곳이라 지반이 매우 무르다고 하셨습니다. 최소한 밭 입구 쪽의 크레인 작업 공간(다리를 내려놓는 공간 포함)에라도 마사토를 15cm 이상 깐 다음, 그 위에 잡석이나 파쇄석을 깔아달라고 요청하셨습니다. 그렇게 하고 한동안 비가 오지 않아서 단단해진 상태면 크레인이 농막을 들어서 밭에 내려놓는 것이 가능하다는 의견을 주셨습니다.

제가 산 밭은 지목은 '전'이지만, 최근 3~4년 동안 논농사를 지었기 때문에 물 빠짐이 좋지 않은 진흙 바닥 상태였던 것을 모르진 않

논으로 쓰였던 땅이라 배수가 제대로 되지 않던 상태

았습니다. 그래도 성토 공사에 작업자를 섭외하고 예상 못 했던 토공
사비를 지출하는 것이 부담돼서 이 공사를 꼭 해야 하는지 궁금했습니
다. 그래서 알고 지내던 엘리펀츠 건축사무소의 이양재 건축사님께 다
시 한번 문의를 드렸습니다. 건축사님은 3월이면 해빙기라서 그대로
흙을 성토하게 되면 밑에 낀 진흙이 해빙되면서 침하가 일어날 수 있
으니, 자연 다짐 기간이 부족해지더라도 4월 이후에 성토할 것을 추천
하셨습니다.

　　그리고 현장을 확인하시고는 논으로 썼던 땅이라 땅바닥이 찹
쌀떡처럼 말랑말랑해서 이 상태에서 마사토나 파쇄석을 깔아봤자 진
흙 아래로 파고들어 간다고 지적하셨습니다. 찾아보니 땅이 무게를 견
딜 수 있는 지내력(地耐力: ton/㎡)이 1㎡당 100톤 이상을 견디는 경암반
부터 비가 오면 죽사발처럼 되는 점토질까지 허용 수치가 참 다양한
데, 안타깝게도 제가 산 밭은 황토와 뻘흙이 섞인 점토질이었습니다.

　　그래서 제안하신 방법은 지내력이 약한 표면의 진흙을 긁어내
서 버리고, 긁어낸 부분을 지내력이 훨씬 강한 마사토와 파쇄석으로
바꾸는 '치환공법'이었습니다. 공사를 안 할 수 있는 방법이 있나 했는
데 추가 공사를 더 해야 한다고 하실 줄은 몰랐지요. 치환공법으로 표
면의 흙을 바꾸더라도 제 땅의 서쪽과 북쪽에 있는 밭들이 2m 더 높아
서 그 밭에서 흘러나오는 물들이 제 땅에 고이는 구조라 배수도 해결
해야 한다고 하셨습니다.

　　배수 문제를 해결하기 위하여 건축사님이 제안해 주신 방법
은 세 가지였습니다. 첫째, 굴삭기로 밭에 깊게 배수로를 파서 둥근 관
에 작은 구멍이 많이 뚫려 있어 흙 속의 물이 스며들어 흘러 나가게 하

는 유공관(有孔管)을 묻는 방법입니다. 둘째, 제 땅보다 높은 양쪽 밭 가장자리에 PE 재질의 측구수로관을 이어 붙여서 위에 있는 밭에서 흘러 내려오는 지표면의 빗물이 밭 입구를 거쳐 하천으로 흘러 나가게 하는 방법입니다. 셋째, 군데군데 움푹 팬 집수정(맨홀)에 모인 빗물들이 땅속에 얕게 묻힌 배관을 타고 밖으로 흘러 나가는 표면배수 방식인데 측구수로관보다 미관상 낫기 때문에 전원주택에서 사용한다고 합니다.

저는 당초 농막 바닥만 조금 단단하게 보강해 주면 크레인이 밭 입구에서 다리를 내리고, 주춧돌 자리 위에 농막을 내려놓을 수 있으리라 생각했습니다. 그런데 지내력 확보를 위한 치환공사에 배수공사까지 조언을 받으니 머리가 어지러워졌습니다. 주택을 짓는 것도 아닌데 농막 하나 내려놓자고 농지에 이렇게까지 토공사를 해야 하나 싶기도 했습니다. 그렇지만 비용을 아끼기 위해 이런 토공사를 생략했다가 농막이 기울어지거나 땅속으로 가라앉고, 또는 사다 심은 유실수 묘목들은 몇 년을 못 버티고 뿌리가 썩어서 죽어 나가지 않을까 우려도 되었습니다.

농막이 가라앉거나 기울어지는 일을 피하기 위해

결국 저는 토공사 비용이 많이 들더라도 전문가의 조언을 따르기로 결정했습니다. 농막을 설치한 다음에 지반과 배수가 문제 되면, 농막이 한쪽으로 쏠리거나 구조가 파손되고 밭도 다시 헤집어야 하는 상황이 되는데 이런 최악의 결과는 피하고 싶었기 때문입니다.

그래서 토공사는 논으로 쓰였던 밭 중에서 크레인이 하차 작

석축을 쌓는 굴삭기. 굴삭기는 정말 위대한 만능 건설기계입니다.

업을 하고, 농막과 고정식 온실을 설치할 공간인 100평가량으로 줄이고, 논바닥의 뻘흙을 백호로더(Backhoe Loader)로 40cm가량 긁은 다음, 긁어낸 자리를 물 빠짐이 좋아 식물이 잘 자라는 마사토로 채웠습니다. 또 농막을 놓을 자리에는 25.5톤 덤프트럭 한 대 분량의 파쇄석을 깔았습니다. 전폭이 2,495mm인 덤프트럭이 폭 2.5m인 제방길로 무사히 들어와서 파쇄석 한 차를 내려놓고 후진해서 나가는 모습을 보며 기사님의 운전 솜씨에 경외감이 들더군요. 유압실린더가 적재함을 덤핑 최대 각도인 50도로 기울여서 실어 온 파쇄석을 부어놓을 때의 진동과 웅장한 모습이 가까이서 보니 장관이었습니다.

다음에는 굴삭기가 쌓여 있는 파쇄석을 버킷에 담아 약 50cm 높이로 고르게 깔았습니다. 그러고는 그 위로 올라가서 앞뒤로 여러 번 움직이며 바퀴로 눌러 다진 후에, 다짐 작업용 버킷을 바꿔 달고서 파쇄석을 꾹꾹 두드려 바닥을 누르더군요. 이 다짐 작업으로 파쇄석이 흙 속을 파고들고, 공극(空隙)이 없어지면서 20cm 높이로 낮아졌습니다. 저는 미처 몰랐는데 작업의 특성상 소음이 많이 났습니다. 옆에 이웃집이 있다면 미리 마을 분들의 양해를 구하시기 바랍니다.

다짐 작업을 했더라도 흙 속의 공극이 원래 있던 주변 땅보다는 많이 남아 있고, 중력의 영향을 받아 시간이 지날수록 땅이 단단해지고 자리가 잡힙니다. 그래서 토공사는 가급적이면 일찍 마치고 농막을 설치하기 전까지 자연 다짐 기간을 길게 갖는 것이 좋다고 합니다. 땅을 사고 바로 농막까지 주문하려면 지출 부담이 커지니, 토공사만 끝내고 자연 다짐이 될 때까지 기다리면서 농막을 구매할 자금을 모으시길 권합니다.

토공사로 지내력을 충분히 확보해 준 덕분에 두 번의 겨울을 나는 동안 농막은 전혀 가라앉거나 기울지 않았습니다. 토공사 전에는 비가 많이 오면 밭 표면에 물이 흥건하게 고여 있었는데 공사 후 물 빠짐이 잘되는 모습을 보면서 배수 효과도 확인할 수 있었습니다. 무엇보다 농막을 안전하게 설치할 수 있었고, 지반침하를 걱정하지 않아도 되는 마음의 평화를 얻었습니다.

토공사를 해보니 농지 중에서 왜 밭이 논보다 비싸고 인기가 있는지 이해할 수 있었습니다. 모내기를 하는 벼농사의 특성상 논은 주변보다 낮고, 지내력이 약합니다. 또 배수가 좋지 않아 성토, 지반과 물 빠짐의 문제를 해결하기 위한 토공사 비용이 클 수밖에 없습니다. 그러므로 만일 논을 매수하실 경우 그대로 벼농사를 지을 예정이 아니라면, 토공사 비용을 미리 추산해 보시기 바랍니다.

3장

어떤
농막을

사야 할까요

농막이 문제없이 운송되고 설치될 수 있도록 땅을 준비했으니 설치할 농막을 알아볼 차례입니다. 농막을 제작하는 방법은 두 가지로 구분되는데, 주택처럼 현장에서 시공하는 방법과 공장에서 제작한 후에 트럭이나 저상 트레일러로 출고하는 방식이 있습니다.

공장에서 제작한 농막 제품은 중고로 판매하거나 다른 땅으로 옮겨서 사용할 수 있어 대부분 후자를 선택합니다. 농막은 기초 타설을 할 수 없고, 규모는 작지만 집에 필수적인 요소들은 모두 있어야 합니다. 그래서 일당을 받는 각 분야별 전문 건축 인력이 각 공정별로 투입되어야 하는 현장 제작의 이점이 적습니다.

2021년 봄, 저는 이양재 건축사님에게 요청해서 일반적인 경량목구조 단독주택 수준의 품질로 박공지붕에 연면적 $18\,m^2$인 농막의 시공 견적을 받아보았습니다. 그때 시공 견적 금액은 약 3,800만 원으로, 평당 600만 원이 넘었습니다. 전원주택도 기준 평수인 30평보다 집이 작아질수록 평당 시공비가 올라가니 이해가 가는 견적입니다. 이후 원자재 가격과 인건비가 올랐으니 지금은 더욱 높아졌으리라 추정됩니다. 과연 실력 있는 목수와 공정별 전문가들이 이런 작은 공사를 하러 공주의 시골 마을까지 와주실지는 의문이었지만요. 다만 트럭이나 트레일러로 운송할 수 없는 위치의 농지에 농막을 설치하려면 현장 제작이 불가피합니다.

시간과 기술, 체력이 된다면 농막을 자신이 직접 현장에서 제작할 수도 있습니다. 목공 기술이 있다면 경량목구조 방식으로 대부분의 공정을 혼자서 해낼 수 있습니다. 규모만 작지 제작 과정은 주택과 거의 동일하니, 추후에 목조주택을 직접 건축할 의향이 있다면 비용도 절감하면서 실습 경험을 쌓을 수 있습니다.

목공 기술이 없거나, 직접 전부 제작할 엄두가 나지 않는다면 셀프 시공을 도와주는 LEB공법(Lightweight pre-Engineered Building)도 있습니다. 설계도의 치수에 맞춰 절단한 채로 배송받은 아연도각관들을 브라켓과 볼트로 조립해서 경량철골 구조를 짠 다음, 벽체와 지붕에 샌드위치패널을 부착하고 틈새에 우레탄폼을 분사하여 직접 농막의 뼈대와 지붕·벽체를 만들 수 있습니다.

저는 목공 기술은 물론 직접 제작할 시간적 여유가 없었고, 셀프 시공을 했을 때의 품질에도 자신이 없어 고려하지 않았습니다. 또 중고 농막을 구매해서 이전, 설치하는 방법도 가능한데 저는 작은 공간인 만큼 제 취향에 맞춰서 꾸미고 싶었기 때문에 이 방법도 선택하지 않았습니다.

치열하게 경쟁하는 농막 제조업 시장

농막의 구조는 컨테이너, 경량철골조, 경량목구조, 황토벽돌 조적조, 한옥과 같은 중목구조 등 다양하며, 공장에서 제작되는 제품들은 상·하차와 이동 과정에서 구조에 가해지는 충격을 감안하여 복합 구조를 사용하기도 합니다.

각 구조 방식에 따라 장단점이 있다지만, 기밀성과 방수성, 내구성을 확보할 수 있도록 충분한 성능이 갖춰진 자재를 정석대로 시공하면 통상적인 농막의 용도에는 문제가 없다고 합니다. 물론, 건축 분야의 문외한이 어느 제조사가 저품질의 자재를 사용해서 비용을 아끼고, 마감하면 눈에 보이지 않는 부위를 정석 공법대로 시공하지 않아 제작 기간을 줄이는지 파악하기 어렵습니다.

반면에 공장에서 사전 제작 후 출고하는 이동식 주택 제조회사들은 1년에 수십 채 이상의 거의 유사한 농막을 제작합니다. 직원들은 이직하더라도, 회사 내부에는 주문 제작과 하자보수를 통해 축적한 설계와 시공의 노하우들이 쌓이게 됩니다. 게다가 농막과 이동식 주택 시장은 건축사의 설계도면이나 건설업 면허가 없이 제작·판매할 수 있습니다. 그래서 수많은 회사들이 소비자들의 선택을 받고자 계속 새로운 시도를 하며 다양한 가격대의 제품을 제작·판매하고 있습니다.

농막이나 이동식 주택 제조사 업자들이 개인사업자나 영세한 중소기업이라 어차피 다 비슷하다고 생각할 수 있습니다. 하지만 치열하게 경쟁하는 수주산업에서 한두 명이라도 더 많은 인력을 고용하고, 조금 더 높은 매출액을 꾸준히 올리기는 쉽지 않습니다.

연평균 제작 및 출고 건수와 매출액, 고용인원 등은 회사가 시장에서 경쟁자들과 차별화되는 역량을 보유했다는 신호입니다. 그렇기 때문에 농막 제조사들은 자사가 제작한 농막 모델의 특장점과 출고 실적들을 구매자 후기와 함께 홈페이지나 여러 SNS 플랫폼들을 통해 홍보합니다. 영업장이 고정되어 있고 회사의 평판이 중요하기 때문에 구매자가 제조물에 대한 하자담보책임을 추궁하기도 쉽습니다.

저는 국내 농막 제작사를 알아보면서 성실하게 분투하며 소비자들의 선택을 받고자 하는 여러 회사들을 만나게 되었습니다. 컨테이너를 기반으로 950~1,750만 원의 저렴한 가격대에서 직접 다양한 목공 작업까지 해서 출고하는 'S컨테이너사(社)'의 젊은 대표님, 주문받은 모델별로 매일 수행된 작업 내용들과 시공 사진을 온라인 카페에 개설된 주문자별 비밀게시판에 업로드해서 주문자들이 작업 내용을 확인할 수 있도록 하는 'D하우징' 대표님이 특히 인상적이었습니다. 정보 비대칭이 심한 단독주택 설계·시공 시장과 달리 제조업인 농막용 이동식 주택 시장은 치열한 완전경쟁 시장이었습니다.

 공장에서 제작 후 출고되는 국내 농막 제품군은 가격대가 천차만별입니다. 3m·6m 규격의 컨테이너에 단열작업 없이 출입문과 창문을 만들고 기본적인 내장 마감을 해서 공사장 사무실이나 경비초소 용도로 200~300만 원에 판매되는 저렴한 제품부터, 유명한 건축설계회사가 설계하여 주택으로 인허가를 받을 수 있도록 설계도서까지 제공하는 위탁생산 제품은 8,000만 원이 넘기도 합니다. 그런 농막에는 빌트인 가전제품들도 모두 갖춰져 있지요.

 제가 이동식 주택에 대해 처음으로 관심을 가졌던 때에는 제조회사들이 판매하는 농막의 중위 가격이 대략 1,500~2,000만 원가량이었습니다. 그 후 2022년에는 주로 판매되는 농막의 가격이 2,000~2,500만 원 정도로 올라갔다고 느껴집니다. 자재비와 인건비 상승으로 인해 제작 비용이 증가한 영향도 있겠지만, 소비자들이 디자인과 쾌적성을 중시하면서 단열 능력과 내외장재, 전기공사 등에서 요구하는 수준도 높아졌기 때문입니다.

제가 고른 최종 후보들

 여러 가지를 따져본 끝에 제가 농막용 이동식 주택으로 구매를 고려했던 최종 후보 모델은 세 가지였습니다.

첫째, 유명한 건축설계회사의 자회사로 서울에 있는 A사가 2018년에 출시한 모델이었습니다. 이 제품은 거실, 화장실과 주방, 외부 발코니로 구성된 연면적 19.8㎡의 이동식 주택 모델이었습니다. 유일하게 건축사가 설계한 공간이라는 점은 매력적이었죠. 주택으로 허가받아도 문제없도록 국내 건축기준을 준수했고, 모든 가전제품들이 갖춰져 있는 상태로 출고된다는 점, 비어 있을 때가 많은 농막의 특성을 고려하여 추가 비용을 부담하면 깔끔한 디자인의 철제 보안 문이 선택 가능하다는 점이 장점입니다.

다만 타사 고급형 모델의 두 배 이상으로 책정된 가격, 크기가 19.8㎡라서 공주시 행정해석에 따라 정화조와 배관 면적을 감안하면 18제곱미터 이내로 길이 축소가 필요한 점, 제품의 제조를 A사가 직접 하지 않고 이동식 주택 제작회사에 위탁하고 있는 점 등이 마음에 걸렸습니다.

둘째, 2020년에 경북 영천시에서 창업한 B사의 경량목구조 모델입니다. B사의 시제품 모델은 지붕까지 목재로 마감했지만, 스테인 칠 등 관리 편의를 위해 이후 모델은 지붕을 컬러강판으로 변경했습니다. 저는 이 모델의 수려한 외장과 깔끔한 마감이 마음에 매우 들었습니다. 다만, 신생 제조사이다 보니 아직 충분한 업력이 쌓이지 않아 시행착오가 있을 수 있다는 점이 마음에 걸렸습니다.

셋째, 2013년에 창업했고 전남 함평군에 있는 C사의 대표 모델이었습니다. 제가 알기로는 우리나라에서 처음으로 일반 목조주택 수준의 농막을 제작한 회사로, 온라인 쇼핑몰에 입점하여 각 모델별 판매 가격을 명확히 제시하고 있습니다. 대표 모델의 외장재는 삼목사이딩, 지붕은 컬러강판이며, 내부 벽은 자작나무 합판으로, 바닥은 원목 마루로 마감하였습니다.

C사의 대표 모델은 최근 2년간 매년 50채 이상 주문자들의 요청에 따라 다양한 평면으로 제작되었더군요. 건축가와 디자이너 부부인 공동대표 두 분이 공장 내부에 설치된 자사 모델들을 사무실 겸 주거 공간으로 실제 사용하며 불편한 점을 개선해 나가고 있었습니다.

이 세 회사 중에서 A사의 모델은 제가 설정한 예산 범위를 초과했고, B사의 모델은 디자인이 우수했지만 아직 업력이 충분히 쌓이지 않은 상태라, 저는 C사에 농막 제작을 의뢰하기로 마음먹었습니다. 의뢰할 상대방을 정하자마자 방문 상담 예약을 잡았습니다. 보통 땅이 얼어 있는 한겨울에는 농막 출고가 불가능하기 때문에, 겨울철에 상담과 계약이 많이 이뤄집니다. 봄부터 여름은 계속 농막을 제작해서 출고하는 성수기입니다. 토지 매수 계약에 이어서 농막 구매·설치 계약도 제가 살면서 체결한 가장 고가의 물품 구매 계약이었습니다.

금액이 크니 신중을 기하는 건 중요하지만, 최선의 계약 상대방을 찾았다면 내 안목을 믿고 상대방과의 첫 만남에서 나도 명확한 계약 의사를 보여주어야 합니다. 그래야 상대방도 흔하게 스쳐 가는 상담 고객이 아닌 확실하게 계약할 의사가 있는 고객이라고 생각하면서 진지하게 상담해 준다고 생각합니다. 구매자라고 해서 갑이 아니고, 제작자도 구매자를 평가해서 계약 여부를 결정하니까요.

저는 상담 약속을 잡고 A4 9페이지 분량으로 농막 구매 및 설치 계획서(부지 정보, 상하수도 확인 사항, 고려 중인 모델 및 비치 예정 가구 정보)를 방문 전에 C사에 보내드렸습니다. 검토할 시간을 며칠 드린 다음, 휴일 오후에 아내와 같이 C사를 방문했습니다.

오랜 고민 끝에 농막을 선택했습니다

C사에서의 상담은 1시간 30분 동안 진행되었습니다. 홈페이지 화면으로 본 다양한 모델들과 실제 눈으로 본 마감과 디자인은 확실히 달랐습니다. 여러 불편함을 감수하고 산업단지 공장 안에 자사 제품들을 설치한 뒤 거기에 거주하고 계신 공동대표님들의 사무실과 주거 공간은 인상 깊었습니다.

자사 제품들을 직접 사용하면서 장단점을 파악하고 개선해 오셨으니 창업 후 7년 동안 꾸준히 새로운 모델들을 내놓으실 수 있었던 것 같습니다. 래브라도 리트리버 반려견 모녀와 함께 두 분이 생활하시는 공간을 보며, 저는 C사가 지향하는 디자인이 더욱 매력적으로 느껴졌습니다.

현장에는 아직 홈페이지와 쇼핑몰에는 게시되지 않았던 신규 모델 '리버티'가 있었습니다. 앞으로 대표님 부부께서 주된 주거 공간으로 사용하고자 구상한 모델이었습니다. 외벽 사이딩도 레드파인 목재로 시공했고, 사이딩에 오일스테인이 아닌 내후성이 좋은 외장용 도료를 도포해서 내구성을 늘렸다고 들었습니다. 저는 우수 홈통을 깔끔하게 숨긴 디자인도 마음에 들었습니다. 외부의 전문 시공팀이 설치하는 컬러강판 지붕의 접합 마감 방식도 기존 모델들보다 더 깔끔해 보였습니다.

저는 이 신규 모델 '리버티'에 마음을 뺏겼습니다. 그래서 당초 염두에 뒀던 간판 모델이 아닌 이 리버티를 선택한 후 다시 사무실에서 창호, 현관문, 층고, 지붕 모양, 화장실과 주방 공간의 배치, 욕실 타일, 바닥난방 방식 등에 대한 이야기를 나눴습니다.

다른 부분은 제 의견을 수용해 주셨는데, 바닥난방은 제가 염두에 두었던 건식패널 온수난방이 아닌 전기필름 난방 방식을 추천하셔서 전기필름 방식을 선택했습니다. 지금까지 사용해 보니 당일에 다녀가는 공간인 농막에서는 천천히 데워지고 오래 온기를 유지하는 온수난방보다는 동파의 위험이나 고장의 부담도 적고 금방 따뜻해지는 전기필름 난방 방식이 편리한 게 맞습니다. 대신 전기필름 난방 방식은 한겨울에는 찬 공기를 데우는 보조난방 수단이 추가로 필요하긴 합니다.

이렇게 상담을 마친 다음 날, C사는 협의된 내용을 반영한 평면도를 보내주셨습니다. 평면도를 받고서 이메일로 세 번 디자인 변경 요청을 드렸는데, 1~2일 안에 바로 평면도와 스케치업 3D 이미지들을 회신해 주셨습니다.

최초 시안에서는 전면 창호를 단열과 보안, 사생활 보호, 내구성을 고려하여 프로젝트창으로 하고 부족한 개방감은 빛우물을 만들어내는 천창으로 대체해 달라고 요청했습니다. 폴딩도어는 내부 공간이 외부 시선에 지나치게 많이 노출되고, 내구성과 기밀성이 상대적으로 떨어지는 점을 우려했기 때문입니다. 그런데 아내는 날씨가 좋을 때는 창을 활짝 열어서 개방감을 확보할 수 있고 커튼을 달면 사생활 확보가 되는 폴딩도어를 원하더군요. 그래서 원래대로 폭 1.5m의 3면

폴딩도어로 변경하였고 견적서 반영 후 계약을 체결했습니다.

농막 제작사가 제시한 계약서에 매도인의 담보책임과 매수인의 계약해제권, 지체상금 등 물품매매계약에 필요한 내용이 다 포함되어 있었고, 권리 의무에 관한 나머지 내용도 합리적이어서 그대로 수용했습니다. 농막은 법적으로 물건이니 물품매매계약 시에 정형적으로 들어가는 내용이 빠져 있지 않은지 확인하고, 인도 시기나 대금지급 조건 등을 달리 정하고 싶다면 특약사항으로 계약서에 명시해야 합니다. 계약서에 구비되어야 하는 사항들은 대한상사중재원이 제공하는 '국내 표준물품매매계약서'[7]를 참고하시면 좋습니다.

농막 제작 기간은 요구되는 설비와 마감 품질 등에 따라 차이가 크지만 대개 2~3개월 정도입니다. 제 경우도 계약 후 3개월 이내에 농막 출고가 가능했습니다. 다만 날씨 상황과 먼저 제작 중인 물량과 출고 일정에 따라 더 길어질 수 있습니다.

하부 기초가 없는 농막의 특성상 제작을 완료했더라도 동절기에는 출고를 하지 않습니다. 농막 제작과 설치의 성수기는 봄부터 여름이니 이 시기를 피해서 주문하시면 대기 기간을 단축할 수 있습니다. 저는 제작대금 지급 조건을 계약금 10%, 중도금 60%, 출고 당일 잔금 30%로 합의했습니다.

4장

나만의
특별한
농막으로
만들기

농막을 살 때 보통은 여기까지만 고민해도 충분합니다. C사의 제품은 제가 원하는 'Farmacy' 공간이 되기에 충분했습니다. 반년 이상 대한민국에서 농막을 제작하는 거의 모든 회사의 농막 제품들을, 박람회장까지 찾아가며 뒤져보고 고민한 뒤 골랐으니까요.

제 농막은 평당 가격으로 근사한 단독주택 공사 비용에 육박할 정도였습니다. 그리고 제가 이런 고급 제품을 고른 이유는 제가 주말마다 찾는 여섯 평 농막이 저의 치유와 휴식을 위한 특별한 공간이라고 생각했기 때문입니다.

저는 "인테리어는 기본적으로 오감을 만족시키는 역할을 해야 합니다. 후각, 미각, 시각, 청각, 촉각 전부가 흡족해야 할 필요가 있습니다."라는 말[8]에 동의합니다. 6평의 좁은 면적에서 오감이 만족할 수 있는 공간을 만들기 위해서는 좋은 소재, 높은 시공 품질, 과하지 않은 세련된 디자인이 필요합니다. 물론 이러한 인테리어 품질을 추구하면 추가적인 시간과 비용을 감수해야 합니다.

농막의 세부적인 디자인과 자재까지 일상생활로 바쁜 구매자에게 결정하라고 하면 손사래를 치는 경우가 많을 겁니다. 일반 소비재와 달리 살면서 직접 선택해 본 적이 없는 건축자재의 재질과 색상, 디자인 등을 비교해 가며 기본적인 기능은 거의 비슷한데 왜 가격이 많게는 10배 이상도 차이가 나는지부터 이해해야 하니까요. 내가 원하는 공간에는 어떤 자재가 맞는지 디테일하게 고민하는 일이 쉬울 리 없습니다.

하지만 저는 이런 선택들이 제과점에서 먹고 싶은 디저트를 고르듯 즐거운 체험 기회로 느껴졌습니다. 수억 원 이상을 지출하는 단독주택 건축주가 누릴 수 있는 호사를 일부나마 체험해 볼 기회니까요. 무엇보다도 저의 여섯 평 슈필라움이 가장 특별하고도 정성스럽게 완성될 수 있기를 바랐습니다. 그래서 아파트에서 살면서 아쉬웠던 부분들에 좀 더 비용을 쓰기로 마음먹었습니다.

좁은 공간일수록 사용된 자재의 품질, 시공자의 마감 솜씨가 도드라져 보입니다. 그래서 제한된 면적, 만족할 수 있는 현대적인 설비와 디자인, 감내할 수 있는 예산의 세 가지 요소를 모두 충족하기란 어려운 일입니다. 소품종을 대량으로 생산해서 제작 원가를 절감하고자 하는 중저가 농막 제조사들은 저 같은 구매자의 까다로운 주문을 받아줄 여력이 없었겠지만, 저는 좀 더 높은 비용을 지불한 덕분에 아래의 변경 요청들을 반영할 수 있었습니다.

디테일한 요소에 많은 신경을 썼습니다

첫째, 현관 쪽 비 가림 공간입니다. 공장에서 제작해서 출고하는 농막은 도로 폭 때문에 처마를 자유로이 만들지 못합니다. 대신에 저는 C사의 제안을 받아 현관 쪽에 공간의 전이가 자연스럽도록 60cm 깊이의 비 가림 공간을 만들기로 했습니다. 이는 1미터 미만의 처마 공간이라 건축면적에 포함되지 않습니다.

이 가림막의 효과는 대단했습니다. 야외와 실내를 이어주는 전이 공간 역할을 해주니 현관이 벽에 바로 붙어서 노출된 것과 비교하면 농막의 첫인상이 달라집니다. 또 현관문 옆벽을 자주 사용하고 길이가 긴 농기구를 거치하는 공간으로 사용할 수 있습니다. 아파트에서 살 때는 몰랐는데, 사용해 보니 처마는 길면 길수록 좋습니다. 농사일을 하다 보면 야외 수전에서 장화를 씻고 나서도 옷에 잡풀이나 흙먼지가 많이 묻는데 이 공간에 걸터앉거나 흙을 털어내면 되니 작은 '머드룸(mud room)'의 역할을 해줍니다. '60cm가 아니라 100cm로 더 깊게 만들걸' 하고 후회할 정도로 만족스럽습니다.

둘째, 층고를 최대한 높였습니다. 지붕 형태는 박공지붕이 아니라 뒤로 갈수록 높아지는 외쪽지붕으로 쉽게 결정했는데, 층고가 문제였습니다. 현장에서 봤던 모델은 층고가 3.9m였지만 저는 처음에 3.3m의 기본 층고를 선택했습니다. 저는 다락 공간도 만들지 않을 생각이었던 터라 운송 및 하차 시의 상당한 추가 비용과 냉난방 시의 전력 손실을 감수하고 높은 층고를 고집하는 건 실용적이지 않았으니까요. 또 제가 살고 있는 아파트의 층고가 2.3m라 답답하긴 한데, 층고가 3m가량인 사무실 정도면 충분하다 싶었기 때문입니다.

하지만 결국은 좁은 면적일수록 개방감이 중요하다는 친구의 권유에 따라 3.9m 층고로 변경했습니다. 층고를 높이면서 제작비 외에 일반 트럭이 아닌 저상 트레일러로 운송하는 비용과 지게차 대신 25톤 크레인 하차작업 비용이 추가되었습니다. 합치면 약 600만 원이 올라갔기 때문에 저로서는 쉽지 않은 결정이었습니다. 그렇지만 제가 천장 조명으로 미리 정해뒀던 펜던트 조명을 층고 3.3m의 천장에 매달면 답답해 보일 것 같다는 우려가 이 결정에 큰 영향을 미쳤습니다.

층고를 60cm 높이는 데 적지 않은 돈이 들어갔지만, 지난 2년 가까이 농막에서 지내 보니 이때의 결정이 후회되지 않습니다. 사람의 시각은 공간을 부피로 인식합니다. 그러니 60cm의 층고 차이는 약 15%의 추가 부피이고, 6평을 7평처럼 느끼게 해주니까요. 아파트에서 단 10cm의 층고 차에 따른 개방감을 비교해 보신 분들이라면 실감하

오른쪽: 현관문을 열었을 때 나오는 농막의 모습

실 수 있을 겁니다. 같은 회사의 펜던트 조명이 제 아파트 거실에도 달려 있지만 역시 층고가 높은 농막에 달린 조명이 훨씬 예쁩니다.

셋째, 몇 장 되지 않는 현관 바닥의 타일도 고심해서 골랐습니다. 아파트 현관의 타일들은 보통 시공이 간편한 큼직한 포슬린이나 유광 폴리싱 재질을 많이 씁니다. 이때 색상은 여러 사람의 취향에 거스르지 않고 무난해야 하는 특성상 흰색이나 회색 계열이 많습니다.

저는 현관문을 열었을 때 문틈으로 보이는 첫 내부 공간이 현관 바닥이니, 거기에 화사한 타일을 깔아보고 싶었습니다. 어차피 신발 세 켤레 정도를 놓을 수 있는 폭 1m, 깊이 42cm가량의 좁은 농막 현관이고, 벽과 천장이 자작 합판 마감이라서 단조로운 느낌을 덜어낼 포인트도 필요했습니다.

현관은 20각 타일(200mm×200mm)을 온장으로 겨우 10장 정도 깔 수 있는 면적이었는데요. 타일 가격이 비싸더라도 튼튼하고 예쁜 타일을 쓰고 싶어서 여러 곳을 둘러본 끝에 모로코 스타일로 하늘색 문양에 노란색이 포인트로 들어간 엔커스틱 20각 타일을 선택했습니다. 두께가 16mm로 흔히 쓰이는 8mm 타일의 두 배입니다. 농막에 들어왔을 때 환한 인상을 주기 때문에 아주 만족하고 있습니다.

넷째, 스위치와 콘센트에도 욕심을 내보았습니다. 저는 아파트 설비 중 버튼식 스위치와 콘센트에 불만이 많았습니다. 방이나 거실 스위치는 터치패드로 되어 있는 것도 많고, 거실과 침실의 전등에 IoT 전구를 쓰기 때문에 실제로 누르는 버튼식 스위치는 많지 않습니다.

하지만 화장실이나 다용도실의 불을 켜기 위해 버튼식 스위치를 누를 때마다 촉감이나 딸깍 소리가 마음에 들지 않았습니다. 방이나 주방의 콘센트들도 뻑뻑해서 가전제품 플러그를 탈착할 때마다 힘을 잔뜩 줘야 해서 고역이었고요. 가격대에 따른 기능상 차이가 별로 없으니 원가 절감을 하는 시공사들의 선택도 이해됩니다. 더 비싼 자재로 시공했다고 해서 자랑거리로 삼을 수 있는 차별화 포인트도 아니니까요.

그래서 저는 농막에 설치할 전등 스위치와 콘센트는 좋은 제품을 써보고 싶었습니다. 몇 개 되지 않으니 가능한 소소한 사치입니다. 실제로 만져봤을 때 촉감과 소리가 마음에 들었고, 국내 기성 제품과 설치 방식이 같은 르그랑사(社)의 아테오 제품을 골랐습니다. 조명을 켜고 끄는 번거로운 행위가 기분 좋은 촉각과 청각 체험이 되고, 자작나무 합판으로 된 단조로울 수 있는 벽의 오브제 역할도 해주고 있습니다.

양보할 수 없었던 전기배선과 조명의 취향

다섯째, 전기와 조명을 제 취향대로 꾸미는 일은 저의 오랜 바람이었습니다. 아파트에 살면 해보기 어려운 경험 중 하나가 자신이 원하는 공간의 용도에 맞게 전기배선을 설계하는 것이니까요.

테이블 램프나 스피커와 같은 가전제품을 놓고 싶은 위치에 전기 콘센트가 없어서 보기 싫은 검은색 동력선을 길게 늘어뜨리게 됩니다. 콘센트가 부족해서 멀티탭을 쓰면 공간의 단정함을 해치게 되지요. 안 보였으면 하는 위치에 있는 콘센트를 자연스럽게 가리는 것도 어려운 일입니다. 벽식 구조상 전기배선을 바꾸는 공사 비용도 많이 들고, 그렇게 다 바꾸면 나중에 이사할 때 매수자들이 선호하지 않는 경우가 많으니 공동주택에서는 그냥 타협하며 살아야 합니다.

그래서 저에게 농막의 전기배선 설계는 즐거운 고민이었습니다. C사의 기본 모델은 여덟 곳의 전기 콘센트를 제공하고 있었습니다. 골조 안 전기배선을 깔끔하게 하는 게 쉽지 않다고 하는데, 저는 어떤 가전제품들을 사용할지 계획한 다음 2구 콘센트 세 곳을 추가해서 6평 농막에 총 10개의 전기 콘센트를 설치해 달라고 요청했습니다. 전원 플러그를 뽑을 일이 거의 없는 곳은 기본 콘센트를 쓰고, 자주 탈부착하는 자리는 르그랑사의 아테오 직사각형 콘센트를 설치하기로 했습니다. 분전반이 벽면에 드러나는 건 아쉽지만 구조상 어쩔 수 없다고 해서, 나중에 분전반 자리를 작은 캔버스 그림으로 덮었습니다.

스위치는 현관에서 본 방향으로 오른쪽 벽면에 2구를 넣어서 각각 주방과 욕실 등을 켤 때 쓰고, 거실에도 2구 스위치를 넣어서 펜던트 조명과 2구 LED 등을 켜는 것으로 정했습니다. 역시 르그랑사의 같은 모델로 부탁드렸고, 실제로 사용해 보니 딸각거리는 소리나 촉감이 만족스럽습니다.

인테리어의 완성은 조명이지요. 6평 농막 공간에서 시선이 집중되는 오브제 역할을 기대하고 제가 미리 사둔 섹토디자인사의 SECTO4241 펜던트 조명은 같은 자작나무 소재라 벽과 잘 어울립니다. 농막에 추가로 들인 비용 중 가장 큰 몫을 차지했지만 사용할수록 만족감이 큽니다. 꼭 이런 값비싼 제품이 아니어도 되니 층고가 높은 공간에서 펜던트 조명이 가진 매력을 느껴보시기 바랍니다.

가구 배치를 고려해서 잰 mm 치수를 전달해서 천장의 정확한 조명 배선 위치를 요청했고, 그 외 나머지는 욕실과 주방 중앙에 각 한 개씩, 펜던트 조명 중간 지점에 2개, 이렇게 총 4개의 LED 스팟 조명을 매립하기로 했습니다. 욕실과 주방은 기능적인 공간이니 빛이 밝을수록 좋습니다. 하지만 좁은 공간일수록 빛의 강약으로 공간감을 줘야 하기 때문에 흔히 쓰는 형광등처럼 6,000K 정도로 밝으면 어울리지 않습니다. C사에서는 LED 조명 색온도로 4,500K을 추천해 주셨는데 실제로 사용해 보니 적절했습니다.

주방과 화장실, 그리고 평상에 주목했습니다

여섯째, 좋은 개수대와 수전을 써보고 싶었습니다. 아파트 주방의 개수대는 철판 두께가 너무 얇다 보니 뜨거운 물을 부으면 열이 전도되면서 철판이 우그러지는 소리가 납니다. 그래서 두꺼운 스테인리스 철판으로 만든 개수대를 설치하고 싶었습니다. 넓을수록 좋겠지만 농막 싱크대 전체의 길이가 2m이고 깊이가 700mm라 마냥 늘릴 수가 없어 750mm×550mm 크기의 싱글싱크인 이케아 보홀멘 모델을 골랐습니다.

자바라 호스로 늘일 수 있는 크롬 도금 수전이 아닌 스테인리스 스틸 수전도 써보고 싶었습니다. 손잡이가 옆에 따로 달린 제품들은 써보니 불편하고 물때도 잘 끼어서 이케아 보셴 모델을 골랐습니다. 자바라가 없으니 편의성은 떨어지지만 주된 생활공간이 아니니 디자인을 우선했습니다.

일곱째, 제가 배치한 농막 안 화장실은 실내 면적이 900mm×

2,000m로 좁아서 변기+세면대+샤워기의 일반적인 구성이 어렵습니다. 물론 세면대를 화장실 중앙에 있는 오르내리기 창문 밑에 놓으면 가능하지만, 화장실 문을 열면 면도기와 칫솔 등이 그대로 보이는 것이 싫었습니다. 찾아보니 국내 회사에서 세면대와 샤워기를 합치고 세면용품들을 깔끔하게 수납할 수 있는 공간절약형 욕실 도기 제품을 판매하는 걸 알게 되었습니다.

공급되는 상수도의 수압을 확신할 수 없어서 직수식 일체형 비데 변기는 선택하지 않았습니다. 대신 스커트형 양변기의 변좌에 부착하는 비데 제품을 따로 구매했습니다. 저는 변기 막힘이 발생했을 때의 곤란함 때문에 물 내려가는 소리가 크더라도 세척력이 좋은 제품을 사고 싶었습니다.

그런데 수도법에 따라 2014년부터 1회 사용량 6리터 이하인 절수형 양변기 사용이 의무화된 상황 때문인지 변기 제품들의 세척력 차이를 구별하기는 어려웠습니다. 다만 농막은 겨울철에 영하로 온도가 떨어지니 변기 속에 고인 물이 얼어 동파될 수도 있습니다. 변기가 깨지거나 물이 새면 큰돈을 들여 다시 사고 설치해야 하니 너무 저렴한 제품은 추천하지 않습니다.

여덟째, 농막이 거의 완성되었을 때 폴딩도어를 열고 나가면 바로 신발을 신어야 하는 야외 공간인 것보다는 전이 공간이 있었으면 좋겠다고 생각했습니다. 그런데 공주시에서는 농막에 데크 테라스를 만들면 농막의 연면적에 산입하기 때문에, 널찍한 데크를 만들 수는 없습니다.

하지만 두 명이 함께 들고 옮길 수 있는 야외 가구인 평상은 문

초록색 타일과
창문이 있는
농막 화장실

세면대 일체형
샤워기

제가 되지 않습니다. 평상용으로 목재를 재단해서 철물과 같이 배송해주는 회사에 주문해서 피스못으로 조립해도 되는데, 야외 바닥이 파쇄석이다 보니 다리가 4개인 일반적인 평상보다는 안정적인 통판 평상 형태로 C사에 의뢰했습니다.

폴딩도어의 길이가 1.5m라서 가로는 살짝 더 넓은 2m로, 세로는 1.5m로 정한 후 농막과 같은 도료로 칠을 했는데, 캠핑의자 두 개를 놓고 차 마시기 딱 좋은 아담한 전이 공간이 나왔습니다. 평상 바닥의 넓이가 부족하다면 같은 식으로 평상을 덧붙이면 됩니다.

평상은 기대했던 대로 농막과 밭 사이의 전이 공간 역할을 훌륭하게 맡아주고 있습니다. 실내와 실외를 오가며 해야 할 일이 있을 때 흙을 털어내는 머드룸이자 작업 공간으로도 쓰고 있고, 수확물을 널어놓고 말리기 좋습니다. 농막이 그늘을 만들어주는 늦은 오후 시간에 캠핑의자의 다리에 흙먼지를 묻히지 않은 채로 바깥바람을 쐬며 풍경을 보고 다시 들이면 되니 편리합니다.

다소 높은 비용을 지출했지만

이렇게 저는 연면적 18㎡의 농막 주문 과정을 모두 마쳤습니다. 제 주문에 따라 농막을 제작하는 동안 종종 농막의 제작 과정 사진들을 받아봤습니다. 직접 눈으로 보는 것은 아니었지만 지붕 컬러강판 설치, 타일 시공, 화장실 바닥 방수 공사, 주방 상·하부장과 벽걸이 에어컨 매립 공간, 외부 도료 마감까지 각 공정별 사진과 제가 추가로 요청했던 변경 사항들이 반영된 제작 중인 농막의 모습을 보면서 건축주의 즐거움을 누릴 수 있었습니다.

　　아파트 시공사는 자재를 대량으로 발주하기 때문에 낮은 가격에 공급받을 수 있어 비용이 절감되지만, 그로 인해 인테리어에 소재나 품질이 좋은 자재를 사용한 경우를 찾기가 어렵습니다. 취향에 맞지 않은 자재를 교체하고 싶어도 면적이 넓다 보니 뜯어내고 인테리어 공사를 하려면 비용이 부담되지요. 제가 추가한 자재비와 따로 구매한 천장 조명 가격까지 합산한 농막의 제작 및 설치 비용은 4,600만 원이었습니다. 일반적인 농막 제품보다 많이 비싼 가격이 맞습니다. 하지만 농막은 시공 면적이 좁으니 가성비가 좋은 무난한 자재들 대신 제 마음에 쏙 드는 비싼 자재들을 곳곳에 사용하더라도 추가되는 자재 비용을 부담할 만했습니다.

　　지금도 저는 농막 안에서 양말을 벗고 걸을 때마다 발바닥의 촉감을 즐기게 만들어주는 원목 마루, 마룻바닥에 누워서 천장을 올려다봤을 때 옹이 자국이 하나도 없어서 잘 만든 원목 가구를 구경하는 것처럼 단정한 느낌을 주는 무절 편백나무 천장, 창문이 있는 초록색 타일로 마감한 화장실, 현관의 엔커스틱 타일 덕분에 만족스럽습니다. 넓은 집에서는 시도하기 힘든 사치를 가끔 찾는 작은 농막에서 누리는 대가로 합당한 추가 비용을 지출했다고 생각합니다. 이렇게 주거 공간에서는 채울 수 없었던 만족감을 제공하는 공간이라야 자주 찾아오게 되니까요.

　　인생은 시간으로 이루어져 있고, 우리는 공간에서 머무르면서 그 시간을 흘려보냅니다. 아파트 단지라는 기능 중심의 범용적인 공간에서 지내다 보면 공간에 대한 자신의 취향을 확인하기 어렵습니다.

그렇다고 나만의 거주 공간을 구상하며 그것을 실현해 나갈 기회를 갖기는 쉽지 않지요. 이렇게 6평 농막을 통해서 자기 취향의 만족스러운 공간을 누리기 위해서는 깊이 생각해서 결정해야 하고, 일반적인 제품보다 높은 제작비를 지불할 수밖에 없습니다.

오랫동안 여러 가지 고민을 해야 했고 평범한 농막보다 두 배 수준의 가격을 지불했습니다. 그렇지만 덕분에 저는 제 취향에 맞는 공간을 꾸며보는 근사한 경험을 했고, 앞으로도 십수 년 이상 만족스럽게 사용할 것 같습니다.

5장

물을
끌어오는 방법

이제 농막이 놓일 땅의 토공사를 마쳤고, 농막을 놓을 위치와 농막 제품 및 내부의 설계도 확정했습니다. 저는 주문한 농막이 제작되어 출고되기까지의 2~3개월 동안 나머지 기반 공사를 해야 했습니다. 충분한 시간은 아니었어요. 땅을 사고 천천히 농막을 주문했어도 되는데 부리나케 서두른 대가를 치른 거죠.

주말·체험영농 목적을 위해 자경(自耕)하는 것을 조건으로 매수한 농지를 휴경하면 안 됩니다. 농지법 제10조 제1항 제4호는 정당한 이유 없이 주말·체험영농에 이용되지 않게 되었다고 관할 지방자치단체의 장이 인정한 경우 1년 이내에 해당 농지를 처분할 의무를 부과하고 있습니다. 이에 계속 불응하면 처분명령과 이행강제금이 부과[9]됩니다.

간단하게라도 농사를 지으려면 꼭 필요한 것이 농작물에 물을 주기 위한 설비입니다. 퇴비나 비료를 주지 않을 수는 있지만, 주기적으로 물을 주지 않으면 말라 죽으니까요. 땅을 파고 정화조가 자리를 잡도록 가라앉히려면 물을 채워야 하니 하수도는 상수도를 설치한 이후에 설치할 수 있습니다. 저는 여기에서 우선 상수도를 설치하는 과정을 알려드리려 합니다.

2012년부터 농막에도 전기나 수도, 가스시설 등을 새로 설치할 수 있게 되었습니다.[10] 이는 경작 활동 중간에 제대로 된 휴식과 식사를 하고자 했던 농민들의 호소가 합리적이었기 때문입니다. 농업인들의 논밭은 한곳에 몰려 있는 경우가 많지 않습니다. 서로 상당한 거리를 두고 흩어져 있는 경우가 많은데 외딴곳에서 일하려고 지은 농막에서 전기나, 수도, 취사를 위한 가스시설을 사용하지 못하게 한다면 농작업의 효율성이 떨어질 수밖에 없습니다.

2020년 기준으로 농어촌 지역의 상수도 보급률은 96.1%입니다.[11] 상수도는 지자체가 설치한 일반수도가 있고, 일반수도가 공급되지 않은 지역의 마을에는 주민들이 자체적으로 운영·관리하고 있는 '마을상수도'와 '소규모 급수시설'이 있습니다. 농지에서 상수도를 사용할 수 있는 방법은 다음 세 가지가 있었습니다.

농막에 상수도를 설치하는 세 가지 방법

첫째, 공주시 상수도를 제 명의로 신청하는 방법입니다. 마을을 관통하는 지방도 옆으로 공주시 상수도 관로가 지나갑니다. 하지만 제 땅을 지나가지 않기 때문에, 제 땅과 지방도 사이에 있는 땅 주인의 토지사용허락서를 첨부하여 상수도 연결허가신청을 하고 기다립니다. 그러면 공주시에 등록된 상수도공사업체 중 입찰을 통해 선정된 시공자가 상수도 관로부터 제 땅까지 상수도를 매설 후 계량기를 설치해 줍니다. 그 이후에 제가 다시 계량기 설치 장소부터 농막을 놓을 위치까지 상수도 급수관을 매설하는 공사를 하면 됩니다.

이 방법은 정식 허가를 거치는 것이어서 법적으로 문제가 없고, 공주시 상수도를 사용하기 때문에 수질도 믿을 수 있다는 장점이 있습니다. 다만 이 방법을 선택하려면 수도관이 지나가는 땅의 이웃 주민인 신 선생님에게 토지사용 허락을 받아야 합니다. 또 모종을 파종해서 한창 키우고 있을 초여름의 신 선생님네 밭에 굴삭기가 들어가서 땅을 파고 상수도관을 매설해야 하니 한철 농사를 망치게 됩니다.

게다가 공주시의 경우 농막을 설치한 다음에서야 상수도 연결 허가신청을 할 수 있기 때문에, 모든 절차를 마치고 상수도를 사용할 수 있는 시기는 빨라야 늦여름으로 예상되었습니다. 그리고 상수도관에서 제 땅의 계량기까지는 공주시에서 위탁한 사업자가, 계량기부터 농막을 놓을 위치까지는 제가 일을 맡긴 사업자가 각각 수도관 매설 공사를 해야 합니다. 공사 일정을 두 번 잡아야 하고, 제대로 시공하는지 입회해야 하는 부담이 있습니다.

둘째, 지하수법 제7조에 따라 시장·군수로부터 지하수 개발·이용 허가를 받은 후, 지하수 설치업체에 의뢰해 관정을 파서 뽑아 올린 지하수를 사용하는 방법입니다. 지하수 설치업체는 그 지역에서 설치 경험이 많은 업체를 선택하는 것이 좋습니다.

관정 중에서 30m 정도 깊이로 파는 소공은 저렴하지만, 큰비가 올 때 흙탕물이 나오거나 가뭄에 지하수가 마를 수 있다고 합니다. 대공은 깊이 100m가량이라 물이 깨끗하고 가뭄에도 마르지 않는 대신 1천만 원이 넘기도 하는 비용 부담이 있습니다. 마을 하천이 바로 옆에 흐르기 때문에 수맥을 찾지 못하는 일은 없으리라 생각되어 제 경우는 약 70m 깊이의 중공도 무방해 보였습니다.*

관정을 파면 지하수를 끌어 올리는 데 드는 전기 요금 외에는

---

* 이 방법을 선택할 때 유의하실 게 있습니다. 관정 공사 계약을 체결할 때는 지하수원을 찾지 못할 경우 공사비를 지급하지 않아도 된다는 특약사항을 계약서에 서면으로 명시하시기 바랍니다. 그렇지 않으면 상수도는 해결하지도 못하고 수백만 원만 날릴 수도 있습니다.

비용이 들지 않습니다. 하지만 관정 상자 안쪽 배관의 동파나 관정 모터 펌프의 고장을 예방하는 등 때때로 관리해 줘야 합니다. 또 지역에 따라 다르겠지만 요즘 농촌의 지하수 수질이 그리 깨끗하지 않아서 지하수 시설 설치 후 의무적으로 받아야 하는 지하수 수질 검사 시 식수로 부적합 판정을 받을 가능성이 크다는 점도 제 마음에 걸렸습니다. 그렇게 되면 300~400만 원의 중공 관정 시공 비용을 지불하고서도 제가 마실 생수를 따로 가져오고, 플라스틱 페트병 쓰레기를 되가져 가야 합니다.

　셋째, 이웃집 신 선생님께서는 집에 공주시 상수도가 연결되어 있는데도 관정에서 나오는 지하수를 가정용과 농업용수로 사용하고 계셨습니다. 덕분에 신 선생님네 시 상수도 배관 말단을 연결해서 붙어 있는 제 밭으로 끌어올 배관만 묻으면 되었죠. 상수도 배관을 T자 관으로 연결해서 제가 끌어와서 사용하되, 사용 요금은 제가 대신 납부하기로 했습니다. 제가 밭을 매수할 때 이장님께서 상수도 문제를 본인께서 해결해 주겠다고 약속하셨는데 이 방법을 염두에 두고 계셨더군요.

　이렇게 이웃집의 상수도관에 연결하면 허가신청 절차 없이 식수로 사용할 수 있는 깨끗한 시 상수도를 농막이 출고되기 전에 설치해서 이용할 수 있는 장점이 있습니다. 우리나라의 상수도 요금이 워낙 저렴하니 설령 이웃집에서 사용하는 상수도 사용량 요금까지 제가 납부한다고 하더라도 한 달에 3~4천 원에 불과합니다. 다만 제 명의로 설치한 계량기가 없고, 시 상수도관에서 제 농막까지의 수도 배관을 직접 매설해야 했습니다.

보온재를 감싼 XL파이프 상수도관 매립 공사

공주시의 인근 지역에서 귀촌 생활을 하시는 주민분께서 세 번째 방법으로 몇 년째 문제없이 사용 중이라고 알려주셔서 저도 이 방법을 선택했습니다. 이장님께서 부탁해 주신 덕분에 이웃 신 선생님께서 상수도 연결을 쾌히 허락해 주셨습니다.

물이 밭으로 쏟아질 때의 감동

해빙기가 지난 휴일에 상수도관을 연결하고 묻는 공사를 했습니다. 이장님께서 공주시 농기계임대사업소에서 소형 굴삭기를 빌려 오셨고 저는 조수 역할을 했습니다.

우선 대형 건자재상에서 15mm XL관 80m 한 롤, 폴리에틸렌 소재 보온재인 20T 토이론 2m×30개와 부동수전 2개, 배관 연결 부속을 사 와서 XL관에 보온재인 토이론을 씌웠습니다. 상수도관 매설구 옆 땅을 굴삭기로 1m가량 파서 배관을 찾은 후 굴삭기로 농막 배관이 놓일 자리까지 상수도관 매설 위치를 따라 쭉 땅을 팠습니다. 배관은 겨울철에도 배관 속 물이 얼지 않는 깊이로 묻어야 합니다. 공주시의 정확한 동결심도를 확인할 수 없어서, 지표면에서 최소한 80cm 이상의 깊이로 땅을 파달라고 요청했습니다.

농사를 위해서는 야외 수전이 필수죠. 겨울철 동파를 방지하기 위해 수전 안에 있는 물을 땅 밑으로 배출할 수 있는 부동수전(不凍水栓)을 제 밭에 설치했습니다. 흙을 묻기 전에 부동수전을 틀어 보니 물이 콸콸 쏟아져 나옵니다. 시 상수도관로에서 60m가량 연결했는데, 수압은 충분했습니다.

부동수전 바닥에는 관에서 나오는 물이 밑으로 잘 빠지도록 자갈을 깔아줘야 수전이 고장 나지 않는다고 합니다. 흙을 파놓은 자리를 따라 XL 수도관을 구덩이 한가운데로 오도록 깔아놓은 후에는 파놓은 흙을 굴삭기로 되메우고 잘 다지면 끝입니다. 일은 이장님과 굴삭기가 다 도맡아서 저는 나중에는 공사를 구경하러 모인 마을 주민들에게 배달 음식과 막걸리를 권하며 인사를 나눴습니다.

이렇게 밭에 야외 부동수전을 설치한 덕분에 저는 농막을 설치하기 전부터 호박과 옥수수 모종을 심고, 유실수 묘목을 심을 수 있었습니다. 도시에 살다 보니 수도는 당연히 어디선가 흘러오는 것으로만 생각했습니다. 지자체의 수도관에 배관을 연결하고 파묻어서 깨끗한 물이 저한테 도착하는 과정을 직접 눈으로 본 다음에, 야외 수전에서 처음 물이 콸콸 쏟아질 때의 감동이 지금도 기억납니다.

6장

농막을
밭으로 모시기

보통 농막을 설치하는 장소는 대형 차량이 진입하기 까다로운 시골길, 밭길, 골목길, 산골길을 지나가는 경우가 많습니다. 그런데 농막 제작비와 인도 비용을 합치면 수천만 원에 달합니다. 농막을 주문한 매수자들은 공장에서 제작된 농막이 도로에서 사고가 나서 파손될 가능성이 있으니 자신의 땅에 무사히 내려놓는 모습을 보기 전까지 조마조마할 수밖에 없습니다.

업력이 오래되고 출고 건수가 많은 농막 제작사들은 까다로운 설치 현장을 여러 차례 경험했고, 정기적으로 출고를 맡기는 트레일러와 트럭 운송자가 있습니다. 그러므로 설치할 장소가 까다롭고 안전한 설치를 중시한다면 제조사의 업력이나 매출 규모를 고려하기를 추천합니다.

법적으로는 특약사항으로 따로 정하지 않았다면 매매 목적물인 농막 제품의 매도인인 농막 제작사는 매수인인 고객이 설치 장소로 지정한 장소에 농막을 설치함으로써 자신의 인도 의무를 다하게 됩니다. 따라서 완성된 농막을 출고하면서 교통사고나 장애물과의 충돌로 인해 농막이 손상되었다면 고객은 매도인의 담보책임을 근거로 매매계약을 해제하고 지불한 대금을 되돌려 받을 수 있습니다.

이러한 문제로 인해 파손된 농막을 다시 제작 공장으로 되가져 가서 수선한 후에 다시 인도한다면, 인도가 지연된 일자에 따라 산정한 지체상금(遲滯償金)을 받거나 자신이 지불할 잔금에서 공제할 수 있습니다. 다만 농막 제작사가 영세하여 운송 보험이나 상하차 보험에 가입하지 않았고 이런 담보책임을 부담할 재산이 없다면, 농막이 제때 설치되지 못하여 생긴 손해를 보전받지 못할 가능성도 있습니다.

불의의 교통사고와 달리 설치 장소 주변의 장애물로 인해 농막이 파손되는 문제는 미리 준비해서 예방할 수 있습니다. 공장에서 제작해서 출고하는 농막은 높이가 높아질수록 트럭이나 저상 트레일러가 지나갈 수 없는 낮은 터널, 좁은 교차로, 전신주와 늘어진 전선, 마을 길에 바짝 붙어 있는 집의 처마 끝, 길옆에 있는 나뭇가지 등을 주의해야 합니다. 트럭에서 농막을 옮겨 설치할 지게차나 크레인이 작업할 공간이나 회차를 위한 회전반경이 확보되는지도 면밀하게 확인을 해야 합니다.

마지막으로 신경을 써야 했던 사항들

제 경우는 농막 출고 전날에 제조사 직원들이 와서 농막을 받칠 6개의 주춧돌을 놓고 수평을 잡는 작업을 했습니다. 저는 농지 내 하수도 배관 길이를 최소화해야 하는 상황이라 지적도만 보고 배관 길이를 정했다가는 연면적 합산 20m^2를 초과하여 농지법을 위반할 가능성이 있었습니다. 그래서 삼점측량으로 정확한 땅의 경계를 확인해서 하수도 배관 길이를 허용된 연면적 합산 수치 내로 뽑을 수 있는 농막 위치를 먼저 찾았습니다. 주춧돌 자리를 정할 때 농막 크기의 방수포를 깔고서 놓을 자리를 라커 스프레이로 표시하는 모습이 인상적이었습니다.

농막의 주춧돌은 건자재상에서 판매하는 콘크리트 기초석을 사용하거나 속이 빈 플라스틱 주름관 통에 콘크리트를 타설하고 굳히는 경우가 많은데, 저는 C사의 추천대로 거대한 나사산이 있는 6개의 금속파일을 파쇄석 속으로 심고 수평을 맞춘 후, 그 위에 납작한 콘크리트 기초석을 주춧돌로 얹었습니다. 매우 중요한 작업이라 수평 여부를 여러 번 확인했습니다. 저는 추가 비용을 지불하고 기초 설치를 제작사에 맡겼지만, 수평을 정확하게 잡을 수 있다면 앞에서 언급한 일반적인 방법대로 본인이 직접 기초를 잡아도 됩니다.

　그리고 농막에 상처를 낼 것 같은, 제방길 옆으로 뻗어 자란 밤나무 가지들을 처리해야 했습니다. 미리 이장님과 밤나무를 심은 마을 주민분의 양해를 얻고서 제방길 옆에 있는 밤나무 가지 중 농막에 걸릴 만한 가지들을 전동 톱으로 절단했습니다. 이런 경우에는 마을 주민과의 분쟁이 생길 수 있으니 가급적 본인도 현장에 입회하시는 것이 좋습니다.

　모든 준비를 마쳤는데 얄궂게도 날씨가 도와주지 않았습니다. 아무리 지내력을 보강하고 농막 바닥에 파쇄석을 깔았어도 7톤 트럭의 바퀴나 25톤 크레인의 지지 다리가 흠뻑 젖은 흙에 빠져버리면 이들이 자력으로 나갈 수가 없다고 합니다. 그래서 비가 그치고 땅이 마른 상태가 된 후에야 중장비 작업을 할 수 있었습니다.

　연일 내리는 장맛비로 인해 농막의 공장 출고 및 설치일은 예정했던 5월 말에서 세 차례나 연기되었습니다. 모내기 철에 비가 많이 오는 것은 벼농사에 좋은 일이지만 제게는 얄궂었던 긴 장마였습니다. 장마가 지나가면 태풍이 언제 올지도 모르는데 이미 완성된 농막은 C사의 공장 부지에 놓인 상태로 계속 대기 중이니 저도 애가 탔지만, 농막 제조사 또한 작업자들의 일정을 조율하는 것도 쉽지 않았을 테지요. 설치 일정이 자꾸 변동되는 것이 싫으신 분들은 농막의 출고 일정을 비가 별로 내리지 않는 봄이나 가을로 맞추시기를 추천드립니다.

저상 트레일러에서 밭까지 들어갈 7톤 트럭으로 농막 옮기기

254

농막의 운송과 설치를 바라보며 느꼈던 경이감

제 경우는 농막을 저상 트레일러 → 7톤 트럭 → 25톤 크레인으로 바꿔가며 설치했지만, 무게가 가벼운 농막은 5톤 장축 트럭에서 곧바로 지게차로 떠서 설치하는 경우가 많습니다. 이 경우에는 비용도 적게 들고 설치 부담도 적습니다.

설치 당일 새벽에 제 농막을 실은 저상 트레일러는 함평 공장을 출발해서 7시 30분쯤 공주에 도착했습니다. 제방길 폭이 2.5m밖에 되지 않아서 제 밭 근처의 공터에서 25톤 크레인이 저상 트레일러가 싣고 온 농막을 7톤 트럭으로 옮겨야 합니다. 25톤 이동식 유압 크레인(일명 '맹꽁이')은 미리 대기 중이었지요.

석 달 동안 제작한 4천만 원이 넘는 물건을 크레인이 사고 없이 무사히 놓을 수 있을지 긴장된 순간이었습니다. 일단 저상 트레일러에서 7톤 트럭으로 옮겨 싣는 1차 작업은 무사히 성공했습니다. 임무를 마친 저상 트레일러는 곧바로 복귀했지요.

이제 폭 2.5m의 좁은 제방길을 지나 농막을 제 밭으로 무사히 내려놓는 작업이 남았습니다. 우선 25톤 맹꽁이 크레인과 7톤 트럭이 차례로 밭 입구로 이동합니다. 폭이 2.5m밖에 안 되는 제방길이지만 전문가의 운전 실력은 놀라워서 수월하게 통과했습니다. 전날 전동 톱으로 잘라냈는데도 걸리는 밤나무 가지가 있어 살짝 들어 올리고 무사히 통과합니다.

이제 마지막 단계입니다. 맹꽁이 크레인이 두꺼운 침목을 괴어 놓은 위에 네 개의 다리(아웃트리거)를 내리고서, 농막 바깥으로 튀어나와 있는 아연도각관 구조체 고리에 네 개의 와이어를 걸어서 들어 올린 다음, 농막을 주춧돌의 위치에 정확하게 맞게 서서히 내려놓았습니다.

길게 설명했지만 저상 트레일러가 밭 근처에 도착하고부터 기중기가 농막을 무사히 내려놓기까지 한 시간도 걸리지 않았습니다. 이런 작업을 수십, 수백 번 해보신 분들이라 무탈하게 완료해 주셨지요. 하지만 지켜보는 저는 내내 조마조마했고, 4톤짜리 가설건축물을 200km가량 운송해서 내려놓는 작업도 이렇게 사전에 준비할 일이 많고 숙련된 전문가들의 협업이 필요하다는 사실을 체감하며 경이감을 느꼈습니다.

보통 사람들이 사는 물건 중에 가장 비싼 물건이 자동차입니다. 자동차가 농막보다 비쌀 수 있지만, 차를 살 때는 출고장에서 인도받아 직접 운전해 오거나 차량 탁송료를 지급하고 원하는 장소에서 넘겨받으면 될 뿐이라 구매한 물건을 받으면서 이렇게 걱정할 일이 없습니다.

저는 수주업의 발주자가 되어서 이렇게 고가의 제품을 주문하고 중간중간 제작 과정을 사진으로 공유받고, 한 차례 현장에서 공정 진행 정도까지 눈으로 확인하는 경험은 처음 해봤습니다. 농막의 운송과 설치 현장에 입회하여 납품의 마무리를 지켜보면서 조선소의 선박 진수식에 참여한 선주처럼 그간 느껴보지 못했던 성취감을 경험했습니다.

맹꽁이 크레인이 밭에 놓기 위해 들어 올린 4톤 무게의 농막

7장

농막
신고와
전기
인입하기

이제 농막도 밭에 잘 모셨겠다, 큰일은 다 끝났습니다. 그렇지만 아직 처리해야 할 일들은 남았습니다. 농막을 설치했으니 관할 시·군청에 가설건축물 축조 신고를 해야 합니다. 실무상 가설건축물 축조 신고를 농막 설치보다 먼저 하는 경우도 많습니다.

신고는 건축신고 및 허가신청을 하는 건축행정시스템인 '세움터'를 통해 온라인으로도 가능합니다. 하지만 건축사와 공무원들이 주로 이용하는 시스템이어서 기능이 복잡하고 불편했습니다. 그래서 저는 아래 서류를 준비한 후 시청 허가건축과에 방문해 신고했습니다. 축조 신고를 위해 준비한 서류들은 다음과 같습니다.

서류명	참고
가설건축물 축조신고서	건축법 시행규칙 [별지 제8호서식]
농막 평면도	저는 농막 제작사에서 받은 평면도를 첨부했는데 웹에서 검색되는 여러 도면들 중 구조가 같은 도면을 수정하시거나 손으로 직접 그려도 무방합니다.
대지 내 농막 배치도	특별히 제한이 없어서 저는 토지이음 사이트에서 지번을 넣으면 나오는 지적도를 확대하여 캡처한 이미지 파일 안에 그림판으로 비례에 맞게 사각형을 그렸습니다
토지의 부동산 등기사항 전부증명서	농막을 설치할 농지의 소유자임을 입증하기 위한 목적이며, 타인 소유의 토지에 설치할 경우 토지사용승낙서, 지적도, 소유자 인감증명서가 필요합니다.
신고인의 신분증	본인 확인 목적

이렇게 신청서류를 제출하니 농지취득증명서를 발급받을 때 작성했던 영농계획서와 비슷한 사업계획서를 작성하라고 해서 현장에서 자필로 기재해서 제출하였습니다. 가설건축물 축조 신고에 따라 3년 동안 농막을 유지할 권리를 누리는 것에 대한 '등록면허세'는 9,000원인데, 전자납부번호와 가상계좌번호가 있어서 간편하게 납부 가능합니다.

농막 신고와 납세의무를 이행하고, 도로명주소를 받았습니다

신청서를 제출받은 관할 시·군청은 축조신고서를 검토한 후에 신고필증은 등기우편으로 집으로 보내줍니다. 저는 신고한 날로부터 3 영업일 후에 등기우편으로 신고필증과 안내문을 받았습니다. 농막을 3년 넘게 계속 이용할 경우에는 신고 기간인 3년이 만료되기 7일 전까지 건축법 시행규칙 [별지 제11호서식] '가설건축물 존치기간 연장신고서'를 제출해야 하는데 세움터를 통해 온라인으로도 가능합니다.

제가 받은 가설건축물 신고필증에 동봉된 〈가설건축물 축조 관련 안내문〉은 농막은 주거 목적이 아니라는 점을 강조하면서, 연면적 합계가 데크 포함 20㎡라고 안내하고 있었습니다. 그리고 등록면허세를 납부해야 하며, 존치 기간이 1년 이상인 경우 취득세를 자진신고·납부하도록 안내하고 있었습니다.

안내문에 언급된 것처럼 지방세법에 따라 부동산 등을 취득한 사람에게는 취득세가 부과됩니다. 취득세는 취득일로부터 60일 이내에 신고·납부해야 하고, 기한 내에 무신고하는 경우에는 무신고 가산세 20%와 납부불성실가산세(2.5/10,000×납부지연일자)이므로 과세 관청이 직권고지를 하기 전에 자진신고·납부하시기 바랍니다.

취득세 신고서와 가설건축물 신고필증만 있으면 되고, '취득가액을 증명할 수 있는 서류'를 따로 준비할 필요는 없습니다. 신고서에 기재할 취득가액은 국세청장이 고시하는 신축건물기준가액에 각종 지수와 특례를 적용하여 산출한 시가표준액으로 산정이 되니까요. 이 시가표준액이 보통 실제 농막 구매 대금보다 훨씬 적은 금액입니다.

담당 공무원이 취득가액 산정을 위해 농막의 구조 형태를 물어볼 수 있습니다. 건물시가표준액 산출체계에서 건축물 공법별로 건물 신축가격기준액이 다 다르고, 산식의 구조지수도 다르기 때문입니다. 제 경우는 목구조로 기재했더니 계산되어 나온 취득세가 총 83,880원이었고, 여기에 농어촌특별세 10%를 합산한 총 납부액은 92,260원이었습니다. 전자납부번호가 있어서 스마트폰 위택스 앱에서도 납부가 가능합니다. 이렇게 저는 농막에 대한 모든 신고와 납세의무를 이행했습니다.

농막 설치와 가설건축물 축조 신고가 완료되면 도로명주소를 부여받을 수 있습니다. 도로명주소가 나오면 사업자등록 시 농막을 사업장 소재지로 신고할 수도 있습니다. 제가 농막에 도로명주소를 부여받고자 했던 이유는 상당수의 온라인 쇼핑몰들이 지번 주소만 있는 곳으로는 물품 배송접수를 안 받아줘서 농막으로 작업 도구나 농사용 자재를 직접 배송받기 불편해서였습니다.

도로명주소를 받기 위한 건물번호부여 신청은 시청을 방문해서 서면으로도 가능하지만 '정부24' 사이트에서 온라인으로 신청하면 더 간편합니다. 서식 작성 후 증빙자료로 농막의 가설건축물 신고필증과 건물배치도, 실제로 설치된 농막의 전경 사진을 첨부해서 제출하면 됩니다. 제 경우는 신청한 다음 날 건물번호판을 수령해 가라는 문자메시지 안내를 받고서 공주시청 종합민원실에 있는 지적재조사팀 도로명주소 담당자로부터 확인을 받고 건물번호판을 받아 왔습니다. 건물번호판 부착 후에 미리 안내받은 업무용 휴대전화번호의 문자메시지로 건물번호판이 부착된 건물 사진을 보내야 합니다.

공주시의 수수료는 도로명 건물번호판 제작 비용을 포함해서 6,600원이었는데, 본인이 다른 소재와 색상의 주소판을 원한다면 자율형 건물번호판 디자인 시안을 첨부해서 신청할 수 있습니다. 저는 일단 기본형으로 신청해서 받았는데요. 도로명주소판의 디자인이 마음에 들지 않으면 추후에 온라인에서 제작해 주는 건물번호판을 구매해서 교체, 부착하면 됩니다.

전기 인입도 무사히 끝마쳤습니다

전기가 들어오면 조명과 냉장고 등의 가전제품들을 사용할 수 있고, 작업할 때 값비싼 충전식 전동공구가 아닌 저렴한 유선 전동공구를 사용할 수 있습니다. 그러므로 전기 인입은 최대한 서둘러서 마치는 것이 좋습니다. 앞서 간단히 설명해 드렸던 것처럼 농막에서 전기를 사용할 수 있는 방법은 크게 두 가지가 있습니다.

일반적으로 지자체에 등록된 전기공사업체에 연락해서 한국전력공사(이하 '한전')에 대한 '전기사용신청'을 대행해 달라고 요청합니다. 또는 농막에 태양광발전설비와 전력저장장치(ESS)를 갖추고 전력망 연결 없이(off-grid) 전기를 사용해도 됩니다. 다만 농막은 주택용 태양광발전 시설 설치 지원 대상이 아닙니다. 그리고 절감한 전기 비용으로 투자금액을 회수하기 위한 기간이 길어서 경제성이 떨어집니다.

　게다가 태양광 패널에 대한 주기적인 청소 관리도 부담이 될 수 있습니다. 그러니 오프그리드는 기존 전신주로부터 본인의 농지까지의 거리가 너무 멀어서 전기 인입비용 부담이 큰 경우에나 고려할 만합니다. 제 밭은 기존 전신주로부터 20m 거리에 있기 때문에 저는 당연히 첫 번째 방법을 선택했습니다.

　전기공사업체에 전기사용신청 대행을 맡긴 후 전기를 사용할 수 있을 때까지 최소한 3주 이상이 걸립니다. 공주시 관내의 전기공사업체들에 연락해 보니 농막이 현장에 없는 상태에서는 전기사용신청이 불가능하다고 해서 농막이 설치된 다음 날에 전기공사업체를 통해 전기사용신청을 했습니다. 한전의 기본공급약관 제60조 제1항에 기재된 '농사용전력(을)'은 농작물 재배를 위해 사용할 때만 적용됩니다. 따라서 농사를 짓는 중 일시 휴식하는 공간인 농막에서 사용하는 전기는 주택용 전력입니다.

　주택용 전력으로 신청할 때 두 가지를 결정해야 했습니다. 첫째, 동시에 사용하는 전력량인 '계약전력'을 '3kw로 아니면 5kw로 할 것인지'입니다. 일부 지자체는 농막의 경우 3kw로만 신청하도록 제한하기도 한다는데, 공주시는 5kw 신청도 가능했습니다. 저는 농막에서 냉장고, 전자레인지, 전기필름 바닥난방, 인버터 냉난방기, 50리터 순간온수기, 외부 콘센트를 이용한 전동공구 작업을 위해 전기를 사용할 예정이라 5kw로 신청했습니다. 부담금이 동일하고, 단위 이용료도 3kw보다 싸서 5kw를 선택하지 않을 이유가 없었습니다.

다음으로 전신주에서 농막까지 공중식과 지중식 중 어떤 방식으로 외선을 연결할지 결정해야 합니다. 부담금은 한전의 전기공급약관 [별표4]에 나와 있습니다. 우선, 저는 전신주로부터 거리가 20m 남짓이라 '거리시설부담금'은 생기지 않습니다. 기존 전신주로부터 거리가 많이 떨어져 있는 경우에는 비용 문제로 공중식이 불가피합니다. 저는 전신주에서 농막을 연결하는 전선이 축 늘어져서 농막의 디자인을 해치는 모습을 보고 싶지 않아 약 10만 원을 더 부담하고 지중식을 선택했습니다. 전선을 보호하는 지중식 연결관 지름은 50mm로 요청했습니다.

전기사용신청 이후에는 위 전기공급약관 [별표4]에 따라 산정된 전기신청 시설부담금을 납부했습니다. 그 후에 한전 담당자가 전신주와 외선을 시공하고, 사용 전 점검을 한 후에 전기 사용량을 기록하는 전력량계를 설치하면 한전이 송전을 해줘서 정상적으로 전기를 사용할 수 있습니다. 각 단계가 진행될 때마다 한전에서 카카오톡 모바일 전자문서를 통해 스마트폰으로 신청 진행 현황과 필요한 정보들을 전달해 줘서 유용했습니다.

의뢰한 전기공사업체로부터 전기를 쓸 수 있게 되려면 빨라도 3주, 늦으면 한 달이 걸릴 거라고 들었는데, 정확히 3주가 걸렸습니다. 회색의 전력량계를 농막 건물에 달고 싶지 않았는데, 다행히 전력량계를 새로 설치한 전신주에 매달아 주셨습니다. 제 경우는 기존 전신주와 매우 가깝지만 농막이 현황도로 맞은편에 있고 위치가 현황도로보다 높다 보니 한전에서 전신주를 1개 설치해야 한다고 했습니다.

전신주 설치 비용은 한전이 부담했지만, 제 땅 안에서 전신주를 설치할 장소에 미리 말뚝을 심고 깃발로 표시해 달라는 요청이 있었습니다. 그러니 밭 공간을 사용할 계획을 세울 때 전신주를 설치할 위치를 미리 염두에 둘 필요가 있습니다. 농막 외에 농작업을 위해 추가로 전선을 연장한다면 이 부분도 미리 계획해서 전기공사업체에 한꺼번에 의뢰하면 좋습니다.

8장

집처럼
편안한
농막
꾸미기

여기까지 기반 시설을 모두 갖췄다고 생각했는데, 하나 부족한 것이 있었습니다. 동결심도 아래의 땅속을 지나온 상수도 물로 샤워하니 9월 말에도 물이 꽤 차가웠습니다. 그렇다고 농사일을 하느라 흙먼지가 잔뜩 묻고 땀에 젖은 옷을 그대로 입고서 차에 타고 집에 가는 것도 괴로운 일이었습니다. 왜 전기온수기를 농막에 설치하는지 이해할 수 있었습니다.

온수기는 가격대도 다양하고 여러 제품들이 있습니다. 농막 제작사인 C사의 경험을 들어 보니 소형 순간온수기를 몇 년 쓰다 보면 압력 문제로 터지는 경우가 종종 있다고 합니다. 우리나라에서 판매 중인 여러 보일러 제작사들이 파는 온수기들은 보증기간이 1년이었는데, 유일하게 미국 시장 점유율 1위인 P사 제품만 보증기간이 5년이었습니다. 부피가 크고 가격과 설치비도 상대적으로 비쌌지만, 고장 시의 불편함과 수리비를 감안해서 저는 P사 제품을 구매했습니다. 온수기는 밖에서 보이지 않도록 싱크대 하부장 안에 넣었습니다.

용량은 성인 1명이 샤워하기에 충분한 50리터 모델을 선택했습니다. 고압 용기로 인해 설치 시에 주의가 요구되는 제품이라 설치비도 비싼 편입니다. 압력으로 인해 용기가 터지지 않도록 불필요한 증기를 빼는 투명 호스가 있는데 뜨거운 온수 출수관의 영향으로 녹지 않도록 별도의 배선 구멍을 뚫어서 분리해 설치했습니다. 50리터의 온수가 만들어져서 통에 가득 차는 데 2.5kw의 히터로 1시간 30분 정도 걸립니다.

이렇게 온수기를 설치했지만 지난 1년 동안 손님이 왔을 때를 빼고 제가 혼자 있으면서 온수기를 사용한 횟수는 10회가 되지 않습

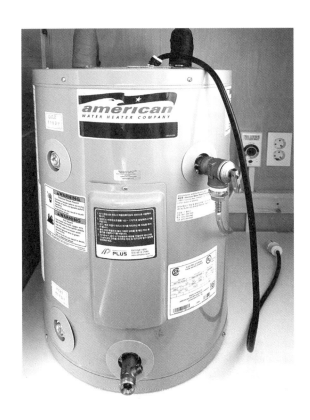

농막에 설치한
50리터
전기온수기

니다. 농막을 설치한 초기에는 벽돌쌓기 등 쌀쌀한 계절에도 바깥에서 땀 흘리고 몸을 더럽혀가며 할 일이 많았지만 완성되고 나니 여름철에는 냉수로 샤워해도 되고, 겨울철에는 땀이 날 정도로 농사일을 할 일도 없어서요. 어린 자녀 등 가족이나 손님을 위해서가 아니라면 전기온수기는 굳이 설치하지 않아도 괜찮다고 생각합니다.

농막에는 이 물품들을 마련했습니다

농막에서 꼭 필요한 가전제품들을 선택하는 것도 즐거운 고민이었습니다. 우선 저의 슈필라움인 농막 안에서 어떤 일들을 할지 떠올려 봤습니다. 평일에는 텃밭 농사 후 책을 보거나 음악을 들으며 쉬는 호젓한 휴식 공간이라는 용도면 충분합니다. 하지만 주말에는 농사일을 거들어줄 아내와 간단한 요리를 해 먹고, 차와 간식을 먹으며 카페처럼 편히 쉬고 싶었습니다.

　6평에 불과한 농막 안에 놓는 물건들은 최소화해야 합니다. 제게 꼭 필요한 가전제품들을 꼽아 보니 일곱 개가 나왔습니다. 그리고 이런 가전제품들을 더 편리하게 사용하기 위해 사물인터넷(IoT)도 설치하기로 마음먹었습니다. 작은 공간이니 고급스러운 제품을 놓고도 싶었지만 주 2~3회 가는 공간에 집보다 좋은 가전제품을 비치할 필요는 없다는 아내의 말에 수긍이 되어서 과한 욕심을 접었습니다.

　첫째는 냉장고였습니다. 냉장고는 용량, 높이, 냉동실과 냉장실 구분이 필요한지 여부를 따져봤는데, 150L 용량의 냉동실과 냉장실이 구분된 2도어 제품을 구매했습니다. 특별한 기능은 없는데 윗부분 바닥이 평평하면서 높이도 1,400mm 정도여야 전자레인지를 올려놓았을 때 성인이 조작하기 편리한 위치라 이 기준대로 골랐습니다. 농막은 좁은 공간이라 저소음 모델이 좋습니다. 다만 수요가 적은 소형 제품군이라 선택의 여지가 별로 없었습니다. 사용해 보니 굳이 더 큰 냉장고는 필요 없다고 생각됩니다.

　둘째는 전기 인덕션 조리기구입니다. 전기 인덕션이 LPG가스를 배달받아 쓰는 것보다 훨씬 실용적입니다. 주로 주요리를 볶거나 찌개와 같은 국물 요리를 만들고, 가끔 실내에서 아내와 옥수수나 감자를 쪄 먹을 용도로 2kw 출력의 1구 제품을 샀습니다. 2구인 제품이 더 편리하겠지만 주방 조리대 폭이 싱크볼 포함 2m에 불과해서 차지하는 공간이 적은 제품으로 골랐습니다. 실제로 농사일을 하다 보면 요리할 시간도 많지 않고 힘이 빠져서 불을 두 개 쓰는 거창한 음식을 차려 먹을 일이 거의 없습니다. 하부장 매립형이 아닌 거치형 제품이라 위치를 옮길 수 있어 식탁 위에 놓고 전골을 먹을 때도 편리합니다.

셋째는 전기 주전자입니다. 필수품은 아니라고 볼 수도 있지만 번거롭게 전기 인덕션에 주전자를 올려놓고 가열하는 것보다 간편하지요. 금방 물을 끓여서 커피나 차를 마실 수 있어서 자주 사용하게 됩니다. 내부가 스테인리스로 되어 있고 세척하기 편한 제품을 추천합니다.

넷째는 전자레인지입니다. 1구 인덕션을 사용하다 보니 주요리와 함께 먹을 밥이나 국을 데우거나 닭장에서 챙겨 온 달걀들로 계란찜을 할 때 잘 사용하고 있습니다. 냉장고 위에 올려놓을 수 있는 출력 700W 이상 제품이면 됩니다. 광파오븐이나 에어프라이어 기능이 포함된 복합 조리기구들도 있지만 저는 다양한 기능을 잘 사용하지 않을 것 같아서 부피가 작은 전자레인지를 샀습니다. 오븐 기능이 있으면 갓 수확한 가지와 방울토마토, 파프리카와 같은 채소에 올리브유와 소금을 뿌려 구운 채소 오븐 구이를 농막에서 해 먹을 수 있으니 오븐레인지를 구매해도 좋다고 생각됩니다.

다섯째는 스마트폰으로 간편하게 좋은 음질을 즐길 수 있는 무선 연결(블루투스 또는 에어플레이)을 지원하는 스피커입니다. 제 농막 내·외장재가 목재라 흡음 효과가 좋습니다. 덕분에 농막 내부에서 볼륨을 높여도 밖에서는 소리가 잘 들리지 않아 아파트에서는 감히 들을 수 없는 큰 음량으로 음악을 감상하는 즐거움을 누리고 있습니다.

여섯째는 무선청소기입니다. 6평 공간이면 걸레로 청소하는 게 더 빠르다고 볼 수도 있지만, 바닥이 원목 마루면 물걸레 청소를 할 수 없습니다. 그리고 밖에서 농작업을 하며 드나들다 보면 어느새 흙

알갱이나 낙엽 부스러기, 잡풀들이 바닥을 더럽히는 일이 빈번합니다. 방 하나를 청소하기 적당한 크기의 작은 무선청소기가 공간도 많이 차지하지 않고 유용합니다.

　　일곱째는 벽걸이형 냉·난방기입니다. 바닥난방으로 전기필름이 있긴 하지만 공기를 데울 수는 없습니다. 또, 6~8월의 여름 무더위를 감안했을 때 농막에서 쾌적하게 휴식을 취하려면 에어컨 냉방은 필수입니다. 그래서 저는 처음에 농막 제작을 의뢰할 때부터 다락 공간 대신 있는 벽장 공간 중 일부에 벽걸이형 냉·난방기 실내기를 매립할 공간을 요청했고, 에어컨은 전력 소모가 적은 인버터 기능이 있는 제품을 구매했습니다.

　　농막의 층고가 높다면 제품에 표기된 냉난방 표기 면적의 1.5배인 9평형 모델 이상을 선택하시기를 추천합니다. 다만 냉·난방기는 성에 제거 모드가 필요해서 냉방보다 난방의 효율이 떨어지며, 영하 15도 이하인 중부지방의 혹한기에는 난방 가동이 안 된다는 단점이 있습니다. 저는 바닥 공간을 차지하지 않고 냉방과 난방을 한 대의 기계로 해결할 수 있어서 잘 쓰고 있습니다. 또 층고가 높은 농막에서 벽걸이 냉난방기로 난방을 할 경우 따뜻한 공기가 천장 쪽에만 모여 있기 때문에 에어 서큘레이터를 돌려서 공기를 순환시켜 주면 좋습니다.

IoT 설비도 구축했습니다

　　요즘 신축 아파트들은 다양한 IoT 기능들을 지원합니다. 언제 어디서나 스마트폰으로 조명, 난방, 환기, 가스 밸브, 전동 블라인드 등을 조작하는 IoT 기능을 이용하다 보니 매우 편리했습니다.

저는 세 가지 이유로 농막에도 IoT를 갖추고 싶었습니다. 첫째, 초봄이나 늦가을에도 농막 실내 온도가 10도 이하일 때가 많은데, 농막에 도착하기 전에 미리 전기필름 바닥난방을 켜놓고 필요하다면 인버터 냉난방기의 난방도 가동해서 실내를 훈훈하게 만들어놓고 싶었습니다. 둘째, 겨울과 같이 여름철에는 집에서 출발하면서 미리 에어컨을 틀어 쾌적한 상태로 만들어놓고 싶었습니다. 셋째, 농막에서 세수나 샤워, 설거지를 위해 온수를 사용하려면 길게는 1시간 전에 전기 온수기를 가동해야 했습니다. 쌀쌀한 계절에는 농막에 가기 전에 미리 온수기를 가동할 수 있으면 편리할 것 같았습니다.

그 밖에 IoT 기반 동작감지형 CCTV를 통해 농막의 방범 문제를 해결하시는 분들도 있는데 제 경우는 이웃집이 있어서 방범용 CCTV는 설치하지 않고 있습니다. 대신에 올해부터는 야외 수전에서 호스를 연결한 스프링클러로 텃밭에 물을 주는 시간을 조절할 수 있는 WiFi 기반 컨트롤러와 함께 나중에 닭장까지 야외 배선과 방우형 콘센트를 설치하면 치킨런 안에 홈캠을 달아서 제가 없을 때 닭들이 잘 지내는지 영상으로 확인해 보려고 합니다.

IoT를 구축하려면 인터넷 연결이 필요한데 농막에서 WiFi를 사용하려고 별도 회선을 계약해서 인터넷 서비스를 사용하기는 아깝습니다. 이럴 때 각 통신사에서 일정 액수 이상의 요금제를 이용하는 휴대전화 가입자에게 무료로 혹은 저렴하게 제공하는 데이터쉐어링 서비스를 활용하면 좋습니다. 가입한 휴대전화 요금제의 데이터를 같이 쓰는 방식이고, 통신사의 데이터쉐어링 유심을 구매해야 합니다.

통신사의 모바일 통신을 2.4GHz WiFi로 변환해 주는 리시버 제품을 사서, 구매한 데이터 유심을 넣고 전원에 연결한 후 안내서에 따라 설정해 주면 농막에서도 무선 인터넷을 사용할 수 있습니다. 이후 IoT 기능이 있는 가전제품들을 무선 인터넷에 연결해 주면 됩니다. 저는 스마트소켓에 전기온수기와 전기필름 난방 전원을 연결해 놓았고, 냉난방기도 제조사가 제공한 앱으로 인식시켜서 농막 이용이 한결 편리해졌습니다.

이렇게 저는 'Farmacy'라고 이름 붙인, 구상했던 슈필라움에서 가장 필수적인 기반 시설과 농막 건물을 설치했습니다. 농막 안의 공간도 정성을 다해서 특별하게 꾸며보았습니다.

IoT 농막에 꼭 필요한
스마트콘센트

하지만 아직 절반의 완성일 뿐이었습니다. 밭에 와서 농사일을 하며 휴식하고 또 음식을 해 먹을 수 있는 공간은 생겼지만, 야외 수전 외에는 농사를 짓기 위한 시설들이 전혀 없었으니까요. 이듬해부터 실제로 농사를 짓고 가축을 기르기 위한 시설들까지 만들어야 저의 '슈필라움'이 될 수 있는지를 확인할 수 있을 테니까요.

땅을 사고 나서 이런저런 농막 구상을 했고, 전문가인 건축사의 도움을 받았지만 문외한인 제가 제조된 농막을 넘겨받고 필요한 시설들을 설치하는 데 공부해야 할 사항들이 예상했던 것보다 많았습니다. 그 과정들을 마치고 난 다음에 돌이켜 보니, 농막이 전원주택 건축의 예행연습 같다는 생각이 듭니다. 문외한이 기반 시설을 갖추는 일의 중요성을 알게 되었다는 측면에서 특히 그랬습니다.

그래서 전원주택에 관심이 있다면 지어진 주택에서만 살다가 건축주가 되는 것보다 밭을 사고 그 밭에 기반 시설과 농막을 설치해 보기를 권하고 싶습니다. 농막을 사용해 보고, 주말 취미 농사를 통해 농촌 생활이 자신에게 잘 맞겠다는 확신이 들 때 귀촌해서 전원주택 건축주가 된다면 리스크도 줄일 수 있고, 좀 더 유능한 건축주가 되실 것이라고 믿습니다.

농막은 세컨하우스가 아닙니다

저는 세컨하우스를 열망하다가 여러 가지 제약으로 인해 포기하고 농막을 선택했습니다. 그래서인지 주택이 아니라 농작업 중 휴식 공간인 것을 알면서도 자꾸 농막을 세컨하우스처럼 꾸미고 싶을 때가 많았습니다.

시골에 농막을 설치하고 취미 농사를 짓는 사례들을 찾아보면 연면적 20㎡는 너무 좁아 불편하다고, 가로 길이를 1~2m 더 길게 만들거나 아연도각관에 샌드위치패널 등으로 창고나 비 가림 공간을 덧붙여서 증축한 사례들이 상당수 있습니다. 이런 농지법 위반 행위들은 주말·체험영농을 희망하는 비농업인에게 예외적으로 농지의 취득을 허용하고, 일시 휴식 공간으로 농막을 설치할 수 있게 허용해 준 농지법의 취지에 어긋납니다. 따라서 누군가 관할 지자체에 신고하면 해당 부분에 대한 철거 처분이 내려지고, 설령 농막의 가설건축물 신고 기간인 3년 동안 아무런 문제가 없었더라도 신고를 갱신하려고 할 때 갱신 거절의 사유가 됩니다.

요즘은 가설건축물에 대한 사용 기간 연장 신청이 접수되면 담당 공무원이 현장에서 법 위반 여부를 직접 확인하고 갱신 신고를 수리하는 사례가 늘고 있습니다. 농막 둘레에 목재나 합성목재를 깔아 데크 공간을 만들거나, 농막 지붕을 건축면적에 들어가지 않는 처마 길이인 1m를 초과해서 길게 뽑은 테라스를 만들어서 야외 산책 및 휴게 공간으로 사용하기도 합니다.

하지만 농지법에는 농막에 실외 보행공간인 데크(목재·석재)를 설치할 수 있는 근거도 없고, 대부분의 지자체들은 농막에 대한 가설건축물에 대한 축조 신고필증을 교부하면서 농지에 데크 및 테라스를 설치할 수 없다고 안내하고 있습니다. 그러니 처마 그늘이 필요하다면 1m 이내로 하시고, 기둥에 천막 차양을 묶어 그늘막을 만들거나 접이식 어닝을 사용하시기 바랍니다.

수확한 농작물들을 말릴 공간이 필요하다면 야외용 이동식 가구인 평상을 활용하면 좋습니다. 평상도 고정되어 있거나 사람이 이동시키기 어려울 정도로 크기가 크다면 데크로 간주될 수 있으니 보다 넓은 평상이 필요하다면 2인이 들어서 옮길 수 있는 크기의 평상을 여러 개 붙여서 사용하시기를 추천합니다.

농지법은 농지를 농작물과 농지법 시행령에서 정하는 다년생식물을 재배하는 땅[1]이라고 정의합니다. 그리고 시행령[2]에서는 '조경 또는 관상용 수목과 그 묘목이더라도 조경 목적으로 식재한 것을 제외한다'고 명시하고 있습니다. 따라서 잔디와 조경수, 관상용 꽃을 식재하고 재배하여 타인에게 판매한 매출 실적을 제시할 수 있다면 정당한 농지 이용행위지만, 전원주택의 정원처럼 조경 목적으로 농지에 잔디를 심거나, 조경수 혹은 관상용 꽃을 심으면 농지 이용행위로 인정되지 않습니다.

흙바닥은 잡초도 많이 나고 눈비가 오면 장화가 빠지고 농막 신발장이 진흙으로 더러워집니다. 이런 불편함 때문에 농막 기초 이외의 장소에 파쇄석이나 잡석을 넓게 깔거나, 걷는 통로에 디딤돌을 연달아 놓는 경우가 많습니다. 하지만 먼저 그 지역의 농지법 위반 단속 기준과 관행을 확인하셔야 합니다. 잡초와 질척한 땅이 불편하다면 소모품이긴 하지만 간편하게 걷어낼 수 있는 야자매트나 방초매트를 깔아도 됩니다.

농막 본연의 정체성을 명심하세요

무엇보다 농막은 농작업 중 일시 휴식을 하는 곳이고 주택이 아니니 숙박을 할 수 없습니다. 그런데도 검은색 차광막을 둘러 안을 들여다볼 수 없게 한 비닐하우스 안에 농막을 넣고, 세탁기까지 설치해서 1년 내내 사람이 살고 있는 경우도 꽤 있습니다. 상시 거주하는 모습을 다른 사람들에게 들키지 않도록 궁리해서 무허가 주택에서 생활하는 셈입니다.

주말마다 농막에 지인들을 불러서 연기를 피우며 고기를 굽고 왁자지껄한 술판을 벌여 주민들과 갈등을 빚는 사례들도 있습니다. 그런 사람들은 주말·체험영농 목적으로 농업경영계획서를 작성하여 농지를 취득해 놓고는 농사는 제대로 짓지도 않는 경우가 태반이지요.

생계를 위해 땀 흘려 농사짓는 마을 주민 입장에서 일하는 사람들 옆에서 시끄럽게 노는 이들을 주말 농부로 인정해 주기는 어렵습니다. 특히 여름철에는 폭염 때문에 낮 시간에는 농작업을 할 수가 없어서 동이 터오는 새벽 4시부터 아침까지 바쁜 일을 끝내야 하니 일찍 잠을 청하는 농민들이 많습니다. 그러니 조용한 시골 마을에서 늦은 밤까지 야외에서 소음을 내는 민폐는 삼가야 합니다.

심지어 밭에 금속 프레임과 PVC로 된 조립식 야외 풀장을 만들어 수도료가 저렴한 농업용수를 가득 채워서 자녀들과 수영을 즐기거나, 한전과 저렴한 농업용 전기 사용계약을 해놓고 전기자동차 배터리를 충전하는 사례도 적발되었습니다. 이런 몰염치한 행위들은 농업인들과 농촌 주민들이 도시민들을 위한 주말·체험영농 제도와 농막에 대해 부정적으로 인식하는 원인이 되고 있습니다.

법경제학에서 보듯 상당수의 범죄행위는 합리적 기대에 따른 손익 계산의 결과로 기대이익이 기대비용보다 클 때 저지르게 됩니다. 과거에는 시골에서 농막 관련 농지법을 위반하더라도 적발되어 처벌될 확률이 낮았고, 한 번 과태료가 부과되면 재처분을 내리지 않는 관행도 있었습니다. 하지만 이제는 모든 농지가 농지대장으로 기록되며, 농지실태조사를 매년 실시하도록 강화된 상황입니다. 더 이상 과거처럼 허술하게 관리되거나 읍소하면 눈감아 주는 시대가 아닙니다.

도시와 농촌의 '이웃'이란 개념은 매우 다를 수밖에 없다는 것을 명심하는 것도 중요합니다. 현관문과 창호를 통해 세대의 전용 공간과 공용 공간이 분리된 공동주택에서는 집 밖의 일들은 모두 관리사무소 등에서 처리해 줍니다. 하지만 농촌은 다릅니다. 바쁘다고 내 땅의 잡초를 제거하지 않으면 고스란히 이웃 밭의 작물에 피해가 가고, 내가 제대로 정비해 놓지 않은 둔덕이 큰비로 무너져 내리면 쓸려 온 토사가 아래에 있는 남의 밭농사를 망칩니다. 즉, 나의 게으름이 이웃에게 불편을 끼칠 수 있습니다.

그런 면에서 불을 피워 소각하는 일도 유의해야 합니다. 노끈·비닐·비료 포대 등 잡동사니 쓰레기를 밭에서 태우는 행위는 폐기물관리법[3]에 따라 100만 원 이하의 과태료가 부과될 수 있는 행위입니다. 관할 지자체 공무원들이 불시에 단속하는 경우도 있고, 불법 소각 중에 나오는 매연이나 악취 등으로 이웃과 갈등이 생기는 원인이 됩니다. 쓰레기 소각으로 불편을 겪은 이웃 주민들이 지자체 담당자에게 불법 소각 행위를 신고하는 경우도 많습니다.

폐기물관리법에 따르면 죽은 묘목이나 옥수숫대, 콩대, 깻대와 같은 농업부산물을 태우는 것도 과태료 부과 대상인 바, 잘게 썰어 종량제봉투에 담거나 퇴비로 활용해야 합니다. 소음이나 분진, 매연 등을 발생시키는 행위와 같이 주변에 피해를 줄 수 있는 행동을 하기 전에는 미리 이웃 주민에게 괜찮은지 문의하고, 양해를 구하는 습관을 들여서 원만한 관계를 유지하시기 바랍니다.

농촌 생활은 도시와 다르며, 저처럼 농촌 마을 경계에 농막을 놓는다는 것은 농촌 마을에 반쯤은 편입되고자 한다는 뜻과 같습니다. 농촌의 문화와 작동 방식은 이웃에 누가 사는지 몰라도 되며 지나친 관심이 사생활 침해로 여겨지는 도시와 다른 측면이 많습니다. 그래서 비록 주말에만 만나는 사이라고 하더라도 이웃 주민들에게 인사를 잊지 말고 원만한 관계를 맺는 노력도 필요합니다.

농막에 대한 규제와 행정 관행은 더 명확히 정립되어야

다만 현행 제도가 개선되어야 할 점이 있습니다. 현재 농지법 시행규칙에서 농막을 규정하고 있지만, 세부적인 농막 설치 기준은 각 지자체의 조례나 건축신고 담당 부서의 행정 관행에 따라 상이합니다.

어떤 지역에서는 컨테이너 모양의 농막만 신고를 받아주고, 또 어떤 지역에서는 정화조 설치가 불가능합니다. 저는 정화조 설치 여부나 농지에 설치할 수 있는 농막의 기준을 시·군마다 굳이 달리 규율할 필요가 있는지 의문입니다. 농막에 정화조를 금지한 지자체에서는 농지에 분뇨수거통을 부착한 캠핑 트레일러를 주차해 놓고 농막처럼 사용하는 사례가 있습니다. 가설건축물이 아닌 차량이니 이동을 명할 근거가 없지요. 정화조 설치 금지 규제는 농막의 수요를 캠핑 트레일러로 옮길 뿐, 효과가 없다는 게 제 생각입니다.

농지법령에 농막에 정화조를 설치할 수 있는 근거를 명확히 하고, 농지 내 배관 면적과 정화조 상부 면적의 산입 여부, 농막의 모양 및 복층 구조의 허용 여부 등 설치 기준을 통일적으로 규율할 필요가 있습니다. 농작업 목적의 일시 숙박 가부, 농지에서 허용되지 않는 행위들도 법령이나 행정규칙으로 고시한다면, 농막 설치 및 이용행위와 관련된 민원이나 갈등을 줄일 수 있고, 지방자치단체 담당 공무원의 업무수행 기준도 명확해질 것이라 생각합니다.

또한 농막은 건축물이 아닌 물품 제조업이다 보니 수많은 제조사들이 난립하고 있고, 제작자들과 구매자들 모두 농지법령은 물론 각 기초 지자체마다 상이한 농막에 대한 허가 기준을 알지 못하는 경우가 많습니다. 그러니 주무부처인 농림수산식품부는 국민들에게 주말·체험영농 제도를 홍보하면서, 농막이 세컨하우스가 아닌 여가 시간에 취미로 농사를 지으며 치유농업의 효과를 경험할 수 있는 소박한 휴식 공간으로 인식되도록 규제 제도와 행정 관행을 정립해야 합니다.

4부

텃밭약국에서의 치유 농사

1장

농사는

취미로
짓겠습니다

2021년 우리나라의 평균 가구원수는 2.3명이지만 1인 가구가 33.4%로 가장 큰 비중을 차지합니다.[1] 배우자가 있는 가구 중 맞벌이 비중도 46.3%로 절반에 육박하고,[2] 통근 시간은 OECD 국가 중 최장입니다.[3] 대신에 잘 구축된 도로망과 물류 인프라 덕분에 대도시에서는 전날 주문한 신선 농작물이 새벽에 문 앞에 도착하고, 동네 슈퍼나 대형마트에서 주문한 먹거리들도 몇 시간 안에 받아볼 수 있는 편리한 시대입니다.

하지만 평일에 집에서 식재료를 다듬고 조리해서 아침이나 저녁 식사를 챙겨 먹기는 쉽지 않습니다. 주말부부인 저 역시 평일에 혼자 먹는 아침은 우유에 베이글 같은 빵 종류로, 저녁은 밥에 냉동실에 소분해 둔 양념불고기에 채소·버섯을 넣고 볶아 먹거나 국·찌개를 끓여 먹는 정도지요.

밭을 사서 농작물을 경작하겠다고 했으니, 유실수를 심는 공간 외에는 밭농사를 지어야 합니다. 텃밭 농사로 수확한 작물을 식재료로 사용하면 애착이 생길 테니 섬유질이 풍부한 채소를 지금보다 많이 먹게 되리라 생각했습니다. 그러다 보면 튀긴 음식과 육류에 치우친 제 식습관도 보다 건강하게 바꿀 수 있겠다 기대하면서요.

하지만 채소를 아무리 열심히 먹으려고 해도 애초부터 주말부부인 1.5인 가구가 자가소비를 할 수 있는 밭작물의 양은 한정되어 있습니다. 이 부분은 회사에서 분양받았던 1~2평 텃밭에서 잎채소를 키우면서 충분히 실감했지요. 게다가 일과 시간에는 직장 생활을 해야 하고, 여가 시간의 절반 이상은 집이나 도시에서 보내야 합니다. 이런 상황에서 전업 농업인처럼 연간 재배 일정을 세우고, 육묘 트레이에서 씨앗을 발아시키고 연약한 모종을 키우면서, 삽이나 관리기로 퇴비를 뿌린 밭을 갈아엎어 옮겨심기를 준비하는 관행농법은 부담스러웠습니다.

물론 토양의 습기를 보존하고 잡초를 막아주는 비닐 멀칭(mulching), 비료와 농약이 있으니 부지런한 취미 농사로 못 할 정도는 아닙니다. 하지만 농촌의 작은 밭농사도 요즘은 관리기와 비닐 멀칭기 등 기계를 이용해서 노동력 투입을 최소화하고 있는데, 기계를 쓰지 않는 관행농법 텃밭 농사는 손이 많이 갈 수밖에 없으니까요.

저는 일단 텃밭은 예쁘게 만들되 크기는 자가소비를 할 정도로 작게 만들기로 마음먹었습니다. 미관상의 이유로 텃밭에 비닐 멀칭을 하지 않으면 수시로 잡초를 뽑아줘야 합니다. 이 경우에는 면적이 너무 넓으면 풀을 뽑다 지쳐서 방치할 수도 있고, 수확도 노동인데 제가 공을 들여 수확한 채소들을 버리거나 썩히기도 싫었습니다.

그래서 수확량이 좀 줄더라도 밭흙을 뒤집을 필요 없이 부숙된 퇴비나 건초 같은 유기물을 덮고 비료나 농약 없이 채소를 키우기로 마음먹었습니다. 밭일은 가볍게 운동 삼아 정원일을 하는 정도만 해놓고 자연 속 작은 농막 안에서 느긋하게 게으름을 피울 수 있는 밭을 원했으니까요.

그러면서도 여러 가지 채소들을 다양하게 심어보고 싶은 마음도 있었습니다. 저는 이런 점들을 고려해 일단 21㎡의 텃밭을 만들기로 했습니다. 밭이 넓으니 필요하면 더 늘리는 것도 어렵지 않습니다. 텃밭 면적은 각자 쓸 수 있는 시간과 에너지, 키우려는 작물 수와 원하는 수확량에 따라 선택하면 됩니다. 농사 경험이 있는 지인들도 텃밭

울창하게 우거진 공심채 수확하기

을 작게 만들라는 조언을 많이 주셨지요.

초보 농부, 실패를 통해서 배워갑니다

어릴 적 외갓집에 갔을 때 종종 호미와 바구니를 들고 머릿수건을 쓰고 밭에 김매러 가시는 외할머니를 따라가곤 했습니다. 산비탈에 있는 밭에서 외할머니는 뙤약볕 아래 밭고랑에 쭈그리고 앉아 몇 시간 동안 내내 잡초를 뽑고 단단하게 말라붙은 흙을 파고 흙덩이를 부수며 흙을 보드랍게 만들어가셨습니다. 저는 옆에서 메뚜기와 방아깨비를 잡거나 근처 산자락에 나무 열매나 영지버섯이 없는지 찾고 놀았죠.

저는 밭일을 잠깐만 도와드려도 힘들던데, 어떻게 노인께서 그렇게 묵묵히 밭일을 하셨는지…. 작업방석도 없던 시절에 뙤약볕 아래에 쭈그리고 앉아 길고 긴 밭고랑을 따라 오리걸음으로 나아갔던 외할머니는, 96세까지 장수하시긴 했지만 오랜 밭농사 때문에 손상된 무릎 관절로 만년에는 보행기에 의지하셔야 했습니다. 그래서인지 저는 밭농사를 생각하면 무더운 날 쭈그리고 앉아서 김매기하는 모습부터 떠오릅니다.

이렇게 쪼그려 앉아 김매기하는 게 무서웠던 저는 야외 수전을 설치한 2021년 봄에는 밭을 놀려둘 수 없으니 옥수수와 호박을 조금 심어보았습니다. 옥수수는 키가 크게 자라고 호박은 수풀 위로도 넝쿨을 뻗으며 잘 자라니 그땐 미리 밑거름을 주고 지나치게 우거진 풀만 낫으로 잘라줘도 충분했지요. 늦가을까지 수확의 기쁨을 충분히 누릴 수 있었습니다.

이듬해 2022년 봄, 농막을 설치했으니 본격적으로 농사를 짓기 시작했습니다. 그런데 4월 공주의 시장에서 여러 가지 채소 모종들을 사 와 심었다가 꽃샘추위로 다 죽이고 나서야 이들 모종은 비닐하우스나 온실에서 작물을 키우는 이들을 위해 파는 것임을 알게 되었습니다.

또 중부지방에서 4월은 파종하는 시기고, 온상에서 기른 모종을 노지에 심는 것은 5월이 적당하다는 사실을 배웠습니다. 5월 초에 다시 여러 가지 상추 모종, 들깨, 시금치, 딸기, 완두콩, 토마토, 고추, 가지 등을 심었는데요. 퇴근길에 찾아가서 자주 물을 줬는데도 제가 심었던 모종 대부분이 잎이 바싹 말라서 죽거나 전혀 자라지 못해서 이웃 밭에서 우람하게 자란 작물들을 보며 속이 탔습니다.

알고 보니 지난겨울에 밭의 흙이 우크라이나의 흑토처럼 비옥해지라고 퇴비를 틀밭에 너무 많이 부어서 생긴 문제였습니다. 퇴비를 한 팔레트나 사서 펑펑 뿌렸거든요. 20kg 퇴비 한 포대에는 가축의 똥이 40%, 도축 부산물이 30%, 음식폐기물이 5% 들어가는데, 완전히 숙성된 퇴비가 아니라 냄새도 고약했습니다. 저는 겨울철에 밭에 미리 뿌려두면 3~4개월 후에는 독성이 날아갈 거라 생각했지요. 제 착각이었습니다.

결국 2021년 봄에 심은 모종들 대부분은 과한 거름 때문에 생긴 역삼투압 현상으로 뿌리가 수분을 흡수하지 못하고 죽어버렸습니다. 농촌 마을을 보면 퇴비를 팔레트 단위로 사서 검정 비닐을 씌워둔 상태 그대로의 모습을 볼 수 있습니다. 왜 쓰지도 않을 퇴비를 굳이 미리 사두시는지 몰랐는데, 퇴비는 충분히 부숙이 된 후에 사용해야 식

볶아 먹거나 쪄 먹으면 맛있는 가지. 꼭지에 베이지 않게 조심하세요.

물에 해롭지 않기 때문에 농업인들은 미리 사서 1~2년씩 묵혔다가 사용하시더군요.

이렇게 두 달 동안 헛수고를 하고 나니 제가 농사일에 대해 아는 게 전혀 없다는 사실을 인정하게 되었습니다. 결국 6월에 모종 주변의 흙들을 상토로 바꾸고 나서야 심었던 모종들이 제대로 자라더군요.

농부들의 깊은 마음을 헤아린다는 것

이웃의 70대 전업농이신 김 선생님과 신 선생님 내외께서는 300평 이상의 노지 밭에 마늘, 고추, 들깨, 참깨 등을 심어서 수확 후 판매하시고, 20평 남짓의 텃밭에서는 자가소비용으로 배추, 무, 당근, 고구마, 감자, 땅콩, 마늘, 강낭콩, 고추, 토마토, 들깨, 참깨, 대파 등 온갖 채소 등을 길러서 드십니다. 두 가구 다 저와 비슷하게 심었는데도 성장 속도나 수확량이 제가 심은 모종들과 비교할 수 없습니다.

제 밭과 바로 붙어 있는 뒷집의 새마을지도자 김 선생님과 아무래도 자주 이야기를 나누는데요, 종종 집과 저온창고 사이의 비 가림 공간에 있는 평상으로 저를 부르셔서 저온창고 안에 보관되어 시원한 캔커피를 주시곤 합니다. 그때마다 잡풀 하나 없이 잘 관리된 텃밭의 고랑과 육묘장 겸 텃밭으로 쓰이는 작은 비닐하우스, 직접 용접해서 만든 고추지지대 등 갖고 계신 다양한 농자재와 잘 관리된 관리기를 보고 감탄했습니다.

저야 주 1~2회 가지만 갈 때마다 거의 매번 밭일을 하시는 중인데, 평소에도 등에 멘 배낭식 분무기로 부지런히 영양제와 농약, 제

290

초제를 주시더군요. 적기에 수확을 끝내자마자 관리기로 밭을 정리하고 다음에 심을 작물들에 적합한 거름을 준 후에, 비닐하우스에서 파종해 키운 모종들을 옮겨 심는 모습들을 보면서 작물들이 그냥 잘 자라는 게 아니라는 걸 알게 되었습니다.

지난 2년 동안 저는 취미 농사로 30종이 넘는 작물들을 심어봤습니다. 아무리 주 1~2회 일하는 취미 농사라지만 파종한 씨앗이나 사서 심은 모종이 말라 죽거나 자라지 못하는 모습을 보다 보니 제가 바랐던 욕심을 부리지 않는 수준으로나마 소출을 거두는 것도 얼마나 어려운지 깨닫게 되었습니다. 물론 농사일에 쓴 시간과 경작에 대한 지식이 터무니없이 부족했으니 당연한 결과입니다.

공주시에는 돼지찹쌀, 늘보리, 앉은키밀, 대추밤콩처럼 저 같은 사람은 이름도 들어보지 못한 토종 곡물을 소개하는 〈곡물집〉이라는 카페가 있습니다. 이런 재래종 곡물 품종들은 수확해 봤자 상업적으로는 전혀 도움이 되지 않습니다. 그럼에도 바쁜 농사일 와중에 혹시나 멸종되지 않도록 위한 밭에서 따로 길러가며 명맥을 이어온 농부들의 마음을 아직은 헤아리기 어렵습니다.

하지만 제게 파종할 완두콩과 땅콩을 한 줌씩 나눠주셨던 이웃분들의 표정을 떠올리면, 마치 반려동물을 키우는 보호자의 마음과 비슷하다는 생각이 듭니다. 아직 장만하지 못했지만, 농막에 옛날 약장처럼 생긴 작은 수납장을 들이고 싶습니다. 그 서랍 안에는 제가 밭에서 키워 수확한 채소와 곡물의 씨앗들을 차곡차곡 보관해 두고 싶습니다. 농사를 짓는 지인들에게 보관하던 종자를 나눠주다 보면 저도 농부의 표정을 짓게 될 것 같습니다.

2장

팜 가드닝에도 시설은 필요합니다

흔히 생각하는 노지 밭은 평평한 땅에 높은 이랑과 낮은 고랑이 번갈아 있는 모습입니다. 저도 처음에는 씨앗을 파종하거나 모종을 심고서 가꾸고 수확하기 위한 농기구와 물을 공급할 릴 호스 정도만 있으면 되지 별다른 시설이 필요할 거라고는 생각하지 않았습니다. 농막은 이런 농자재들을 보관하는 공간이고요.

하지만 190평 밭을 농막과 이랑과 고랑, 유실수들로만 채우면 공간이 단조로워질 수밖에 없습니다. 또 밭이 넓으면 농사일에 투입해야 하는 시간과 노동량도 커지기 때문에 제가 감당하기 힘들 수도 있습니다. 쪼그려 앉아 김매기를 하기도 두려웠습니다. 수확량이 너무 많으면 열심히 농사를 지어 느낀 수확의 보람은 잠깐이고, 결국은 철마다 다 먹지도 못할 수확물들이 잔뜩 쌓여서 어떻게 처리할지 골머리를 앓게 될 일도 걱정되었지요.

제가 밭을 취미 농사이자 치유 농사의 공간으로 구상했으니 농사도 팜 가드닝에 어울리게 짓기로 마음먹었습니다. 그래서 선택한 세 가지 농업 시설이 벽돌 틀밭, 스프링클러, 덩굴 작물용 격자 울타리 틀밭이었습니다.

틀밭: 취미 농사의 상징

첫 번째로, 저는 외할머니처럼 만년에 무릎관절이 닳아 고생하지 않고자 틀밭을 만들기로 결심했습니다. '쿠바식 텃밭' 또는 '상자 텃밭'이라고 부르기도 하는 틀밭은 보통 나무로 만드는데, 나무는 흙과 비바람에 부식되기 때문에 방부목을 사용하더라도 몇 년 후에는 바스러지게 됩니다. 그래서 저는 만들 때는 힘들지만 일단 만들어놓으면 오래도록 튼튼한 벽돌로 틀밭을 만들기로 마음먹었습니다.

4인치 회색 시멘트벽돌로 쌓으면 비용도 저렴하고 일도 줄어들겠지만, 보기에 아름답지 않을 것 같더군요. 그래서 미관을 고려해 영국식 정원 느낌이 나는 적벽돌을 쓰기로 했습니다. 틀밭의 높이는 50cm로 정했는데, 이는 곁순을 따주거나 수확을 할 때 쪼그리지 않고 서서 허리만 굽히면 되는 높이였습니다. 김매기를 할 때는 농사용 작업방석을 차고 걸터앉으면 되니까요.

다수확을 위한 농사와 개인의 정서적 만족을 위한 취미 농사의 차이를 보여주는 상징이 틀밭(garden bed)이라고 생각합니다. 농사를 지을 공간이 줄어들더라도 소모품인 무릎관절을 혹사하는 쪼그린 자세를 취하지 않겠다는 뜻을 보여주는 농사 시설이니까요. 그래서 밭을 산 2019년 가을부터 초겨울까지 이웃집 새마을지도자 김 선생님에게 벽돌 쌓는 법을 배워서 구상했던 틀밭 3개를 만들었습니다. 앞으로 제가 키울 채소들이 잘 자랄 틀밭을 만드는 일이 제 밭농사의 본격적인 시작이었지요.

제 밭은 남북 방향으로 긴 직사각형인데, 틀밭도 해가 오래 들고 가급적 밭작물들이 서로 그늘을 드리우지 않도록 남북 방향으로 길게 배치하기로 마음먹었습니다. 밭의 규모는 유실수를 심을 면적을 고려해서 계획했던 것처럼 가로 1m, 세로 7m, 높이 0.5m의 5단 벽돌 틀밭 세 개로 전체 면적을 21m^2로 정했습니다. 여러 가지 작물을 심더라도 1.5인 가구가 소비하고 주변에 나눠주기 충분한 면적입니다.

'아기 돼지 삼 형제'의 막내가 된 기분으로 조적공장에 벽돌을 주문했습니다. 트럭이 운반해 와서 지게차가 내려준 적벽돌은 한 팔레트에 1,300개나 되더군요. 벽돌을 쌓을 때 풀과 같은 역할을 하는 미장용 레미탈은 모래와 시멘트가 적정 배합비로 섞여 있어 사용하기 간편합니다. 레미탈은 한 포대가 40kg으로, 혼자서 들기 버거운 무게라 어차피 지게차를 불렀으니 50포 한 팔레트를 같이 샀습니다.

저는 밭을 대강 평탄하게 고른 다음에 바로 벽돌을 4~5단을 올리면 되겠거니 했는데, 김 선생님께서 겨울에 땅이 얼었다 녹았다 하면 횡력에 약한 벽돌들의 위치가 틀어져서 틀밭이 무너질 수도 있다며 땅을 파고 수평을 잡아 기초석을 놓은 후에 그 위에 쌓도록 권해주셨습니다. 기초석으로는 개당 30kg 무게의 120×100×100mm 시멘트 화단경계석을 추천해 주셨습니다.

이제 모든 자재 준비가 완료되었습니다. 저는 먼저 실을 띄운 뒤 땅을 판 다음에 고운 모래를 깔고, 그 위에 수평계로 수직과 수평을 잡아 화단경계석을 놓았습니다. 기초를 쌓았으니 적벽돌을 쌓을 차례입니다. 모르타르(mortar)를 비빌 때는 삽으로 하지 말고 전동 믹서기를 쓰시는 게 좋습니다. 힘과 시간을 많이 아낄 수 있으니까요. 농막 외부에 전원 콘센트가 있으니 저렴한 유선 공구에 20m 전원 릴케이블과 연결해서 쓰기 편리했습니다. 조적 도구는 렝가고대와 고무망치, 온장이 안 들어가는 벽돌을 깰 망치나 컷쏘만 있으면 됩니다.

벽돌 앞면의 위치를 확인한 후 마구리면에 모르타르를 잘 바르고 삐뚤어지거나 앞뒤가 들리지 않게 수평을 확인하면서 레고놀이를 하듯 차근차근 쌓아가면 되었습니다. 마음이 복잡하신 분께는 조적공들이 벽돌 쌓는 영상 시청을 추천합니다. 이걸 언제 다 쌓을까 싶지

오래도록 튼튼한 벽돌 틀밭을 위해 필요한 기초석 놓기

외발수레로 흙을 채워 넣는 데도 꽤 오래 걸렸습니다.

만 리듬을 타며 벽돌을 하나하나 올리다보면 어느새 정갈한 벽돌담이 쌓아지는데, 보고 있기만 해도 기분이 좋습니다. 마음 비우기에 참 좋은 작업이고요. 시멘트가 pH12의 강알칼리라서 오래 접촉하면 피부가 화상을 입게 되니 꼭 라텍스나 고무장갑을 낀 상태로 일하셔야 합니다.

저는 아내와 함께 틀밭을 만들었는데, 쪼그리고 앉아서 낮은 단을 쌓을 때 힘들었지만 한 번만 고생하면 평생 편하게 밭일을 할 수 있다고 생각했습니다. 조적 일을 처음 하다 보니 작업량을 가늠하지 못하고 모르타르를 너무 많이 반죽한 바람에 완선히 어두워진 밤 시간까지 쌓았던 날이 기억나네요. 마음이 급해서 수평을 제대로 안 보고 속도를 내다가 반듯하게 쌓지 못한 흔적들이 틀밭 곳곳에 남아 있습니다. 다른 사람들 눈에는 허술한 모습이 거슬려 보일 수 있지만 제게는 벽돌 쌓던 날의 추억을 떠올리게 해주는 기념 부조지요.

별것 아닌 틀밭이지만 야외 수전뿐인 빈 땅에 처음으로 인공적인 농업 시설을 만들어본 경험은 제가 그 이후에 다른 농사 시설을 만들 수 있었던 원동력이었습니다. 이렇게 벽돌 틀밭을 만든 덕분에 지난 2년 동안 편하게 텃밭 농사를 지었습니다. 다만, 미관을 위해 김 선생님의 조언과 달리 틀밭 5단의 맨 윗면에 모르타르를 바르지 않았더니 2년 만에 벽돌 두 장이 덜렁거리긴 합니다.

스프링클러: 게으른 농사꾼의 필수품

두 번째로 필요성을 절감한 시설은 물을 끌어와서 뿌리는 관수 및 살수 시설입니다. 처음에는 미관상 군이 시커먼 점적관수관이 곳곳에서 보이고, 삼각대 다리 위에서 빙빙 돌아가는 스프링클러 시설을 놓아야 할까 하는 마음이었습니다. 정원 같은 느낌을 해치는 시설이라고 생각했고, 날이 가물어도 주 2회 정도 호스로 물을 듬뿍 주면 충분한데, 자동으로 물을 주는 시설을 두면 오히려 밭에 잘 안 가게 될 것 같다는 생각도 들었고요.

그런데 봄철과 여름철에 여러 날 비 소식이 없으면 주중과 주말에 각각 한 번씩 주 2회 릴 호스로 물을 주는데도 사나흘 만에 한 번 텃밭에 가면 표면의 흙이 바싹 말라 있고, 말라 죽은 모종들이 나오더군요. 비닐 멀칭을 했다면 보온·보습도 되고 잡초도 나지 않을 텐데, 미관상 좋지 않고 가드닝 느낌이 나지 않는다며 멀칭 비닐을 사용하지 않은 대가를 호되게 치렀습니다.

호미로 단단하게 뭉친 마른 흙덩이를 부수고, 마른 풀들을 멀칭재로 깔아주며 수분 증발을 조금이나마 줄이고서야 왜 농촌에서 검정 비닐을 많이 사용하는지 깨달았습니다. 건초, 솔잎이나 우드칩, 코코피트 같은 천연 멀칭재들은 단열 및 보습 효과도 비닐보다 떨어지고 농사를 짓고 나면 소모되는 양도 많습니다.

그래도 멀칭 비닐은 쓰고 싶지 않았기에, 저는 결국 스프링클러를 알아보기 시작했습니다. 분사 거리가 제 밭에 적당하고 각도 조절이 되는 삼각대 다리로 지탱하는 360도 회전 스프링클러 제품을 야외 수전과 물 호스로 연결하면 물 주는 수고를 하지 않아도 됩니다. 관수 시설과 달리 쓰지 않을 때는 접어서 깔끔하게 치워둘 수 있는 장점도 있지요.

다만 스프링클러는 물 소비량이 너무 많아서 계속 틀어둘 수 없고 사람이 가서 틀고 끄거나, 타이머 제품을 조작해야 했습니다. 운동 삼아 재미로 할 수 있는 물 주는 시간을 아끼기에는 제 밭이 너무 작습니다.

그런데 스마트팜이 아닌 작은 텃밭에서도 수도꼭지와 물 호스 사이에 WIFI 컨트롤러를 연결하면 집에서 쓰는 IoT 기기처럼 제가 언제 어디에 있더라도 앱터치를 통해 텃밭에 물을 줄 수 있다는 걸 알게 되었습니다. 어차피 농막에 WIFI 환경을 구축했던 터라 올해부터는 농막에서 가까운 야외 수전 수도꼭지에 이 컨트롤러를 달아서 스프링클러에 연결시켜 스마트폰 앱으로 밭에 물을 언제 얼마나 줄지 조절하려고 합니다.

식물의 광합성은 오전에 활발하고, 광합성을 하기 전에 미리 물을 줘서 날이 더워지기 전에 뿌리가 물을 충분히 흡수하는 게 가장 좋다고 합니다. 이런 시설이 있으면 저처럼 늦잠을 잔 게으른 농부도 문제없이 물을 줄 수 있지요. 덕분에 저는 올해부터 밭에 다녀오고 물 주는 1시간 30분가량의 시간과 5천 원의 왕복 유류비를 아낄 것 같습니다. 물론 틀밭 채소가 아닌 유실수들에는 물이 제대로 닿지 않지만, 나무들은 직접 밭에 가서 가끔 물을 줘도 충분합니다.

가든 트렐리스: 덩굴이 만드는 야외의 그늘막

세 번째는 덩굴 작물을 재배하는 수직 재배시설인 가든 트렐리스(격자 울타리 틀밭, garden trellis)입니다. 첫해에 호박과 참외를 심으면서 덩굴 작물을 심는 보람을 알게 되었지요. 다만 빈 땅에 심은 호박은 잡초들을 뽑아내기 어렵게 만들고, 잎이 뻗어 나가는 기세와 차지하는 면적에 비해 암꽃에 맺히는 열매가 많지 않았습니다. 참외도 틀밭에서 키우다 보니 아무리 지지대를 여러 개 세우고 묶어줘도 덩굴손이 자꾸 바깥이나 옆으로 뻗어 나가 다른 작물들이 자라지 못하게 방해해서 매번 순을 잘라줘야 했습니다.

그래서 덩굴 작물은 다른 작물을 재배하기 힘든 비탈면에 심는데, 제 밭의 비탈면은 이웃의 땅이라 저는 지지대를 만들어서 수직으로 키우기로 마음먹었습니다. 보통 기둥을 세우고 그물을 쳐서 키우지만, 저는 1년생 덩굴 작물인 호박·오이·참외·애플수박 같은 박과 작물의 이파리 덕을 볼 수 있는 여름철 야외 그늘 공간을 가지고 싶었습니다. 농막 앞에 작은 평상 공간이 있지만 뜨거운 해를 가릴 그늘이 없어서 아쉬웠거든요.

비록 눈이나 비는 막을 수 없지만, 덩굴 작물을 격자 울타리 틀밭에서 키우면 넓은 잎을 피우는 초여름부터 가을까지는 뙤약볕에서 일하다 쉴 수 있는 야외 그늘막 공간이 생깁니다. 햇살이 강한 계절에는 낮에 잠깐만 일해도 힘들어서, 장화 신은 채로 그늘에서 시원한 물을 들이켜고 앉거나 벌러덩 눕고 싶은 생각이 간절하거든요. 농막 안으로 들어가면 옷에 묻은 흙들을 다 털고 땀에 젖은 옷들도 갈아입어야 하니 쉬다 보면 더 일하기가 귀찮아져서요. 여기에 평상이나 야외 테이블과 의자를 가져다 놓으면 식사 공간도 되고요. 대신 떨어지는 잎들과 열매가 썩어서 벌레가 꼬이지 않도록 정리해 주는 수고가 더 필요합니다.

위: 더 많은 참외와 애플수박을 수확하고 싶은 의욕에
   만들기 시작한 수직 울타리 뼈대
아래: 완성된 수직 울타리 틀밭

비닐하우스처럼 아연도금 강관으로 터널을 만들고 난 다음에 강관 구조물에 질긴 그물을 치고 하단에 덩굴 작물을 심으면 간편한데 저는 미관상 목재로 만들었습니다. 저도 목공 초보지만 건자재상에서 주문한 3,660mm 투바이포 각목과 닭장을 만들면서 산 원형 톱과 철물, 전동 드라이버와 피스못에 사다리만 있으면 어렵지 않습니다.

우선 네 귀퉁이의 위치를 잡아놓고 철물과 피스못으로 정사각형 모양의 뼈대를 만듭니다. 다음으로 저는 동네 치킨집에서 분리수거함에 버린 18리터 빈 식용유 통을 네 개 묻었습니다. 네 기둥을 식용유 통 안 가운데로 넣고서 모르타르와 자갈을 넣어 굳히면 강풍에 날아가지 않습니다. 그리고 기둥 사이와 천장에 가로대와 중간 기둥으로 구조를 보강해 주고, 울타리용으로 많이 쓰이는 목재 자바라를 타카핀과 피스못으로 고정해 줬습니다.

그렇게 만든 가든 트렐리스의 하단에 벽돌 틀밭을 만들어주면 어엿한 덩굴식물 재배용 농업 시설이 됩니다. 굳이 농지에 정원용 그늘막 시설을 사거나 만들어서 휴양한다는 이웃들의 눈 흘김을 받을 이유가 없지요. 1~2년에 한 번씩 각목과 목재 자바라에 오일스테인을 발라서 관리해 주면 됩니다.

열매가 너무 무거우면 땅으로 떨어져 버리니 애호박, 참외, 애플수박, 조롱박, 수세미를 키우기 좋고, 같은 방식으로 1년생이 아닌 포도·머루·다래·키위나무 덩굴이 덮도록 해서 그늘을 만드는 것도 가능합니다. 앞에서도 적었지만 올해에는 밭 입구에 격자 울타리 틀밭 하나를 더 만들어서 두어 그루의 다래와 포도나무를 심으려고 합니다. 다래와 포도도 따 먹고, 여름철 불볕더위에 자동차가 프라이팬처럼 달

귀지지 않도록 그늘진 주차장 역할도 해줄 테니까요.

앞으로 또 다른 재배 시설이 필요할지도 모르겠지만 저는 정원 일을 하듯 치유 농사를 즐기고자 하는 주말 농부에게 벽돌 틀밭, IoT로 작동하는 이동식 스프링클러, 격자 울타리 틀밭 세 가지를 추천합니다.

3장

겨울철
농한기에도

농사짓기

OECD가 2020년에 발표한 국가별 우울증 발생률 집계 결과, 한국이 36.8%로 1위를 차지했다고 합니다.[4] 우울증까지는 아니더라도 늦가을이나 초겨울부터 이듬해 봄까지 우울함에 빠지는 계절성 정서장애도 있습니다.[5] 저 또한 겨울에는 몸과 마음의 활력에 떨어지는 상태를 매번 경험했습니다. 활동이 줄어드니 똑같이 먹으면 살이 찌고요. 그래서 저는 계절 중에 겨울이 제일 싫습니다.

그런데 중부지방에서는 1년 중 최소 5개월은 노지 농사가 어렵습니다. 겨울철 5개월 동안은 치유 농사를 통한 심신의 건강을 추구하기 어려운 셈입니다. 앞서 2부에서 계산해 본 것처럼 제가 Farmacy를 가진 대신에 포기한 기회비용이 매달 63만 원인데, 무려 5개월이나 농사를 쉬려니 아깝게 느껴졌습니다.

하지만 비닐하우스나 고정식 온실을 설치하면 따로 난방을 안 하더라도 최소한 3개월은 상추나 시금치, 쪽파 같은 내한성이 강한 채소를 키워 먹고 봄철에 심을 모종을 일찍 키울 수 있습니다. 농한기가 2개월로 줄어드니 그만큼 밭을 효율적으로 이용할 수 있지요. 키울 수 있는 게 한정적이고 수확량이 많지 않더라도, 겨울에도 농사일을 하다 보면 제 건강을 관리하기 좋겠다는 생각이 들더군요.

둘 중 비닐하우스가 훨씬 저렴하고 실용적이라 농촌에서 흔하게 볼 수 있습니다. 자재만 구매하면 수십만 원 정도, 방문 설치까지 의뢰해도 100만~200만 원 남짓이면 수십 평 면적으로 지을 수 있으니까요. 대신 단열 성능이 낮고, 강풍과 폭설 등에 좀 더 취약하며, 3~4년마다 PE비닐을 갈아줘야 합니다. 고급 장수명 PO필름으로 덮으면 5~10년도 버틴다지만 결국 소모품입니다.

반면에, 고정식 온실은 점기초나 콘크리트기초 위에 알루미늄이나 (경량)철골로 만든 뼈대를 세우고, 유리나 폴리카보네이트(PC) 같은 플라스틱을 벽체로 사용합니다. 그래서 비싸지만 내구성이 강하고 폭설 같은 악천후에 파손될 염려도 적습니다. 비닐하우스는 아무런 신고 행위가 필요 없지만, 고정식 온실은 기초가 고정된 가설건축물이므로 농막과 동일하게 가설건축물 축조 신고를 마쳐야 합니다. 고정식 온실은 농막과 달리 1필지에 여러 개를 설치해도 무방하고 면적에 대한 제한도 없습니다. 고정식 온실을 창고나 선룸(sunroom) 등 다른 목적으로 사용하는 경우도 있는데, 농지에서는 농작물을 키우는 농업용으로만 사용해야 합니다.

농한기에도 농사를 짓고 싶지만 밭이 좁거나 비용 문제로 이런 시설은 부담된다면 노지 텃밭에 둥근 활대를 세우고 비닐을 씌워서 터널을 만들거나, 틀밭 윗부분을 빛이 투과하는 비닐·플라스틱·유리 덮개로 덮어 내한성이 강한 채소를 재배하는 콜드프레임(cold frame)도 있습니다. 콜드프레임은 주로 유럽에서 겨울철에 자가소비를 할 채소 재배용으로 사용합니다.

저는 고정식 온실을 선택했습니다

저는 넓은 면적이 필요하지 않았고, 비닐하우스는 주기적으로 비닐을 교체해야 하는 부담과 태풍이나 폭설로 인한 파손이 우려되어 비용 부담을 감수하고 고정식 온실을 선택했습니다.

기초공사는 새마을지도자 김 선생님의 지도와 도움을 받아 아내와 같이 셋서서 직접 했습니다. 5m×4m 온실 기초의 테두리 부분에 개당 18kg인 8인치 시멘트벽돌들을 수평을 맞춰 줄지어 놓고 구멍에 모르타르에 넣어 굳혔습니다.

이렇게 테두리를 만들었으니 다음에는 바닥 기초를 만들어야 하는데 좁은 면적의 콘크리트 타설을 위해 레미콘 차량과 펌프카를 부르는 비용이 부담되더군요. 대신 바닥에 두꺼운 비닐을 깔고, 레미탈을 부은 후에 갈퀴질을 하며 시멘트와 모래가 물과 잘 섞이게 비벼줬습니다. 미장한 콘크리트는 수화현상 때문에 주기적으로 물을 뿌려줘야 바닥 갈라짐을 막을 수 있다고 합니다.

이제 기초를 만들었으니 위에 온실을 설치할 차례입니다. 구조재로 목재를 써서 만든 온실은 참 예쁩니다. 하지만 저는 내구성과 관

고정식 온실이니 바닥 기초를 만들 수 있습니다.

리의 용이성을 고려해서 산화피막을 입힌(아노다이징) 알루미늄 각관을 선택했습니다. 온실 외벽 자재는 유리처럼 투명하지는 않지만 가격이 좀 더 저렴하고 강도·단열·식물생장 측면에서 장점이 있는 10T 복층 폴리카보네이트(PC) 패널을 선택했습니다.

　　자재를 배송받아 직접 설치하는 DIY 온실 제품들은 상대적으로 저렴한 편입니다. 저는 태풍이나 폭설에도 안심할 수 있는 보다 튼튼한 구조를 원했습니다. 그래서 아연도각관 용접 기초에 알루미늄 프레임에 폴리카보네이트와 강화유리를 사용한 가로 4m, 세로 5m, 측고 2m(최대 3m) 온실 제품을 사면서 제작과 설치까지 의뢰했습니다. 온실 부품들은 공장에서 제작되어 차량 두 대로 운송되었고, 작업자 세 분이 앵커볼트와 용접 등을 통해 바닥에 기초를 고정해 주신 후에 설치 및 조립을 1일 작업으로 완료해 주셨습니다.

　　제가 주문 제작한 온실은 측면 창이 2개 있고 양개형 문이 있어서, 겨울철에도 한낮에는 30도 가까이 올라가지만 밤에는 외부와 비슷한 온도로 떨어집니다. 그래서 화목난로나 팬히터 등으로 난방을 하지 않는다면 사시사철 작물 재배는 어렵고, 이른 봄인 3월과 초겨울인 12월에 시금치나 상추처럼 내한성이 강한 잎채소들을 키울 수 있습니다. 또 옮겨심기에 부적당한 무나 당근 같은 뿌리채소가 아니라면 씨앗을 산 다음 육묘용 플라스틱 트레이에 파종하는 게 가능합니다. 1~2개월가량 온실 속에서 키우다가 노지의 기온이 생육에 적당하게 올라간 후에 텃밭에 옮겨 심으면 모종 값도 아낄 수 있고 생착률도 올라갑니다.

　　지난 2년 동안 고정식 온실을 사용해 보니 여름철에는 측면 창을 열어두더라도 측면을 전부 개방할 수 있는 비닐하우스에 비해 열기

완성된 알루미늄 각관 골조에 폴리카보네이트 패널로 된 고정식 온실

가 빠져나가지 않아 45도 이상의 고온으로 올라가서 작물이 말라 죽었습니다. 그렇다고 밭을 비워두는 때가 많은데 온실 문을 개방해 놓을 수도 없었지요. 고장의 가능성이 있더라도 천창을 만들어 개방하거나, 지붕에 차광막을 씌워야 여름철에도 온실 안에서 작물을 재배할 수 있습니다.

직접 사용해 보니 온실이나 선룸은 영국이나 북유럽처럼 일교차와 연교차가 그리 크지 않은 서안해양성기후에서 실용적인 것 같습니다. 온대대륙성기후인 국내에서는 온실 천장과 하부에 개방 창을 여러 개 달거나 온도와 습도, 환기 등을 IoT 설비를 통해 자동으로 조절하는 설비를 설치하지 않는 이상 농작물 재배용으로는 제작·설치 비용 대비 활용도가 떨어진다고 생각됩니다.

저처럼 성급하게 결정하기보다는 신중하게 알아보고 나서 자신이 원하는 용도에 맞게 선택하시기 바랍니다. 만약 농한기용 자가소비용 채소 재배 및 씨앗 파종과 육묘 목적이라면 비용도 저렴하고 공간도 적게 차지하는 콜드프레인을 권합니다. 실내 작업 공간과 비바람을 피해 농자재와 농기구를 보관할 공간이 필요하다면 장수명 비닐로 덮은 비닐하우스의 가성비가 탁월하고요. 강관 비닐하우스가 미관상 싫다면 목재로 구조를 만든 비닐하우스도 있습니다.

겨울철에 상수도를 사용하면, 동파에 주의하세요

이렇게 온실 공간을 만들어서 겨울철 농한기에도 밭을 자주 찾는다면 야외 수전이나 농막 배수관, 화장실 도기류의 동파를 조심하셔

한겨울의 고정식 온실

야 합니다. 겨울철 동파를 막기 위해 야외 수전을 부동전으로 설치하는 것은 당연하지만, 온실 채소나 모종에 물을 주고서 야외 수전 상부의 잠금 밸브와 수도꼭지를 열어두는 걸 잊는다면 부동전이 동파되기 때문에 땅을 파고 부동전을 교체해야 하는 불상사가 생길 수 있습니다.

겨울철의 농작업 전후 농막을 이용했을 때도 농막 하부 배수관이 동파되는 것을 막기 위한 최선의 방법은, 농막을 사용하지 않을 때 농막 안으로 들어오는 상수도 배관의 밸브를 잠궈두는 습관입니다. 이 방법이 번거롭다면 잘 피복된 동파 방지 열선을 전원에 연결해 두기를 추천합니다. 또한, 욕실 변기 아래에 있는 퇴수 밸브를 열어서 변기 내부에 있는 물을 빼놓거나, 좌변기 안에 차량용 부동액을 부어두면 도기의 동파를 예방할 수 있습니다.

저는 화장실이 남향이라 상대적으로 따뜻한데도 배관 밸브 잠그는 걸 잊어서 겨울철에 샤워기가 얼었던 일이 있습니다. 농막에 갔더니 화장실 바닥에 수전에서 물이 나오는 플라스틱 부품과 해바라기 샤워기 헤드가 터져 나와 있더군요. 갈아 끼우면 되었고 그리 비싸지 않은 부품들이라 다행이었지만, 혹시 도기인 변기가 얼어서 깨졌으면 큰일 날 뻔했지요.

한겨울에도 낮에 온도가 영상으로 올라가면 낮에 밭에서 물을 사용할 때가 있습니다. 물을 다 쓰면 동파되지 않도록 야외 부동 수전과 농막으로 들어가는 퇴수 밸브를 열어두고 와야 하는데 한 번이라도 잊으면 치러야 하는 대가가 큽니다. 그래서 혹한기에 농막을 찾을 때는 미리 스마트폰에 알림 메시지를 설정해 놓으시면 좋습니다.

4장

무농약
텃밭 농사와

자연순환농법

저는 지난 2년 동안 21㎡의 텃밭에서 농사를 지으며 31가지 작물을 재배해 봤습니다. 뿌리채소로는 참마, 적환무, 열무, 총각무 4종, 줄기·잎채소로는 아스파라거스, 양파, 대파, 쪽파, 부추, 들깨, 머위, 시금치, 봄동배추, 공심채 10종, 콩과작물로는 땅콩과 완두콩 2종, 열매채소로는 옥수수, 호박, 가지, 고추, 파프리카, 방울토마토, 딸기, 참외 8종, 꽃채소로는 브로콜리를 수확해 봤지요. 허브로는 화분에 심어서 집에서 월동시키는 로즈메리와 밭 입구의 비탈면 아래를 이용해서 만든 좁고 긴 틀밭에서 바질, 고수, 루꼴라, 레몬밤, 애플민트, 라벤더 6종을 키워 봤습니다. 파종한 씨앗이 제대로 발아하지 않거나, 사서 심은 모종이 말라 죽어서 애를 태운 적이 많았던 초보 주말 농부입니다.

텃밭 농사는 제가 주말·체험영농에 관심을 갖게 만든 단초입니다. 다만 산업으로서의 농업을 생각했을 때, 저는 기계화된 관행농법을 지지합니다. 왜냐하면 과학적 방법론에 입각한 녹색혁명은 비료와 농약을 통한 식량 증산으로 수십 억 명의 사람들을 기아에서 구출해 냈으니까요. 또 저는 유기농이나 친환경 농산물이 관행 농사로 수확한 것보다 영양학적으로 우월하다고 믿지 않습니다.

그렇지만 주말 농부로서 저는 『조화로운 삶』[6]을 쓴 니어링 부부가 1932~1952년까지 20년 동안 버몬트주의 척박한 산비탈에서 농약이나 화학비료 없이 낙엽과 건초, 동물 분뇨와 같은 유기물을 부숙시켜 만든 겉흙을 활용한 자연순환 유기농법이 몸과 마음을 건강하게 만들어주는 치유 농사에 어울리는 방식이라고 생각했습니다.

그래서 농약은 한 번도 사용하지 않았고, 축적된 유기물이 없다 보니 첫해에 한 팔레트의 퇴비를 샀지만, 아직 남아 있는 퇴비만 다

농약을 뿌리지 않으니
곤충들의 천국이 된
밭에서 잡은 방아깨비

사용하면 앞으로는 구매하지 않을 계획입니다. 제 작은 밭을 자연의 생태계에 가깝게 유지하면서 수확하는 것이 목표니까요.

저는 수조에서 물고기와 갑각류, 수초들을 키워본 경험이 여러 번 있습니다. 지금도 수조 바닥에 물고기 똥이 쌓이면 사이펀관을 이용해 뽑아서 20리터 들통에 가득 담아줍니다. 그 '똥물'을 제 집에 있는 화분에 부어주니 따로 비료를 주지 않아도 식물들이 잘 자랍니다. 더럽다고 유기물을 그냥 흘려보내지 않고 생명의 순환이 이뤄지는 하나의 생태계로 만드는 보람이 있지요.

그래서 텃밭 농사도 가급적 생태계의 순환이 자연스럽게 이루어지도록 짓고 싶었습니다. 묻거나 태울 수도 없는 검정 비닐과 비료와 농약이 필요 없다면 농사일은 우리네 조상들의 시절과 비슷하게 단순해집니다. 각 작물에 맞는 영양제나 해충을 박멸하기 위해 어떤 농약을 언제 살포해야 하는지 신경 쓰지 않아도 되니까요.

가축들의 똥이나 낙엽, 베어낸 잡초들을 쌓아두고 1~2년 묵히면 만들어지는 검은색 부숙 퇴비로 연작으로 쇠해지는 지력을 보충할 수 있습니다. 겉흙에 유기물이 축적되면 메마른 땅을 굳이 밭갈이로 헤집고 비료를 뿌리지 않아도 되고요. 검정 비닐 멀칭보다 보온·보습 효과가 떨어지긴 하지만 여름에 어차피 베어내야 하는 잡초들을 잘라서 말린 건초로 밭 표면을 덮어두면 비슷한 효과를 볼 수 있습니다. 멀칭한 건초들이 썩으면 결국 공기가 잘 통하고 유기물이 풍부한 겉흙이 됩니다. 이런 부엽토에는 지렁이나 굼벵이가 많이 사니 닭들에게 줄 별식도 많이 생깁니다. 수확하고 남은 채소 부산물과 꾸준하게 쌓이는 다섯 마리 닭들의 똥이면 7평 텃밭의 퇴비를 만들기 충분한 것 같습니다.

제 밭에 있는 흙은 토공사를 할 때 담아 온 갈색 마사토이고, 유기물은 한 팔레트 샀던 퇴비뿐이라 아직은 겉흙이 제대로 생기지 않아 척박합니다. 하지만 지금 발효시키고 있는 닭똥과 건초, 텃밭 부산물과 낙엽들이 완전히 부숙돼서 질 좋은 퇴비가 되면 잘 보존된 숲이나 초지의 흙처럼 검은색의 보드라운 겉흙들이 깊어지리라 기대하고 있습니다. 그렇게 되면 다양한 잡초들과 곤충들, 균류들이 어우러진 활발한 생태계가 되지 않을까요?

언젠가는 관행농 농부들이 치를 떠는 두더지를 제 밭에서 보고 싶습니다. 제 밭의 겉흙 속에 두더지가 좋아하는 지렁이나 곤충들이 아주 많이 살고 있다는 증거일 테니까요.

잡초와 벌레는 무시무시한 강적입니다

제 농지는 유기농 자연순환농법을 시도하는 작은 텃밭이다 보니, 관리기 같은 농기계는 사용하지 않고 전근대의 농민처럼 기본적인 농기구만 사용합니다. 다용도로 사용하고 가장 요긴한 호미, 모종을 옮겨 심을 때 쓰는 모종삽, 밭 흙을 뒤집을 때 쓰는 둥근삽, 흙과 퇴비, 비료를 잘 섞어줄 때 쓰는 쇠스랑, 야외 수전에 연결해서 물을 주는 30m 릴 호스면 충분합니다. 그 외에는 전지가위와 지지대, 케이블 타이를 쓸 뿐입니다.

제 텃밭 농사 일거리 중 가장 큰 비중을 차지하는 것은 잡초를 뽑는 김매기입니다. 잡초가 나는 걸 원천적으로 방지할 수 있는 검정비닐 멀칭을 거부하고 건초로 덮는 풀 멀칭을 하니 무시무시한 잡초 군단과의 전투는 봄부터 가을까지 매주 계속됩니다. 벽돌 틀밭과 농사용 작업방석 덕분에 앉은 채로 잡초를 뽑을 수 있기는 하지만 뿌리째 뽑아도 1주일만 지나면 그만큼 새로 나 있는 잡초들과의 사투는 쉽지 않습니다. 그래도 유기농 자연순환농법을 지켜나가려면 이 작업을 계속해야 하는데, 다행히 텃밭이 21㎡라 못 견딜 정도의 부담은 아닙니다. 저처럼 자연순환농법으로 텃밭 농사를 지으실 거라면 텃밭을 너무 크게 만들지 않는 게 좋습니다.

잡초 다음의 강적은 해충입니다. 농약을 치지 않으니 벌레가 정말 많습니다. 봄부터 늦은 가을까지 배추나 브로콜리 같은 십자화과 채소 잎들은 나비 애벌레들의 공격에 시달립니다. 쌀쌀한 11월 초에도 우람한 냄새 뿔이 달린 통통한 호랑나비 종령(5령) 애벌레들을 잡아낼 정도입니다. 텃밭에 오자마자 빈 통을 들고 다 갉아 먹혀서 잎맥만 앙상한 이파리 앞뒤 면에 붙어 있는 여러 마리의 애벌레들을 잡아 담는 것이 제 일과였습니다. 왜 농부들이 비용과 수고를 들여서 밭이랑에 FRP 활대를 치고 무와 배추를 심은 둘레에 나비들이 알을 슬지 못하도록 한랭사 방충망을 치는지 알 수 있었습니다.

위: 파인애플과 방울토마토를 곁들인 데친 알배추 샐러드
아래: 텃밭에서 수확한 채소들로 만든 올리브유 채소 오븐 구이

　　잎채소나 고추와 같은 열매채소들이 잘 자라다가 왜 시들시들
한지 살펴보면 진딧물과 총채벌레, 노린재들이 줄기와 잎에 빈자리도
없이 깨알처럼 붙어 있더군요. 땅속에는 뿌리채소나 땅콩을 갉아 먹는
굼벵이들이 얼마나 많은지 늦가을에 수확을 마친 후에 호미와 쇠스랑
으로 흙을 뒤집다가 하루에 백 마리에 가까운 굼벵이들을 잡기도 했습
니다. 땅속 벌레들이 많아서 그런지 열무나 순무도 예쁘게 생긴 것보
다 제멋대로 생긴 경우가 많고요. 다행히 저는 원래 곤충을 좋아해서
보이는 대로 통에 잡아 담아서 닭들에게 별식으로 줬지만, 벌레를 질
색하는 텃밭 농부라면 자연순환농법으로 농사짓기가 쉽지 않을 것 같
습니다.

　　이렇게 제 텃밭이 벌레들의 천국이다 보니 수확량이 시원치 않
고, 수확한 밭작물들의 모양도 판매하는 농산물에 비하면 볼품이 없습
니다. 하지만 직접 씨를 뿌리거나 모종을 심어서 키워내 수확했기에
제 눈에는 귀하고 예뻐 보입니다. 그래서 주방에서 다듬을 때도 최대
한 버리는 부분 없이 조리해서 먹게 됩니다. 브로콜리 꽃대를 따고 남
은 줄기와 잎사귀를 볶아서 맛보고는 왜 브로콜리 재배 농가의 고민이
브로콜리 꽃을 수확하고 남은 부산물들인지 이해하게 되었지만요. 못
먹는 부위는 닭들에게 주거나 퇴비 발효장에 버리면 되고요.

　　이렇게 시장에서 파는 채소들에서는 사람들이 선호하지 않아
제거된 부분들을 어떻게 하면 먹을 수 있을지 고민해 보는 즐거움이
있습니다. 또 수확 철이 되면 같은 재료를 가지고 질리지 않게 먹기 위
해 새로운 조리법을 찾아보게 됩니다.

　　원래 요리에 관심이 많았고 새로운 조리 방법에 도전하기를 좋

아하는 아내 덕분에 식당에서는 먹어보지 못했던 맛있는 샐러드와 채소 요리들을 많이 먹어봤습니다. 텃밭 농사를 해보지 않았다면 싹이 나고 한 달이면 수확해서 먹을 수 있고 병충해도 없는 얼갈이배추가 샐러드 야채로 참 맛있고, 알배추를 데쳐서 올리브오일과 간단한 드레싱을 뿌리면 추운 겨울에 속이 따뜻해지는 건강 샐러드가 된다는 걸 평생 몰랐을 것 같습니다. 요리하기를 좋아하시는 분들이라면 도전 정신이 생기기 좋은 환경이지요.

저는 텃밭 농사를 시작하기 전에는 열매채소의 원줄기에서 돋아나는 불필요한 순을 잘라내는 순지르기(곁순 따기)가 무엇인지 전혀 알지 못했습니다. 지지대에 묶어놓고 물만 잘 주면 알아서 잘 자라서 열매가 열리겠거니 했었는데, 순지르기를 하지 않으니 이웃 작물들의 자리까지 침범하며 잎만 무성해질 뿐 달린 열매는 많지 않고, 통풍이 되지 않으니 썩거나 벌레에 먹히는 경우가 많더군요.

결국 작물별로 순지르기를 어떻게 하는지 공부하게 되었습니다. 사람마다 취향이 있어서 제 아내는 순지르기를 신나 합니다. 제가 잡초를 뽑거나 수확할 때 아내는 전지가위를 쥐고 순지르기를 하는데, 싹둑싹둑 자르는 동안 누구를 생각하며 스트레스를 푸는지 궁금했지만 차마 물어보지 못했습니다.

농사를 지으면서 느끼고 깨달은 것들

작년에 텃밭 농사를 지으면서 제가 가장 감동했을 때는 과연 제대로 자랄까 하는 의구심을 가지고 사 온 참외 모종 두 그루가 한 달

동안 거의 자라지 않으며 애를 태우더니 한여름에 무서운 속도로 자라며 열매를 맺어줬을 때였습니다. 초록색 참외를 실제로 본 적이 처음이어서 볼 때마다 사진을 찍었습니다. 다 익으니 한 손으로 들기 힘들 정도로 커졌습니다.

마트의 과일 코너였다면 비싸서 손도 안 갔을 특상품을 제가 키워 수확했다는 게 얼마나 뿌듯했는지요. 참외 덕분에 수확물을 항상 받기만 했던 제가 이웃 김 선생님과 동휘 님 내외분께 텃밭 수확물을 나눠드리는 기쁨을 누릴 수 있었습니다. 제가 작년 가을에 한 변의 길이가 3.6m인 정사각형 격자 울타리 틀밭을 열심히 만든 이유가 올해는 더 맛있는 참외를 많이 수확하고 싶어서였습니다.

소나기도 자주 내리고 무더운 한여름에는 텃밭 작물들이 잡초와 경쟁할 정도로 무서운 속도로 자라며 계속 열매를 맺습니다. 날이 더워서 입맛도 별로 돌지 않는데 말이죠. 그때 제가 자주 해 먹은 요리가 올리브유 채소 오븐 구이였습니다. 애호박, 가지, 방울토마토, 브로콜리, 파프리카, 쪽파를 수확해 와서 개수대에서 씻고 숭덩숭덩 썰어서 라자냐 용기에 담고 올리브유와 소금만 뿌린 다음 오븐에 돌리면 되니 간단합니다. 건강하게 자라서 갓 수확한 싱싱한 채소들이 이렇게 맛있는지 처음 알았습니다. 올여름에 제가 제일 자주 해 먹은 요리인데 아무리 요리 솜씨가 없어도 실패할 수가 없고, 자주 먹어도 질리지가 않더군요. 낚시꾼의 삼치회처럼 텃밭 농부라서 누릴 수 있는 호사였습니다.

저는 취미 농사를 시작하기 전에 우리나라의 채소와 과일 물가가 다른 OECD 국가들에 비해 너무 비싸다고 생각했습니다. 도시의 저소득층이 높은 식재료 물가를 감내하는 상황에서 국제경쟁력이 떨어지는 농업 분야에 타당성이 떨어지는 지원사업을 벌이거나 보조금을 지급하는 데도 비판적이었습니다.

　　현재 대한민국에는 세금 수입을 특정 목적에 사용하는 특별회계가 20개 존재합니다. 이 중 농촌과 관계된 특별회계는 5조 원이 넘는 농어촌구조개선특별회계를 비롯해 4개나 있습니다.[7] 특정 분야에 지속적인 자금 지원을 위해 조성한 국내 68개의 기금 중에서 농촌과 관련된 기금이 7개인데, 이 중 규모가 큰 농산물가격안정기금과 농지관리기금의 규모를 합하면 4조 원에 달합니다. 그래서 저는 시골 출신이지만 국가가 재정 운용을 하면서 농업을 과도하게 배려하고 있다고 생각했습니다.

　　한국농촌경제연구원에 따르면, 2021년의 재배업 전체 생산액은 30조 5,640억 원으로 식량 작물이 약 10조 원, 채소는 11조 원, 과실은 5조 원 규모입니다.[8] 같은 해 대한민국 명목 GDP 2,071조 원의 1.47%에 불과합니다. 2021년 삼성전자(주)의 연매출액이 279조 원 이상이었고, LG디스플레이(주)의 연매출액이 약 30조 원[9]에 육박하는 것과 비교해 보면 국가가 투입한 재정 대비 효율성에 의문이 들 수밖에 없습니다.

　　그런데 취미로나마 직접 밭농사를 해보고, 이웃에서 전업으로 노지와 하우스에서 밭농사를 짓는 70대 농업인 부부이신 김 선생님과 신 선생님 내외께서 일하시는 모습, 수확물을 팔았을 때 얻으셨을 소득을 가늠해 보니 농산물의 소매가격을 납득할 수 있게 되었습니다. 1회성 지출인 농기구나 농자재 값은 제외하더라도 제가 텃밭 농사를 지어서 수확한 볼품없는 채소들을 과연 얼마를 받고 팔 수 있을지요.

　제 수확물들을 농협 경매가나 도매상의 매입가가 아니라 슈퍼나 마트에서 판매 중인 채소 값과 과일 값으로 쳐준다고 하더라도 집과 밭을 왕복하는 34km의 주유비, 퇴비와 비료 값, 씨앗과 모종 값이 더 나갈 것 같더군요. 제가 농사일에 좀 더 익숙해져서 내년에는 올해보다 두 배의 수확량을 올린다고 가정하더라도 이러한 계산이 달라질지 의문입니다. 노지 농사 면적이 줄어들고 연동형 비닐하우스나 스마트팜 같은 시설재배가 늘어나는 현상도 이해할 수 있었습니다.

　겨우 2년간 취미로 21㎡의 땅에 텃밭 농사를 지어본 제가 농업인들의 현실에 공감한다고 감히 말하기 어렵습니다. 하지만 제가 취미 농사를 시작하지 않았더라면 청과물 매대에 표시된 비싼 채소와 과일 가격에 불만을 터트렸을 뿐, 농업인들이 처한 현실을 이 정도라도 이해하지는 못했을 것 같습니다.

5장

열매를 내줄
나의
꼬마 숲과
덤불

190평 밭에서 3개의 틀밭은 21㎡ 남짓이니 밭의 나머지 공간은 유실수들로 채워야 합니다. 앞서 본 것처럼 지목이 '전'이나 '답'인 농지에서 과수를 재배하는 것은 아무런 제한이 없습니다.

게다가 본업이 있는 취미 농부라면 텃밭은 작게 시작하고, 나머지 공간에는 손이 덜 가는 유실수를 심는 것이 농지에서의 자경 의무를 지키기 쉽습니다. 물론 그렇다고 형식적으로 저렴한 유실수 묘목을 아무거나 사서 땅에 꽂아놓고 죽거나 말거나 방치하는 부재지주들처럼 해서는 농사를 지었다고 할 수 없겠죠.

한두 가지 유실수만 잔뜩 심으면 수확한 열매들을 아내와 둘이서 내내 먹어야 하고 수확의 기쁨을 한 철밖에 누릴 수 없어 아쉬울 것 같았습니다. 그래서 저는 겨울철에 때로는 영하 20도까지도 떨어지는 공주 지역에서 노지 월동을 할 수 있는 유실수들을 다양하게 심어보기로 마음먹었습니다.

고민한 끝에 고른 교목(tree)인 유실수는 오디 열매를 주는 뽕나무, 모과, 살구, 플럼코트(살구와 자두의 교배종), 추희자두, 프룬자두, 대봉감, 앵두, 미니사과, 사과대추, 매화 등 11가지였습니다. 어린 시절에 외갓집에서 먹어봤고, 농약을 쓰지 않더라도 열매를 볼 수 있는 나무들에, 새콤달콤한 자두를 좋아하는 제 취향이 더해졌습니다. 밤나무는 바로 앞 천변에 열 그루 넘게 있으니 뺐습니다.

여기에 사람 키보다 작게 자라는 관목(bush)으로 북부 하이부쉬 계열 블루베리(브리지타·블루크롭)와 알이 큰 복분자(블랙베리)를 여럿 심어보기로 계획했습니다. 이렇게 심어놓고 유실수들이 어느 정도 자라면 6월 초부터 11월까지 6개월 동안은 내내 열매를 볼 수 있습니다.

서른다섯 그루의 유실수가 주는 행복

제가 사는 세종시 전의면에는 상당한 규모의 묘목 단지가 있고, 국내 최대의 묘목생산·유통단지인 충북 옥천군 이원면도 그리 먼 거리가 아닙니다. 묘목을 심기 좋은 시기가 3월 말부터 4월 초이니 이 시기를 놓치면 1년을 기다려야 해서 농막을 설치하기 전에 이원면과 전의면의 농원들에서 유실수 묘목들을 사 왔습니다.

뿌리를 거의 다 잘라내서 숨만 붙어 있는 가식재 묘목들은 과연 이런 잘린 나뭇가지에서 새싹이 나긴 할지 의아하게 생겼더군요. 대신 화분묘보다 가격이 훨씬 저렴합니다. 유실수 심을 위치를 바로 정하지 못해서 첫해인 2020년에는 공기가 잘 통하고 물 빠짐이 좋은 조립식 에어포트 화분에서 키우다가 이듬해에 옮겨 심었습니다. 아무래도 수분수가 있어야 결실이 잘 맺히니 살구(하코트·산형 3호)와 사과, 사과대추, 뽕나무는 두 그루씩, 복분자와 블루베리는 열 그루씩 심어서 대략 35그루의 유실수를 밭 가장자리에 빙 둘러서 심었습니다.

땅을 파서 물 빠짐이 좋은 마사토와 상토를 섞어서 넣고 묘목을 심은 후에 물을 충분히 오래 줬고, 뿌리가 약하니 전정가위로 가지를 쳐줬습니다. 바람이 불 때 흔들거리지 말라고 지지대를 세워줬고, 아직 연약한 첫해 겨울에는 비닐과 낙엽으로 묘목 주위에 멀칭을 해주면서 애지중지 키웠는데도 겨울을 나면서 교목들은 20% 넘게 고사했습니다. 반면에 관목들은 모두 무사히 월동했습니다.

나무는 옮겨심기가 어렵기 때문에 나무 심는 시기와 방법을 미리 숙지하시고, 선호하는 생육 환경과 수고, 적정 식재 간격 등을 고려

밭에 심은 사과대추 묘목

하여 신중하게 심을 위치를 정하시기 바랍니다. 저는 밭이 그리 넓지 않아서 적정 식재 거리보다 빽빽하게 심었는데 올바른 판단이었는지 아직 모르겠습니다. 또 높이 자라는 유실수를 밭의 가장자리에 심는 경우에는 이웃 밭에 그늘을 드리워 작물의 생장에 지장을 주거나, 이웃집의 시야를 가릴 수 있으므로 심기 전에 미리 양해를 구하시면 좋습니다.

아직 어린 묘목들이지만 서른 그루가 넘다 보니 릴 호스로 물을 주는 것도 꽤 시간이 걸리는 일입니다. 물 주는 수고를 덜려면 점적 관수관을 묻고 물이 조금씩 살포되도록 하면 편하긴 합니다. 그런데 저는 미관상 관이 안 보였으면 싶었고, 텃밭과 달리 그렇게 자주 물을 줄 필요는 없어서 오래 비가 오지 않을 때만 물을 줘도 되니 유실수를 위한 관수 시설을 따로 설치하지 않았습니다.

가끔 농지에 유실수가 아닌 관상용 조경수를 심는 경우가 있는데, 이는 조경수 판매 내역 등 증빙자료를 제출하지 못하는 이상 농지법을 위반한 행위입니다. 이런 조경수는 3년 후 가설건축물 신고를 갱신할 때 담당 공무원이 농지 본연의 기능을 할 수 있도록 제거를 요구할 가능성이 있습니다. 그렇게 되면 애써 심고 가꾼 나무를 자기 손으로 파서 죽이는 상황이 될 수 있으니 반드시 유실수만 심으시기를 권합니다.

저는 1~2년생 묘목을 사서 심은 지 겨우 2년밖에 지나지 않아서 열매를 맛본 유실수가 몇 개 되지 않습니다. 앵두와 오디, 블루베리, 복분자를 조금 따서 먹어봤을 뿐입니다. 나무가 어려서 열린 게 많지 않기도 하지만 열매가 익어가기 시작하면 온 동네의 직박구리와 까치,

어치들이 몰려들기 때문입니다.

　6월 말에 농막에서 쉬면서 오디가 시커멓게 잘 익은 뽕나무를 흐뭇하게 바라봤습니다. 그런데 식물성 먹이를 좋아하는 직박구리들이 버스정류장처럼 몇 분 간격으로 날아와서 하나씩 따 먹고 가더군요. 오디를 따다 열매가 좀 작네 싶어서 보면 새들이 잘 익은 부분을 따 먹고 남은 거라 짜리몽땅해진 경우도 많았고요. 먹으면서 배변도 했는지 나무 아래에 흰 새똥이 쌓인 걸 보면 제가 직박구리들을 봉양하려고 뽕나무를 심었나 싶기도 했습니다.

　이런 새들의 습격 때문에 최근에는 유실수를 키우는 농가들도 비닐하우스 안에서 시설 재배를 하거나, 노지에서 키우더라도 열매를 봉지로 싸주거나, 방조망 또는 포획 트랩을 설치하는 경우가 많다고 합니다. 하지만 저처럼 조류 관찰을 좋아하시면 유실수를 심은 밭이 최상의 환경입니다. 먹을 게 있으면 새들이 찾아오니 쌍안경만 하나 장만하면 쾌적한 농막 안에서 여러 새들을 관찰할 수 있습니다. 자기들끼리 옹기종기 모여서 지저귀다가 한꺼번에 날아가거나 구애하듯 쫓아가는 모습을 구경하다 보면 어느새 시간이 한참 지나 있고 근심거리도 잊게 되니까요.

　열매가 없는 겨울철에 새 모이통을 만들어서 견과류나 곡물을 담아두면 배고픈 새들이 모여듭니다. 제 밭에 심은 과일나무가 우람하게 자라면 어릴 적처럼 작은 새집을 나뭇가지 사이에 올려두고 텃새가 둥지를 틀길 기다려볼 생각입니다.

처음으로 열렸던 앵두알

밭을 치유의 정원으로 가꿔주는 나무들

제가 좋아하는 앵두는 나오는 철이 짧다 보니 청과 코너에서 보기 힘든데, 밭에 한 그루만 있어도 달리는 내내 원 없이 따 먹을 수 있습니다. 그래도 남으면 담금주를 만들어서 마시고 싶은데, 자라는 속도가 느리고 나무들은 해거리를 하니 올해 한 그루를 더 심을지 고민 중입니다.

이웃집에 있는 보리수와 꾸지뽕나무 열매를 먹어 보니 이 나무들도 심고 싶어집니다. 190평이면 충분하다고 생각했는데 나무를 심다 보니 이제는 제 밭이 비좁게 느껴집니다. 이러다 취미 농부에게 허용된 1,000㎡를 꽉 채우게 될지도 모르겠습니다.

블루베리와 복분자는 다들 좋아하는 과일이고 사 먹으려면 비싸니 수확 철에 지인들을 불러 함께 따 먹고 싶어서 여러 그루를 심었습니다. 키가 작아서 밭 가장자리에 심으면 경계 울타리 역할도 해주고, 다른 나무들을 가리지 않아 좋습니다. 올해엔 좀 많이 열리길 바라며 지난가을에 가지치기를 했는데 결과가 궁금합니다. 생과로 먹고 남은 건 조금씩 나눠서 바로 냉동실에 넣어뒀다가 샐러드에 올리거나 요거트와 함께 갈아서 마실 생각입니다. 놀러 오는 지인들에게 선물하기도 좋고요.

아직 어린 유실수 묘목들이 계속 잘 자랄지, 그리고 풍성한 열매를 맺어줄지 모르겠습니다. 잘 자라서 열매를 주더라도 따로 영양제를 주거나 농약을 치지 않으니 전문 과수농가가 키워서 수확한 판매용 과일에 비하면 맛과 모양이 떨어질 수밖에 없습니다. 하지만 수확이 없어도 제 밭에서 나무들을 키우면서 가지치기로 수형을 잡아주고, 해마다 자라는 나무들이 만들어낸 Farmacy 공간의 입체적인 변화는 텃밭의 초본류들이 채워줄 수 없는 만족감을 줍니다.

　한겨울에 밭에 갔는데 추위를 이겨내고 겨울눈을 틔운 나뭇가지들을 봤을 때의 감동이 떠오르네요. 유실수들 덕분에 밭이 제 마음을 치유해 주는 정원처럼 느껴집니다. 심어둔 유실수의 평균수명을 찾아보니 제 기대 여명과 비슷한 경우가 많더군요. 앞으로 저와 여생을 같이할 동반자를 밭으로 초대했으니 건강하게 잘 자라도록 계속 챙겨주려 합니다.

6장

밭에
두고
키울 수 있는
반려가축

저는 성인이 된 이후로 관상용 물고기 외의 동물들을 키워본 적이 없었습니다. 그런데 밭에 농막을 놓고 일을 하면서 김 선생님네 잡종 강아지 '가을이'와 가까워졌습니다. 넓은 밭을 마음껏 돌아다니며 건강하게 자란 '가을이'를 통해 개를 행복하게 키우기 위해 전원주택으로 이사하는 사람들의 마음에 공감할 수 있었습니다. 그리고 강아지는 정말 빨리 자란다는 사실도요.

제 농막이 놓인 밭은 가축사육 제한구역입니다. 하지만 가축을 아예 키울 수 없는 것은 아닙니다. 「공주시 가축분뇨의 관리 및 이용에 관한 조례」는 가축사육 제한구역이더라도 비도시지역에서 소·말·젖소·돼지·개·양·사슴은 5마리 이하, 닭·오리는 20마리 이하로 사육할 수 있다고 허용하고 있습니다(제3조 제2항 제5호).

개를 키울 수 있다고 하더라도 매일 사료를 챙겨주러 가기 어려운데 목줄을 달고 묶어놓으면 동물보호법에 위반되는 학대 행위일 테니 어렵습니다. 그래서 저는 지금처럼 가끔 김 선생님네 가을이랑 놀면서 사료를 선물하는 관계에 만족합니다. 기회가 된다면 고기 굽는 냄새가 날 때만 다가오는 조심성 많은 마을 길고양이들과도 좀 더 가깝게 지내고 싶습니다.

개나 고양이는 무리지만 가금류는 모이와 물을 자동으로 줄 수 있는 시설만 갖추면 1~2주일에 한 번 와도 관리할 수 있으니 시도해 볼 수 있습니다. 가금류 중 오리는 무리 지어 돌아다니는 것을 좋아하는 데다 꽥꽥거리는 울음소리가 시끄럽고, 발관절에 무리가 가지 않도록 들어가서 헤엄칠 수 있는 웅덩이 공간을 만들어줘야 하는데, 고인 물은 모기의 온상이니 부담됩니다.

이에 반해 닭은 천적에게서 보호해 줄 수 있는 은신처, 운동과 모래 목욕을 할 수 있고, 발가락으로 헤집을 수 있는 보드라운 흙이 있는 적당한 생활공간(치킨런)만 제공해 주면 됩니다. 무엇보다 암탉들은 달걀을 낳아줍니다. 물론 닭도 조류라서 울음소리가 나고, 특히 수탉은 새벽부터 하루 종일 시도 때도 없이 시끄럽게 울어댑니다. 그러니 이웃이 있다면 반드시 사전에 수탉을 키워도 되는지 양해를 구하셔야 합니다. 게다가 소화기관이 짧은 닭은 냄새가 심한 물똥을 수시로 배설하고, 털과 먼지가 날린다는 점도 고려해야 합니다.

가축이 부담스럽다면 곤충인 꿀벌을 키우는 양봉도 가능합니다. 우리나라는 아카시아꽃과 밤꽃 외에는 뚜렷한 채밀원이 부족한 환경이라 많은 꿀을 얻기는 힘들긴 합니다. 벌을 무서워하지 않는다면 취미 양봉은 손도 많이 가지 않고, 주변의 농작물과 들꽃들의 수정을 돕는 생태계의 조력자를 보호하고 늘리는 일이라 보람도 줍니다. 요즘은 꿀벌이 사라지고 있어 꽃가루와 꿀을 따는 벌에게 수정을 의지하는 작물들을 재배하는 어려움이 가중되고 있으니깐요. 다만 제가 항상 있는 게 아니라서 언제 침입할지 모를 말벌이나 두꺼비와 같은 천적들을 막아줄 수 없다는 점이 걸렸습니다.

저는 암탉들을 키워보기로 결정했습니다

그래서 저는 밭에서 키울 반려가축으로 닭을 선택했습니다. 어린 시절 시골 외갓집에서 기르던 닭들과의 추억도 영향을 줬지요. 지구상에 존재하는 닭들은 무려 660억 마리[10]나 된다고 합니다. 이 엄청

난 숫자의 닭들 중 대부분의 육계는 평균 6~8주 만에, 산란계도 2년 만에 도축됩니다. 저는 닭고기와 달걀을 평생 먹어왔고, 동시에 10년째 반려닭 커뮤니티의 회원입니다.

　닭은 수명이 최대 20년이나 되고, 병아리 시기만 넘기면 건강한 편입니다. 주인에게 의존적이지 않기 때문에 비가 들이치지 않는 공간에 자동으로 모이를 주는 통을 가져다 놓고 사료를 부어놓으면 됩니다. 마찬가지로 부리로 쪼면 물이 나오는 니플들을 설치한 통에 물을 채워놓고 뚜껑을 잘 덮어두면 1~2주일에 한 번만 와도 충분히 키울 수 있습니다.

　요즘은 닭을 반려동물로 키우기도 하고 육계나 산란계가 아닌 다양한 관상용 품종계를 키우는 분들도 많습니다. 굳이 부화기를 사서 유정란을 부화시키고 육추기에서 병아리를 키우지 않더라도 일반적인 산란계나 육계의 중병아리 또는 관상용 닭들을 사서 기르는 것도 가능합니다.

　그러나 최근엔 농촌에서도 관리의 번거로움과 울음소리, 먼지와 냄새 문제로 닭을 잘 키우지 않습니다. 그런 상황에서 상시 거주도 하지 않는 제가 닭을 키우는 게 이웃들에게 어떻게 비칠지 고민되긴 했습니다. 그래서 우선 밭 이웃분들에게 암탉들로만 다섯 마리까지 키우고 싶다고 말씀드려 봤습니다. 암탉도 너무 많으면 시끄럽고 먼지나 깃털이 날리고, 닭똥 냄새도 심해져서 피해가 될 수 있으니까요. 어차피 그 정도면 두 식구가 달걀을 얻기에 충분한 숫자입니다. 다행히 전 이웃들의 허락을 얻을 수 있었습니다. 닭장은 이웃 밭하고 인접한 곳이 아닌 제 밭의 가운데 쪽에 짓기로 했습니다.

저는 약간의 조류공포증이 있는 아내를 설득하는 관문이 가장 어려웠습니다. 신선한 달걀을 얻을 수 있다고 강조했고, 닭똥과 날리는 깃털들은 제가 매주 한 번씩 청소해 밭에서 고약한 냄새가 풍기지 않게 하겠다고 다짐도 했습니다.

하지만 결국 통한 것은 아내가 그간 봤던 양계장 닭들과 다르게 생긴 어여쁜 관상용 닭들의 사진이었습니다. 그래서 저는 한국의 겨울을 날 수 있는 관상용 닭 중에서 눈처럼 희고 실크처럼 부드러운 흰색 깃털과 검은색 피부를 가진 소형 닭 품종인 백봉오골계를 키우는 조건으로 겨우 취미 양계를 시작할 수 있었습니다.

제가 상시 거주한다면 닭들이 낮에는 자유롭게 밖을 돌아다니며 먹이 활동을 하다가 저녁때에 닭장 안으로 들일 수 있을 겁니다. 하지만 제 여건과 개나 고양이, 솔개·독수리 등의 천적, 저나 이웃의 농작물을 쪼아 먹을 가능성을 고려할 때 그물망으로 보호되는 충분히 넓은 야외 생활공간인 치킨런을 만들어주는 것이 최선이라고 생각했습니다. 치킨런 바닥에는 PVC 코팅을 한 철망을 두 겹 깔아서 족제비나 삵, 들쥐와 같은 천적이 들어오지 못하게 했고, 구조목 기둥 주위로도 코팅 철망을 둘러서 천적들이 들어가지 못하게 했습니다.

농막과 온실의 건축 및 설치는 전문가에게 맡겼지만, 닭들을 위한 공간은 제가 직접 만들어보고 싶었습니다. 먼저 중고 이층침대 프레임을 활용해서 $2m^2$ 크기의 닭장을 만들었습니다. 그다음에 화단 경계석 기초에 적벽돌로 하단 벽을 만들고 또 새마을지도자 김 선생님께서 빌려주신 목공 공구에 가르침까지 받아가며 투바이포 구조목 샌딩과 오일스테인 칠, 목재 재단과 코너철 및 피스못 박기, 문을 만들고 경첩과 자석 도어 캐처 달기, 철망을 두르고 타카 박기, 3T 폴리카보네이트 단판과 방수 피스못으로 외쪽지붕을 만드는 과정을 거쳐 8m^2에 살짝 못 미치는 크기의 치킨런 공간을 완성했습니다. 축산법령[11]에 따라 등록대상에서 제외되는 가축사업업의 기준이 사육시설 면적 10m^2이니까요.

공주의 어느 한옥에서 나왔을 한옥 띠살문 세 짝을 사서 닭장에서 달걀을 수거하는 들어열개 창과 닭 운동장 출입문으로 달았습니다. 겨울철 닭들의 보온을 위해 천장 자재로 선택한 폴리카보네이트 판의 가격이 비싸서 자재비만 180만 원이나 들더군요. 덕분에 천적들에게서 안전하고 쾌적한 호사스러운 닭장이 되었습니다. 처음 해보는 목공 작업이었고, 주말에 시간을 내서 작업하다 보니 두 달 가까이 걸렸지만 덕분에 목공의 기초를 익히는 수확도 있었습니다.

백봉 오자매와 사랑에 빠졌습니다

저는 2022년 5월 세종시의 전원주택에서 취미로 닭을 키우시는 가정을 통해 1년생 백봉오골계 암탉 다섯 마리를 입양했습니다. 오자매와 만난 후 지금까지 잘 키우고 있습니다. 백봉오골계는 일 년에 산란을 60~100개 남짓 하는 품종인데, 평균적으로 1주일에 대략 7~10알 정도를 낳아줍니다. 저희 두 부부가 먹기엔 충분한 양이지요. 가끔 농막 냉장고의 달걀 재고가 10알을 넘으면 지인들에게 선물하는 즐거움도 누리고 있습니다.

아내와의 약속이기도 하고, 혹시 기생충이 생기거나 이웃집에

초보의 무모한 도전으로 보였던 닭장 골조 만들기

한 살배기 백봉오골계 오자매

악취 피해를 줄까 봐 1주일에 한 번씩 닭장과 치킨런 바닥에 붙은 닭똥을 긁어내고 치워냅니다. 닭장 안에 연맥(燕麥, 귀리) 짚을 충분히 깔아두니 똥이 금세 마르고 잘 떨어져서 장갑을 끼고 주우면 더럽지 않습니다. 닭똥과 깃털 청소를 마치고 나면 제 방 청소를 마친 것처럼 기분도 좋아집니다.

앞서 언급한 것처럼 주위 모은 닭똥과 깃털은 닭장에 붙여 벽돌로 쌓은 두엄터에서 건초와 함께 묵히고 있습니다. 시간이 흘러 부숙이 끝나면 질 좋은 퇴비가 되겠죠. 닭들의 똥 덕분에 제 밭에서 자연순환농업을 시도해 볼 수 있으니 똥이 자원이라고 설파하셨던 인류학자 전경수 교수님의 수업에서 배웠던 가르침[12]을 20년 만에 실행한 셈입니다.

일조량이 떨어지는 계절이거나 날이 덥거나 추울 때, 그리고 25kg들이 산란계 사료가 좀 오래 묵었거나, 제가 간식인 신선한 잡초나 푸성귀 공양을 게을리하면 달걀 생산량이 뚝 떨어집니다. 대신에 닭들이 가장 좋아하는 지렁이, 굼벵이나 애벌레들을 잔뜩 잡아주거나, 먹다 남은 밥알이나 양념을 씻어낸 잔반들을 냉장고에 보관했다가 밭에 챙겨 가서 접시에 담아주면 그날은 닭들의 만찬이죠. 이렇게 별식을 챙겨 주면 며칠 후 갔을 때 평소보다 더 많은 달걀로 제게 보답합니다. 제가 텃밭의 벌레들을 잡기 위해 굳이 농약을 쓰고픈 생각이 들지 않은 이유 중 하나지요.

집에서 먹고 남은 음식을 음식물 쓰레기로 버리지 않고 닭에게 별식으로 주니 환경에 기여한 것 같아 기분이 좋아지고요. 닭을 키우면 음식물처리기나 음식물분쇄기가 필요 없습니다. 닭들이 낳은 달걀을 먹고, 계란 껍데기는 다시 모은 다음에 잘게 빻아서 닭 사료통에 다시 넣어줍니다. 평생 자기 몸무게의 수십 배나 되는 달걀을 낳는 암탉들에게는 충분한 칼슘이 필요하니까요.

비록 사람을 상대하는 것은 아니지만, 닭들을 키우다 보니 제가 주택임대인 겸 관리사무소장이 된 느낌이 듭니다. 닭장 임대료와 사료 급식비, 똥을 치워주는 관리비를 현물인 달걀로 받는 셈이지요. 닭장 완성 후에 들어가는 비용은 사료 값밖에 없지만 알을 많이 안 낳다 보니 달걀 한 알당 300원꼴입니다.

제가 많이 손해 보는 것 같지만 닭장 앞 틀밭에 걸터앉아서, 제가 설계하고 시간과 비용에 품을 들여 만든 공간에서 백봉오골계 오자매들이 쾌적하고 안전하게 지내는 모습을 보는 '닭멍'을 하고 있으면 머릿속 근심 걱정이 어디론가 사라져서 행복합니다.

아직 얼굴 구별은 잘 못 하지만 이제는 오자매들의 울음소리를 들으면 신경질이 났는지, 곧 알을 낳고 싶은지, 아니면 무사히 알을 낳은 게 뿌듯하면서 똥꼬가 얼얼한지는 구별이 됩니다. 다섯 마리 중에서 유독 무정란을 열심히 품는 취소성(就巢性)이 강한 개체를 보며, 닭들도 성격이 다 다르다는 걸 실감하고요.

처음에는 닭장에 전기를 연결해서 겨울철에 음수통이 얼지 않도록 히터를 넣어줘야 하나 고민했습니다. 저는 음수통에 니플이 아닌 급수컵을 달았는데 한겨울엔 급수컵에 담긴 물이 꽁꽁 얼어붙으니까요. 그런데 닭들을 관찰해 보니 급수컵 안에 담긴 얼음을 쪼아 먹으면서 물기를 섭취하더군요. 물론 겨울철에 온수를 먹여주면 무척 잘 마시고 알도 잘 낳습니다.

텃밭과 유실수들만 있었더라면 밭에 갈 필요가 없는 날에도 백봉 오자매가 무사히 잘 살고 있나 궁금해서 공주로 향하게 된 날이 많았습니다. 특히 농한기인 겨울철에도 닭들이 추위에 잘 견디고 있는지 걱정이 돼서 종종 밭을 찾고 있습니다. 최저기온이 영하 20도 근처까지 떨어진 날에도 건강하게 잘 움직이고 있는 백봉오골계 오자매들의 모습을 보면 추위와 부족한 햇볕으로 의기소침해졌던 한겨울의 제 마음도 밝아지더군요.

바쁘다 보면 취미 농사가 귀찮아질 수도 있는데, 생명체를 키운다는 책임감과 닭들이 낳은 알을 확인할 때의 기쁨이 저를 Farmacy로 이끌고, 미소 짓게 합니다.

닭장 문을 열면서 기대하는 풍경

7장

전체 과정을
경험하며
얻는
행복

　　모든 사람이 1인 미디어를 만들 수 있고 SNS를 통해 자기의 목소리를 낼 수 있는 시대입니다. 하지만 한국 사회는 미디어나 가족과 같은 1차 집단이 개인들에게 사회가 성공이라 여기는 역할 모델을 따르도록 만드는 동조 압력이 강합니다. 그러다 보니 우리 사회에서 통용되는 행복과 성공의 모습은 다분히 전형적입니다.

　　저도 살아오면서 스스로 뿌듯한 성취도 있었고, 이런 성취를 남들로부터 높게 인정받는 경험을 해봤습니다. 그 순간에는 정말 행복했지요. 하지만 돌이켜 보면 그 행복에는 제가 정말로 원했던 것을 달성한 덕분에 행복했던 부분과 남들로부터 인정받아 행복했던 부분이 섞여 있었습니다. 정확히 구분하기 힘들 정도로요. 저는 "행복은 삶의 최종적인 이유도 목적도 아니고, 다만 생존을 위해 절대적으로 필요한 정신적 도구일 뿐이다. 행복하기 위해 사는 것이 아니라, 생존하기 위해 필요한 상황에서 행복을 느껴야만 했던 것이다."[13]라고 하신 서은국 교수님의 말씀에 공감합니다.

　　게다가 행복은 강도보다는 빈도에 의해 좌우되기 때문에 수천만 원의 투자 수익을 올렸거나 승진을 했더라도 행복한 상태가 오래 지속되지 않습니다. 그런데 산업이 고도로 분업화되면서 도시에 사는 개인들은 직업에서 어느 하나의 일을 스스로 마무리 짓는 성취의 경험을 하기 힘들어졌습니다. 직장에서는 할 필요가 없는 가짜 노동을 찾아서 하거나 남한테 시키는 모습을 종종 봅니다. 자신이 문제를 해결할 수 있는 능력이 있음을 과시하고 싶어서, 아니면 자신이 중요하고 필요한 사람임을 인정받고 싶어서 말이죠. 결국 온전한 성취의 경험은 취미를 통해 추구하는 게 맞는다는 생각이 들었습니다.

나만의 야외 공간에서 놀기:
농막 생활과 취미 농사로 배운 행복의 비결

저는 몇 년 전 사유지인 외딴 숲에서 맨몸에 반바지만 걸치고서 석기시대 조상들의 기술로 야생의 자연에서 도구와 은신처를 만드는 호주 남자의 유튜브 채널 〈Primitive Technology〉의 영상[14]에 매료되었습니다. 그의 생활 방식은 우리 조상들이 살았던 원초적 형태의 미니멀 라이프와 비슷하다는 생각이 들었습니다.

어릴 적 의자에 이불을 덮어서 나만의 작은 오두막을 만들고 그 안에 있을 때의 아늑함은 바깥세상과 단절되어 있었기 때문일 것입니다. 사회생활을 하면서 동조 압력에 시달리는 어른들에게는 자기만의 슈필라움이 필요합니다. 자연을 느낄 수 있는 공간이면 더욱 좋겠지요.

OECD 국가 중 인구밀도 1위인 국가의 도시인이 누리기 쉽지 않지만, 세컨하우스처럼 그저 동경하며 꿈꾸는 것으로 그칠 수밖에 없는 건 아닙니다. 농사를 짓다가 휴식할 수 있는 작은 오두막 공간인 농막은 비농업인에게도 허용되고 있으니까요. 최대 $1,000m^2$의 밭과 6평의 농막 공간은 남들이 보기엔 좁아도 개인에게는 충분히 쾌적하며 자신의 취향에 맞게 꾸밀 수 있는 공간입니다.

우리가 생활하며 하는 매일의 일들이 소소한 성취감을 주지 못하고, 여가 시간도 시장을 과점한 대기업들이 만들어낸 물건이나 서비스 중에서 어떤 것을 골라서 소비할지에 그친다면 나라는 개인의 존재를 남들과 어떻게 구분할 수 있을까요. 자신이 오롯하게 소유하는 대지 공간과 작지만 자신의 취향에 맞게 꾸민 편안한 공간이 있는 사람은 자기 취향을 지켜갈 수 있습니다.

지난 2년 동안 저는 여가 시간에 야외 공간을 꾸미는 일과 취미 농사에 재미를 붙여서 바쁘게 보냈습니다. 중년의 위기가 올 수 있는 시기에 좋아하는 일을 찾은 덕분입니다. 그 전까지 저는 해외여행을 다니거나 옷, 가구, 최신 전자제품처럼 마음에 드는 물건을 사서 소비하기 바빴습니다. 하지만 취미로 농사를 짓고 제 취향에 맞게 만든 공간에서 시간을 보내다 보니 제가 몰랐고, 남들보다 못할 것 같다고 제쳐둔 분야를 경험하는 즐거움에 푹 빠졌습니다.

영국의 철학자 줄리언 바지니는 "병원과 함께 텃밭은 사회적 배경에 상관없이 사람들이 한데 어울리는 드문 공공장소이다."[15]라고 말했습니다. 지식노동자인 저는 농막 생활을 통해 농업인과 토건업 종사자처럼 예전에는 교류할 기회가 없었던 분야의 사람들이 사는 모습과 장점들을 새롭게 인식하게 되었습니다. 저 자신과 타인을 평가할 때 다층적으로 인식하게 되니 저와 남들을 비교하면서 경쟁의식이나 열등감을 느끼는 경우도 점점 줄어들었습니다.

농사와 요리: 음식을 향한 적절한 감사와 존경을 표현하는 실천적 방법[16]

식물을 심고 가꿔서 수확물로 얻은 작물의 잎과 줄기, 뿌리나 열매를 직접 혹은 가공해 요리해서 다른 사람들과 나눠 먹었던 것은 1만 년 전부터 선조들 대부분이 선택해 온 생존 방식입니다. 그런데 성

농막 수확물들로 만든 채소 샐러드

인 비만율이 38.3%에 달하는 시대[17]의 식사는 영양 섭취라는 본래의 목적에서 멀어졌습니다. 남들이 높은 가치를 부여하는 음식, 비싸거나 보기 좋은 음식, 또는 줄을 오래 서야 맛볼 수 있는 음식들은 대개 생존을 위한 영양 섭취라기보단 먹을 때의 정서적인 만족감을 얻기 위한 소비 행위에 가깝습니다.

제가 취미로 농사를 선택한 이유는 직접 음식을 만들어 먹으면서 좀 더 자주 행복감을 느끼고 싶어서였습니다. 먹거리에 대해 여러 권의 책을 쓴 저널리스트 마이클 폴란은 『푸드 룰』[18]에서 '증조할머니가 음식이라 인정하지 않을 식품은 어떤 것도 먹지 않는다'를 제2법칙으로 제시한 바 있습니다. 가공식품보다 전통적인 식재료들로 만든 요리를 먹으라는 권고입니다.

실수를 하거나 일이 잘 안 풀린 날에 퇴근해서 요리를 하다 보면, "저녁 준비는 정말 대단해. 일을 말끔히 마무리 지었을 때나 느끼는 보람을 하루에 한 번은 맛볼 수 있으니."라는 대사[19]가 떠오릅니다. 제가 직접 재배해서 수확한 식재료들로 만든 음식이 맛있거나 보기 좋은 근사한 요리가 아니더라도, 좋아하는 사람들에게 대접하고 싶었습니다.

이런 경험이 직장에서 파편화된 일들을 수행하면서 모래알처럼 잘아져버린 제게 오롯하게 일을 완성하고 그 성과물을 누리는 보람을 주리라 기대했습니다. 닫힌 실내가 아닌 자연 속에 있는 나만의 공간에서 채소와 나무, 가축을 키우고, 좋아하는 사람들을 초대해서 제가 가꾼 공간을 함께 누리게 하고, 대부분 생경해하는 농사일을 경험하면서 신기해하고 뿌듯해하는 모습을 보며 저는 행복했습니다.

물론 으리으리한 별장이면 더 으쓱했겠지만 초대받은 지인들은 시골 밭에 있는 농막에서도 충분히 즐거워했고, 또 오고 싶다고 말했습니다. 냉장고와 에어컨이 있고, 창밖의 풍경을 보며 따뜻한 물로 샤워를 할 수 있고, 비데가 부착된 수세식 변기가 있으니 도시 속 최신 오피스텔보다 못할 게 없습니다.

겨울이나 이른 봄만 아니라면 제 슈필라움인 Farmacy를 찾아 준 지인들에게 언제라도 간단하게나마 요리를 대접해 줄 수 있습니다. 우선 닭장 문을 들어 올려서 챙겨 온 달걀과 펜네 파스타 면을 삶습니다. 그사이에 텃밭에 가서 바질 잎과 상추, 얼갈이배추 이파리를 뜯고, 방울토마토, 양파, 파프리카도 몇 개 따 옵니다. 흙을 씻어내서 적당하게 썰고 찢어낸 다음 소금과 올리브유를 뿌립니다. 껍질을 까서 자른 달걀과 체다치즈를 갈아 올려 만든 샐러드를 먼저 먹고 있으라고 내줍니다.

손님이 샐러드를 먹는 사이에 팬에서 가지와 애호박을 볶습니다. 여기에 먼저 삶아뒀던 파스타를 넣고 볶아주면 근사한 한 끼 식사죠. 냉동실에 얼린 블루베리나 복분자, 아이스홍시가 남아 있다면 훌륭한 디저트입니다. 공주 시골에 있는 작은 밭이 영화 〈리틀 포레스트〉의 체험관이 됩니다.

좁은 농막에서 여러 명의 손님을 맞으려면 조금 부담이 되기도 합니다. 그러나 날씨만 좋다면 넓은 야외 공간과 코스트코에서 사 온 접이식 식탁과 의자가 있으니 괜찮습니다. 손님맞이 준비도 수고스럽기만 한 일은 아닙니다. 함께 만들어 먹을 음식을 준비하고자 텃밭에서 채소를 뽑거나 이파리를 뜯는 시간 동안 제 머릿속에서는 밭에 뿌린 씨앗에서 떡잎이 나왔던 날과 무서운 속도로 자라는 잡초를 뽑던 기억들이 스쳐갑니다. 나무에서 따 먹게 해줄 열매들은 얼마나 익었는지 살펴볼 때는 묘목 시절의 모습과 겨울철 앙상했던 가지들이 떠오르고, 냉장실 문짝에 가지런히 열을 맞춰 놓은 달걀들을 보면 닭장을 만들던 때가 생각나지요.

　　찾아온 손님들과 소박한 음식을 함께 먹으며 농사의 시작부터 요리까지의 전 과정에 제가 관여했다는 사실에 다시 한번 흡족해집니다. 비록 제 머릿속에서만 벌어지는 일뿐이지만, 손님들을 배웅하고 설거지를 할 때면 작은 밭의 생태계 구성원들로 꾸린 오케스트라의 지휘자가 되어 멀리서 온 관객들 앞에서 교향곡 연주를 4악장까지 무사히 마쳤다는 자부심에 흡족해지고, 다음 일주일을 버티는 힘이 되어줍니다.

저는 농막에서 기쁨과 평화를 찾아가고 있습니다

　　요리할 식재료를 얻기 위한 취미 농사는 제가 일상과 다른 세계를 만나는 경험이자 게임이기도 합니다. 물, 흙, 공기를 타고 제 밭을 찾아오는 눈에 보이지도 않는 미생물부터 짐승들까지 먹이사슬의 그물망은 매 순간 움직입니다. 적어도 이 밭에서는 저는 반인반신(半人半神) 격인 존재입니다. 제가 가진 시간과 힘, 농기구들을 이용해서 변덕스러운 날씨와 매년 조금씩 다른 생육 환경에서 고민하고, 직접 몸을 움직여 힘을 쓰면서 텃밭 생태계에 영향을 미칩니다.

　　작은 밭뙈기에서 수확한 노지 밭작물 소출의 금전적 가치가 보잘것없어진 시대다 보니 취미로 농사를 지어서 수확량이 많다고 남들이 알아주는 것도 아니고 완전히 망쳐서 수확한 게 없다고 하더라도 비난받지도 않습니다. 누가 알아주지도 않는데 하고 싶은 일이라면 정말로 제가 좋아하는 일이라는 생각이 들었습니다. 취향을 가꾸고 자기만족을 얻는 소비도 즐겁지만, 무언가를 생산하는 경험이면서, 예술이나 공예와 달리 재능이 없는 사람도 몸만 건강하면 할 수 있어서 더 좋습니다.

　　농사와 요리가 연결되어서 만드는 일련의 완전한 경험을 추구하는 제게 단일 농작물을 최대한 빽빽하게 심어서 단위 면적당 수확량이나 수입을 극대화하는 전업농의 농사는 맞지 않습니다. 돈을 벌기 위한 수단적인 가치를 지니는 파편화된 노동일 뿐이지요. 다행히 제가 선택한 유기농 자연순환농법은 저의 개입을 최소화하면서 여러 가지 농작물이 다양하게 어우러져서 보기 좋게 자라도록 키우고 수확하는 팜 가드닝(farm gardening)입니다.

　　이렇게 저는 지난 2년 동안 공주에 있는 작은 밭에서 취미로 농사를 지어왔습니다. 겨우 2년의 경험으로 치유농업의 효과를 이야기하기엔 이르다고 생각합니다. 하지만 마음의 스트레스는 확연히 줄어들었고, 전보다 제가 원하는 것들에 더 집중하며 살고 있습니다. 안타까운 점이 하나 있는데, 밭에서 나온 식재료들로 만든 샐러드, 찌거나 삶은 요리들을 전보다 자주 먹는데도 제 체중은 여전합니다. 아무래도 올해부터는 좀 더 부지런한 농부가 되어야 할 것 같습니다.

농막: 지방 농촌이
도시민에게 보내는 초대권

지방의 농촌이 당면한 가장 시급한 문제는 급속한 인구 감소입니다. 2021년에는 대한민국 정부 수립 후 최초로 총인구가 감소한 상황에서, 이 추세를 되돌리는 것은 불가능해 보입니다. 게다가 전 세계적으로 리처드 플로리다가 말한 '창조계급'들은 대도시로만 모여들고 있고, 특히나 대한민국은 수도권과 그 외의 지역으로 양극화되고 있습니다. 경북 군위군의 경우 유소년 인구 100명당 노인이 880명인 반면에, 경기 화성시는 51명으로 시·군·구 간 노령화지수 격차가 최대 17배를 초과[1]하는 실정입니다.

재정자립도가 20%에도 미치지 못하고 서울의 1개 동보다 작은, 인구 2만 명대의 기초 지자체들은 인프라와 행정인력 규모를 유지할 수 없어 중앙정부가 지급하는 지자체 교부금으로 겨우 유지되고 있습니다. 지방교부세법에 따라 지방의 특별한 재정 수요를 충당하기 위해 중앙정부가 주는 특별교부세는 주민 1인당으로 따지면 지금도 비도시지역이 도시지역보다 수십 배까지도 많은 금액을 받고 있습니다.[2] 여기에 시골과 지방 중소도시에 살며 지역의 자연환경·문화적 자산을 소재로 창의성과 혁신을 통해 사업적 가치를 창출하는 '로컬 크리에이터'를 발굴·육성하고자 하는 정부와 지자체의 지원도 계속되고 있습니다.[3]

즉, 정부는 지금도 여러 가지 노력을 하고 있습니다. 하지만 이미 수도권 거주 인구가 과반수가 된 상황에서 농촌이 소멸하지 않도록 지원하는 사업들이 언제까지 유권자들의 동의를 받을 수 있을지, 그리고 지금처럼 예산을 계속 투입한다고 하더라도 과연 지방 소멸의 위기를 벗어날 수 있을지 저는 비관적입니다.

시골의 강점을 명확히 파악해야 합니다

제 관점에서 봤을 때, 수도권이 갖지 못한 시골의 가장 큰 무기는 '저렴한 땅값을 치르면 전유할 수 있는 넓은 공간'입니다. 도심의 최신 아파트 단지가 아무리 거주에 편리하다고 하더라도 배타적으로 누릴 수 있는 자신만의 공간을 갖고 싶은 사람들의 욕망은 존재합니다.

한국수입자동차협회(KAIDA)에 따르면 2021년 한 해 동안 우리나라에서 7만 6,152대의 벤츠 승용차가 팔렸다고 합니다. 대한민국은 전 세계에서 벤츠가 다섯 번째로 많이 팔린 나라로, 인구가 세 배인 일본보다 순위가 높습니다.[4] 같은 해 우리나라의 전 세계 GDP 순위가 10위라는 걸 고려해도 도드라집니다. 저는 이러한 한국인들의 고가 자동차 구매 문화가 나만의 공간을 갖기 어려운 도시에서 내가 전유하는 공간인 자동차에 높은 가치를 부여해서 나온 결과라고 생각합니다. 공간디자이너 한상훈도 "수도권 집중화와 집값 상승으로 인해 한 사람이 차지하는 주거 면적이 점차 좁아지고 있고, 따라서 자동차의 내부는 온전한 나만의 공간이라는 점에서 주거 공간의 부분적인 대안이 될 수 있다."[5]라고 말했습니다.

자동차 혹은 해외여행이 아니라, 비어가는 시골의 농촌 지역이 우리가 쉽게 자연 속의 휴식을 취할 수 있는 공간이 될 수 있지 않을까요? 코로나19 발생 이전인 2018년 대한민국의 관광수지는 무려 130억 달러 적자[6]였습니다. 국내여행의 경쟁력이 해외여행에 비해 떨어지기 때문이지요. 하지만 러시아의 다차나 독일의 클라인가르텐 같은 주말농장 문화가 자리를 잡으면 해외여행의 대체재가 될 수 있습니다.

IT 기술의 발전과 조직문화의 변화로 비대면 원격근무제와 유연근무제가 확산되었습니다. 일(work)과 휴식(vacation)이 결합된 워케이션(workcation) 문화로 인해 별장이 단지 휴식을 위한 사치스러운 공간은 아니라는 인식도 생기고 있습니다. 하지만 별장에 대한 취득세 및 재산세 중과 제도와 다주택자에 대한 양도소득세 중과세 제도는 손오공의 머리를 옥죄는 금고아처럼 지방 시골에 세컨하우스를 마련하고픈 도시민들의 열망을 가로막고 있습니다.

이제는 자기만의 야외 공간에 대한 사람들의 열망을 다른 방식으로 풀어줘야 하지 않을까요? 앞에서도 언급했지만, 도시민의 34.4%가 "은퇴 후 혹은 여건이 되면 귀농·귀촌할 생각이 있다."라고 2021년의 설문조사에 중요한 단서가 있습니다. 농촌으로 건너오는 데 필요한 입장권이 비싸니, 농촌체험 초대권을 보내주면 됩니다. 비록 무료는 아니지만 다른 입장권보다는 많이 저렴하면 됩니다.

농지법에는 등장하지도 않고 같은 법 시행령에서 겨우 확인할 수 있는 이 '농막'이 현행 법제도하에서 지방 농촌이 도시민에게 보내는 초대권의 역할을 하고 있습니다. 저도 6평 농막을 선택했고, 세컨하우스에 비해 저렴한 비용을 들여 만들었지만, 취미 농사와 농막에서의 휴식에 충분히 만족하고 있기에 이 책을 통해 다른 분들에게도 밭에 농막을 두고 취미 농사를 지어보시라고 추천하게 되었습니다.

이 책을 끝까지 읽으신 분들이라면 왜 농막이 초대장인지 제가 전하고 싶었던 이야기를 알아주시리라 생각합니다. 다만, 지자체별로 농막에 대한 규제가 천차만별이고, 농지 취득과 보유는 물론 농막에 대한 규제가 강화되는 최근의 흐름이 아쉽습니다. 저는 이러한 규제 강화의 움직임이 시대에 맞지 않는 방향이라고 생각합니다.

농막은 규제법인 「농지법」이 아니라 진흥법인 「치유농업법」으로 규율해야 합니다. 200평의 대지에 주말에 주로 찾을 세컨하우스를 지을 수 있는 여유를 가진 사람은 드물지만, 200평 농지에 6평 농막을 짓고 취미 농사를 짓고 싶은 사람은 훨씬 많습니다. 그러므로 전국 각지에 생겨나고 있는 농막 단지들을 양성화할 수 있는 법 개정이 시급합니다. 주말·체험 농지 중 일정 면적에 쉽게 철거할 수 있는 레크리에이션 시설들을 설치할 수 있도록 허용해 주는 규제 완화도 필요합니다.

초대권도 너무 늦으면 소용이 없어집니다

다행히 정부도 그동안의 농어촌 세컨하우스에 대한 규제 일변도의 정책을 일부 완화하고 있습니다. 2022년에 기획재정부는 농어촌주택 및 고향주택에 대한 양도소득세 주택 수 제외 특례 요건을 기준 시가 2억 원에서 3억 원으로 완화하면서 2025. 12. 31. 취득분까지로 일몰 기간을 3년 연장하고, 수도권 및 광역시·특별자치시[7]가 아닌 지역에 소재한 '지방 저가주택'을 1세대 1주택자가 함께 보유한 경우에는 1주택자로 보는 종합부동산세 특례를 신설[8]했습니다. 덕분에 1주택자가 지방에 농어촌주택을 가질 때의 조세 부담이 줄어들었습니다.

집을 소유하면 자신이 사는 지역에 대한 애착과 자긍심이 늘어납니다. 도시민들이 더 쉽게 지방에 세컨하우스를 가질 수 있도록 규제를 대폭 완화해야 합니다. 비수도권 거주자들이 수도권에 비해 훨씬 저렴한 가격의 아파트에 살면서 가까운 읍·면 지역에 별장(세컨하우스)을 두고 주말을 보낼 수 있다면, 적어도 주거의 질 측면에서는 수도권 거주자들이 지방 거주자를 부러워하게 될 것입니다. 대략적으로 비수도권의 읍·면에 있는 대지면적 1,000㎡ 이하, 건축면적 200㎡ 이하, 기준 시가 4억 원 이하의 별장에 대해서는 취득세·재산세 중과를 철폐하고 양도소득세 및 종합부동산세 산정 시 1세대의 주택 수에서 제외하거나 장기 보유 시 감면해 주는 정도의 인센티브를 준다면 충분합니다.

지방의 농지에 대한 도시민들의 부동산 투기로 인한 지가 앙등(昂騰) 우려도 이해하지만, 도시민들이 지방에 대해 애정과 이해관계를 갖게 만드는 정책도 시기가 늦으면 효과가 없어집니다. 상당수가 유년 시절 이촌향도의 경험이 있어 농어촌 생활에 대한 경험과 추억을 갖고 있는 1960~1970년대생 세대가 아직 경제활동에 종사하고 있는 지금이 이러한 세컨하우스 규제 완화가 효과를 발휘할 수 있는 적절한 시기라고 생각합니다. 초로(初老)의 부모 세대가 귀촌하거나 시골에 있는 세컨하우스를 오가며 생활하는 모습을 볼 기회가 생겨야 청장년의 자녀들도 도시와 다른 전원생활의 장단점을 알게 될 것이고, 손녀와 손자들도 방학 때 며칠씩이라도 시골 생활을 경험해 볼 수 있습니다.

그렇게 될 때 도시에서 살아가는 것과 다른 삶의 방식도 존재한다는 인식이 도시민들에게 계속 이어질 수 있고, 대한민국이 넓은 배후지를 가진 수도권이라는 거대한 도시국가로 전락하지 않을 것입니다.

감사의 말

제가 아래에 언급하는 분들로부터 조력, 조언, 응원, 돌봄, 영감, 사랑을 받지 못했다면 이 책은 나오지 못했을 것입니다. 부족한 제 글이 책으로 만들어져 읽힐 가치가 있으리라는 믿음을 주신 아래의 분들에게 진심으로 감사드립니다.

그저 밭을 사고 농막을 놓고 농사를 짓는 과정을 기록하고자 했던 제 글의 가능성을 가장 먼저 발견해서 단 한 번의 재촉도 없이 기다려주셨고, 편집을 통해 부족했던 글을 명쾌하게 다듬어주신 도서출판 사이드웨이의 박성열 대표님, 대전세종 독서모임에서 만나 한국의 단독주택 설계·시공업계와 건축사협회가 나가야 할 방향과 제가 원하는 농막에 필요한 토공사와 농막 평면을 그리고 모형까지 만들어주셨던 엘리펀츠 건축사사무소의 이양재 소장님, 현재 대한민국에서 가장 우아하고 편리한 농막제품 '리버티6'를 디자인하고 만들어주신 마룸의 정혜성·이상철 공동대표님, 피스못도 못 박고, 벽돌 쌓을 줄도 몰랐던 저에게 직접 일을 같이 하시면서 도구 사용법과 작업 방법을 친절하게 알려주신 저의 이웃 김재범 새마을지도자님께 조력상을 바칩니다.

디자인 감각이 전혀 없었던 제게 공간을 아름답게 꾸미는 일의 중요성과 미적 감각을 알려준 춘천 플레인호텔의 강병준·권혜진 대표 부부, 어릴 적 시골에 살았던 경험이 있을 뿐 공사나 농사일에 대해 아무것도 모르던 제게 농사 경험을 나눠주시고 상수도를 사용할 수 있도록 허락해 주신 신대현 선생님, 제가 오래 꿈꿨던 공간을 가질 수 있도록 좋은 땅을 넘겨 외지인인 저를 마을로 초대해 주셨고 악취를 풍기는 자원재생회사가 다른 곳으로 옮겨 가도록 힘써 주신 양근승 이장님, 사생활 노출로 누가 될까 봐 구구절절 자랑할 순 없지만, 어떻게 이런 훌륭한 이웃을 만났나 싶을 정도로 다재다능한 공주 청년 박동휘 님이 없었더라면 저는 이상한 땅을 사서 엉망으로 꾸며놓고 괴로워하고 있었을 겁니다. 이분들께는 조언상을 드립니다.

　　책을 쓰는 일이 얼마나 지난한 작업인지 전혀 몰랐던 제가 중간에 포기하지 않고 마무리 짓도록 물심양면으로 지원해 주신 서평가 한승혜 작가님과 제가 마음을 터놓고 어울리는 유일한 90년대생 친구 임명묵 작가님께 감사드립니다. 제 비루한 원고를 쳐다보기도 싫을 때 두 분의 위로가 다시 마음을 다잡는 힘이 되어줬습니다. 또래 친구들 중에서 유일하게 초기부터 계속 제 농막 구상에 관심을 보여준 원투유니콘(주)의 허재창 대표, 왕초보가 닭장을 짓기 시작해 놓고서 어떻게 마무리해야 할지 난감해할 때 스윽 나타나 능숙한 목공 솜씨로 닭장 천장을 짜고 지붕을 덮어주신 이재용 박사님, 중간에 한 달 자금이 막혔을 때 선뜻 3천만 원을 빌려주신 이경욱 장모님까지 다섯 분께 응원상을 수여합니다.

　　글재주가 없는 제가 난생처음 책을 내려고 하니 부담이 많이 되더군요. 직장이 세종시로 내려와서, 알고 지내던 친구들을 찾아 하소연할 수도 없었습니다. 그런 저와 퇴근 후에 함께 밥과 술을 나누며 다정하게 챙겨주신 우승국·김준혁·윤석재·박지영 박사님, 친구이자 직장 동료인 오진욱 변호사, 취미 생활에 열중하는 부하 직원을 너그럽게 이해해 주신 오재학 원장님과 박지형 단장님, 상사가 취미 생활에 푹 빠져서 업무를 하다가 실수하지 않도록 잘 챙겨주신 저의 든든한 동료 전은수 님과 심수미·진주영·이미지·박혜린 님께 돌봄상을 올립니다.

등산·캠핑·낚시에 공기총 사냥까지 온갖 아웃도어 취미를 경험하게 해주신 제 아버지 故 장봉일 님, 한실 외갓집을 갖게 해주신 제 어머니 이용자 님, 폭포수 같은 손주 사랑을 선물해 주신 외할머니 故 조일례 님과 누구보다 명민하셨던 외할아버지 故 이승래 님, 한실에서 같이 놀았던 나의 동생 장한나와 장한듬, 그리고 한실의 후예인 사촌 동생들, 조카를 아껴주셨던 막내외숙 이용순 님, 큰이모 이용남 님, 작은이모 이용경 님이 없었더라면 저는 80년대의 농촌을 이렇게 행복한 공간으로 기억하지 못했을 겁니다. 제 가족과 친척들에게 영감상을 전해봅니다.

끝으로, 대출이 잔뜩 있는 상황에서 밭을 사서 취미로 농사를 짓고 싶다며 듣는 사람 귀에서 피가 날 정도로 졸라댔던, 철없는 남편이 하고 싶은 대로 다 해보도록 허락해 주고, 밭에서 무보수로 농사일 부림까지 당해준, 내 개구쟁이님 정민경(MK)에게는 마지막으로 남은 사랑상을 건넵니다.

주

1부 나는 왜 농막을 선택했는가

1. 에드워드 글레이저, 이진원 옮김, 『도시의 승리』, 해냄, 2021
2. 통계청, 「2022년 국가별 도시화율」 참조, 도시의 기준이 달라 2021년 기준 91%를 상회하는 국토교통부의 '도시지역 인구현황' 자료와는 다소 차이가 있음.
3. 이지혜, 「우리나라 인구 절반은 수도권에 산다…10가구 중 셋은 '나홀로 가구'」, 《한겨레》, 2021. 7. 29.
4. Statista, 「Largest urban agglomerations worldwide in 2021」
5. 유튜브 채널 〈인테리어SHOW〉(https://www.youtube.com/@interiorshow.) 운영자 김영빈 님의 발언
6. 최고요, 『좋아하는 곳에 살고 있나요?』, 휴머니스트, 2022 p.14, p.38
7. 윤광준, 『윤광준의 新 생활명품』, 오픈하우스, 2017 p.43
8. 국립환경과학원 환경역학과, 「국내 최초로 일일 생활패턴에 따른 오염노출량 평가」, 2010. 1. 22.
9. 통계청, 「2021년 인구주택총조사」
10. 『도시의 승리』, p.38
11. 황민섭·이응균, 「도시화가 1인당 탄소배출에 미치는 영향」, 《환경영향평가 제25-5호》, 한국환경영향평가학회, 2016 p.311에서 재인용
12. 정헌목, 『가치 있는 아파트 만들기』, 반비, 2017 p.191
13. 세라 윌리엄스 골드헤이건, 『공간 혁명』, 다산사이언스, 2019 p.264-268
14. https://woha.net/project/newton-suites/
15. https://www.archdaily.com/781936/sky-habitat-singapore-moshe-safdie
16. https://www.safdiearchitects.com/projects/habitat-qinhuangdao

17. 국토교통부, 「택지개발업무처리지침」 제16조

18. 국토교통부, 「주택법 시행령」 제10조 제1항 제2호 및 제3호

19. 부산광역시 수영구 민락동 e편한세상 오션테라스 3단지

20. 건축공간연구원, 「포스트 코로나에 대응한 주거용 건축물 외부 발코니 활성화 방안」, 2020

21. 허남설, 「아파트에 '개방형 야외 발코니' 설치 확대 추진」, 《경향신문》, 2021. 9. 29.

22. 신승엽, 「식물재배기 시장 '쑥쑥' 자란다」, 《매일일보》, 2022. 3. 29.

23. 강진, 「[CEO 칼럼] 신경건축학」, 《영남일보》, 2013. 11. 5.

24. 이정훈, 「[매경춘추] 신경건축학과 공간복지」, 《매일경제》, 2021. 1. 7.

25. 세라 W. 골드헤이건, 윤제원 옮김, 『공간 혁명』, 다산사이언스, 2019 p.9-10

26. Ana Mombiedro, 「Healing Architecture / The hospital-garden that helps healing」, 《AAAAmagazine》, 2016. 7. 4.

27. Lara S. Franco & Danielle F. Shanahan & Richard A. Fuller, 「A Review of the Benefits of Nature Experiences: More Than Meets the Eye」, 《International Journal of Environmental Research and Public Health》, 2017. 8. 14.

28. 정도채·박혜진, 「농업·농촌에 대한 2021년 국민의식 조사 결과」, 한국농촌경제연구원 2022. 4. 20.

29. 홍보성, 「[스포츠 에세이] 산행·트레킹 인구 2600만 시대의 등산교육」, 《국제신문》, 2020. 5. 6.

30. 한국관광 데이터랩, 「2020년 기준 캠핑 이용자 실태 조사」, 한국관광공사 2022. 1. 27.

31. 최성욱, 「시동 켜면 움직이는 텐트…'차박' 新 여행트렌드로」, 《서울경제》, 2020. 8. 8.

32. World Bank, 「Population density (people per sq. km of land area)」, OECD members, 2020

33. 도시공원 및 녹지 등에 관한 법률 시행규칙 제4조

34. 통계청, 「1인당 도시공원 면적」, 2020

35. 서울 열린데이터 광장, 「서울 공원(1인당 공원면적) 통계 중 1인당 도시공원 면적」, 2021

36. Statista, 「Green space per inhabitant in the city of Amsterdam in the Netherlands in 2018, by category」

37. 함윤주·김제국, 「도시공원 타당성 조사방법 개선연구」, 한국지방행정연구원 2020. 12. 31.

38. 공원녹지법·산림보호법·자연공원법·자연환경보전법
39. 박찬규, 「[박찬규의 1단기어] 내 車에 카라반 끌면 고속도로 통행료 달라질까?」, 《머니S》, 2021. 6. 9.
40. 이승민, 「지하주차장·농로 점령한 캠핑카 갈등…이웃 간 칼부림도」, 《연합뉴스》, 2020. 7. 1.
41. Statista, 「Ownership of land plots in Russia from April 12, 1998 to August 8, 2021」
42. Travel Real Russia, 「Dacha and banya: traditional culture of rural Russia」 https://ru.travelrealrussia.com/russiandacha
43. Alexander V. Rusanov, 「Institutional and regional features of organized second home development in Russia」, 《Population and Economics》 2021. 9. 30.
44. Karenanne, 「What is a Schrebergarten or Kleingarten? Germany's Little Gardens」, 《German Girl in America》 2018. 3. 18.
45. 마루야마 겐지, 고재운 옮김, 『시골은 그런 것이 아니다』, 바다출판사, 2014 p.159
46. 밀리카, 『마음을 다해 대충하는 미니멀 라이프』, 싸이프레스, 2018 p.58
47. https://www.instagram.com/cabinporn
48. 농지법 시행규칙 제3조의2 제1호
49. 유튜브 채널 〈햇살가득 전원주택〉 영상 중에서 https://www.youtube.com/watch?v=a0SzTh2Z6iU&t=451s
50. 최경호, 「'산촌유학' 오는 도시 아이들」, 《중앙일보》 2020. 12. 31.
51. 밥반찬 다이어리의 브런치 매거진 〈자연을 먹는 여자〉
52. 유튜브 채널 〈Primitive Technology〉 https://www.youtube.com/@primitivetechnology9550

Bridge 1. 세금이 따라오는 세컨하우스 대신, 농막을 선택했습니다

1. 지방세법 제13조 제5항 제1호, 제16조 제1항 제3호
2. 지방세법 제111조 제1항
3. 2억원×10.8%(2.8+2×4), 지방세법 제6조 제19호, 제11조 제1항 제3호, 제13조 제5항 제1호, 제16조 제1항 제3호 및 같은 조 제2항
4. 행정안전부, 「2021 지방세통계연감 (2020 회계연도 결산기준)」, p.70
5. 행정안전부, 「2022 지방세통계연감 (2021 회계연도 결산기준)」, p.70
6. 권성동 의원 대표발의, 의안번호 2105588

7. 관광진흥법 제3조 제1항 제2호 나목

8. 프릴리(https://www.free-lee.com/)

9. 지방세법 제111조 제1항 제3호 나목 및 제111조의2 제1항, 제113조 제2항

10. 소득세법 제89조 제1항 제3호 가목

11. 조세특례제한법 제99조의4와 같은 법 시행령 제99조의4, 소득세법 시행령 제155조 제7항

12. 종합부동산세법 제8조 제4항 제4호와 같은 법 시행령 제4조의2 제3항

13. 통계청,「2021년 국내인구이동 결과」

14. 국세청,「양도소득세 세율 변동 연혁표」

15. 귀농귀촌종합센터,「2019년 농촌빈집 실태조사 결과」, 2019. 7. 31.

16. 공가랑(https://gongga.lx.or.kr/portal/main.do)

2부 시골 땅을 사며 배운 것

1. 김정운,『바닷가 작업실에서는 전혀 다른 시간이 흐른다』, 21세기북스, 2019 p.12

2. 공간정보관리법 제67조 및 같은 법 시행령 제58조

3. 전·답, 과수원, 그 밖에 법적 지목(地目)을 불문하고 실제로 농작물 경작지 또는 대통령령으로 정하는 다년생식물 재배지로 이용되는 토지(농지법 제2조 제1호).

4. 통계청,「2021년 지목별 국토이용현황」

5. 임윤지,「주말농장 성공 꿀팁!」,《농림축산식품부 블로그 새농이》2020. 8. 27.

6. 도로교통공단 교통사고분석시스템,「2021년 인구 10만 명당 교통사고」

7. https://astro.kasi.re.kr/life/pageView/9

8. 농어촌특별세와 지방교육세 포함

9. 농지법 제23조 제1항 제5호에 따라 '제6조 제1항에 따라 소유하고 있는 농지를 주말·체험영농을 하려는 자에게 임대하거나 무상사용하게 하는 경우, 또는 주말·체험영농을 하려는 자에게 임대하는 것을 업(業)으로 하는 자에게 임대하거나 무상사용하게 하는 경우'

10. 건축법 제20조 제2항 및 같은 법 시행령 제15조 제5항 제16호

11.「울산광역시 남구 도시지역 내 농막 등 정비에 관한 조례」 제8조 제1항 제1호

12. https://www.courtauction.go.kr/

13. https://www.onbid.co.kr/

14. 하수도법 제80조 제4항 제8호

15. 한국전력공사,「전기공급약관」
16. 통계청,「2022년 양곡소비량조사 결과」
17. 박정민,「국민 주식 자리 잃어가는 쌀… 정치권 퍼주기에 영세화 탈피 못해」,《문화일보》2023. 1. 26.
18. 이정윤,「국내 육류 소비, 쌀 소비와 맞먹는다」,《의학신문》2021. 12. 7.
19. 농지법 시행규칙 [별지 제3호 서식]
20. 국세법령정보시스템,「양도, 사전-2016-법령해석재산-0003」2016. 5. 16.
21. 통계청,「2021년 농림어업조사 결과」
22. 한국국토정보공사, https://baro.lx.or.kr/main.do
23. 농업농촌공익직불금법 제5조에 근거한 기본형공익직접지불제도와 선택형공익직접지불제도에 따른 직접지불금
24. 오정학,「[책 속으로] 가장 오래된 정원의 기록」,《라펜트》2016. 6. 16.

Bridge 2. 농지 소유를 규제하는 농지법에서, 농사 체험을 권장하는 치유농업법으로

1. 국사편찬위원회,『신편 한국사』'근대: 미군정기의 사회갈등, (2)농업문제' 중에서
2. 1948. 7. 17. 제정 대한민국 헌법
3. 정기환,「농촌인구와 가족구조의 변화」,『한국 농촌사회의 변화와 발전』, 한국농촌경제연구원《한국 농업·농촌 100년사 논문집 제2집》, p.29
4. 통계청,「2021년 농림어업 조사결과」, 2022. 4. 12. p.6
5. 박세인,「짙어진 농촌 고령화… 농가인구 47%는 65세 이상」,《한국일보》2022. 4. 12.
6. 통계청,「농림업 생산액 및 GDP대비 부가가치 비중」, 2021
7. 통계청,「연령 및 농업종사 기간별 농가인구(15세 이상)」, 2021
8. 통계청,「2020년 농림어업 총조사결과」, 2021 p.16, p.23
9. 국토교통 통계누리,「소유구분별·지목별 국토이용현황」, 2021 '전', '답', '과수원' 지목인 토지면적의 지적공부에 등록된 토지와 임야 면적 중 비중
10. 농림축산식품부,「2020년 기준 농업법인조사 결과」, 2022. 3. 1.
11. World Bank,「Air transport, freight (million ton-km)」
12. 농림축산식품부,「2021년 귀농귀촌 인구 515,434명, 전년대비 4.2% 증가」, 2022. 6. 23.

13. 농식품수출정보, 「각 품목별 수출 정보」, 한국농수산식품유통공사
14. 배준영 의원 대표발의, 의안번호 2103159
15. 한병도 의원 대표발의, 의안번호 2113188
16. 경상북도, 「경북형 듀얼 라이프 기본계획」, 2021 (복수주소제 도입, 농어촌주택 및 고
    향주택 기준 완화, 별장 기준 명확화, 빈집 또는 농어촌주택의 취득세·재산세 감면 정책
    건의가 포함되어 있음)
17. 농림축산식품부, 「농업정책자금 원금상환 1년 유예…농가 금융부담 완화」, 2022.
    7. 14.
18. 경상북도 귀농귀촌지원센터, 「귀농 농업창업 및 주택구입 자금을 악용한 사기피해
    예방 안내」, 2019. 7. 3.

3부 농막을 올려놓다

1. 정식 명칭은 「치유농업 연구개발 및 육성에 관한 법률」로 2021년 3월 24일 제정되
   어 시행 중
2. 농지법 시행령 제2조 제3항 제2호
3. 농지법 시행규칙 제3조 제1항, 공주시 건축 조례 제20조 제2항 제5호 및 제6호
4. 농지법 제6조 제2항 제3호
5. 김장훈, 『겨울정원』, 도서출판 가지, 2017 p.154
6. 국토계획법 제56조 제1항 제2호와 제4항 제3호 및 같은 법 시행령 제51조 제2항
   제4호와 제53조 제3호 가목
7. 대한상사중재원(www.kcab.or.kr/), 자료 메뉴의 '표준계약서' 및 '물품매매'
8. 오자와 료스케, 『덴마크 사람은 왜 첫 월급으로 의자를 살까』, 꼼지락, 2015 p.72
9. 2016. 12. 19. 시행 농림축산식품부예규 제40호, 「농업경영에 이용하지 않는 농지
   등의 처분관련 업무처리요령」
10. 2012. 9. 25. 국무총리실, 「경제활력 회복을 위한 규제개선 추진대책」에 따른 2012.
    11. 1. 자 농지업무편람 개정
11. 환경부, 「2020년도 상수도 통계 발표… 도시와 농어촌 격차 감소」, 2021. 12. 30.

370

Bridge 3. 농막은 세컨하우스가 아닙니다

1. 농지법 제2조 제1호 가목
2. 농지법 시행령 제2조 제1항 제3호
3. 68조 제3항 제1호 및 8조 제2항

4부 텃밭약국에서의 치유 농사

1. 통계청,「인구총조사」
2. 통계청,「2021년 하반기 지역별 고용조사」
3. OECD Family Database, ‘2016년 31호 DB Trend’
4. 홍승봉,「한국, 우울증 발생률 36.8%로 OECD 1위…치료율은 최저」,《의학신문》 2021. 5. 26.
5. 한경호,「겨울마다 우울증에 시달린다면?–계절성 정서장애에 대한 5문 5답」,《정신의학신문》 2019. 1. 6.
6. 헬렌 니어링·스코트 니어링, 류시화 옮김,『조화로운 삶』, 보리, 2000
7. 국회예산정책처,「2023년도 예산안 위원회별 분석–농림축산식품해양수산위원회」, 2022 p.15
8. 정민국·서홍석·서동주·김재휘·김준호,「2022년 농업전망 중 농업·농가 경제동향」,『농업전망 2022』, 한국농촌경제연구원, 2022 p.23
9. LG디스플레이 프레스센터,「[LG디스플레이 2021년 실적 발표] 매출 29조 8,780억원, 영업이익 2조 2,306억원」, 2022. 1. 26.
10. 김기범·최유진,「닭 “평생을 갇혀 치킨과 달걀이 돼요”」,《경향신문》 2021. 6. 11.
11. 축산법 제22조 제5항과 같은 법 시행령 제14조의13 제1항
12. 전경수,『똥이 자원이다』, 통나무, 1992
13. 서은국,『행복의 기원』, 21세기북스, 2014 p.71
14. 유튜브 채널〈Primitive Technology〉
   https://www.youtube.com/channel/UCAL3JXZSzSm8AlZyD3nQdBA
15. 줄리언 바지니, 이용재 옮김,『철학이 있는 식탁』. 이마, 2015 p.28
16. 줄리언 바지니, 이용재 옮김,『철학이 있는 식탁』. 이마, 2015 p.262
17. 질병관리청,「2021 국민건강통계–국민건강영양조사 제8기 3차년도(2021)」
18. 마이클 폴란, 서민아 옮김,『푸드 룰』, 21세기북스, 2010

19. 요시나가 후미, 노미영 옮김, 『어제 뭐 먹었어? 1권』, 삼양출판사, 2008

Bridge 4. 농막: 지방 농촌이 도시민에게 보내는 초대권

1. 통계청, 「2021년 인구주택총조사」
2. 박용규, 「'깜깜이 예산' 특별교부세, 주민 1인당 최대 270배 차이」, 《머니투데이》 2015. 10. 8.
3. 중소벤처기업부, 「2022년 지역기반 로컬크리에이터 활성화 지원 (예비)창업기업 모집공고」
4. 신현아, 「한국의 '유별난 벤츠 사랑'…E·S클래스, 본고장보다 더 팔린다」, 《한국경제》 2022. 2. 22.
5. 이인주, 「홈 인테리어 트렌드를 통해 살펴본 모빌리티의 인테리어」, 현대자동차그룹 2022. 6. 16.
6. 관광지식정보시스템, 「한국관광수지 연도별 통계」
7. 광역시에 소속된 군, 읍·면 지역 제외
8. 기획재정부, 「2022년 세제개편안」, 2022

주말엔 여섯 평 농막으로 갑니다

조금 별난 변호사의 농막사용설명서

발행일   2023년 2월 28일 초판 1쇄
          2023년 12월 26일 초판 3쇄

지은이   장한별
편집   박성열, 정혜인
디자인   김진성
사진   허영진, 장한별
인쇄   민언프린텍
제본   라정문화사

발행인 박성열
발행처 도서출판 사이드웨이
출판등록 2017년 4월 4일 제406-2017-000041호
주소 서울시 영등포구 당산동3가 522-2, 304호
전화 031)935-4027   팩스 031)935-4028
이메일 sideway.books@gmail.com

ISBN 979-11-91998-17-7 13520